U0250733

Men's

1300 种服装、鞋帽、包包、配饰、纹样、配色详解

男子服饰图鉴

［日］沟口康彦 著

冯利敏 译

南海出版公司

2024·海口

前言

在《女子服饰图鉴》出版后不久，我很快就收到了出版社的邀约，他们表示"应广大读者的呼声，特别希望能出一个男装版本"。《女子服饰图鉴》以女性装扮为主，因此，书中统一采用了女性模特。当然，里面也有一部分男式单品的介绍，但如果专门以男性时尚为主题写一本书的话，我完全不知道该以怎样的方式去呈现。于是，我拒绝了出版社的邀约。

一次偶然的机会，我在电视上看到了日本宝冢歌剧团的照相服务，那之后，我的想法渐渐发生了转变。在这项服务中，人们可以穿上宝冢歌剧的演出服，化上华美的妆容去拍照片。那些充满了中世纪元素的男性角色服装，让我印象尤为深刻。

服装的设计大多是非现实主义的，这让人不禁会想："真的会有人这么穿吗？"不过，在日本宝冢歌剧团中，都是由女性来出演男性角色的，所以，这样的设计也可以说是恰到好处。虽然从表演的角度来看，多数设计都颇具"王子"气质，但也有很多元素在现在看来是非常女性化的。

哦，我明白了，也就是说，其实不用太过拘泥于"男式""男子气概"的固有印象。只要能够把男性真实穿着和使用的东西集合起来，给大家带来一些启发，让大家凭借自己的想象去创造"男子气概"不就可以了吗？正当我这样想着，出版社再次向我抛来橄榄枝，说："大家真的很希望您能出一个男装版本。"

人天生就有一种惰性，当给自己设下一个目标时，自己眨眼间就能完成，但如果是去完成别人设下的目标，就会产生抗拒心理。出版社仿佛是看穿了我的心思，接着又对我说："慢一点也没关系，要不要尝试一下？"

就这样，我应承了下来。经过不断的调查和绘制，这本《男子服饰图鉴》终于得以成型。

在本书的创作过程中，有幸继续得到日本杉野服饰大学的福地宏子老师和数井靖子老师的指导，对相关知识进行了补充和修正，在此致以诚挚的感谢！书中也难免有很多不够完善之处，但还是希望能对大家有所帮助！

沟口康彦

绘画

帮你解决

"不懂服装,

因而画出来的人物

总是穿着差不多的衣服"

的难题。

购物

助你摆脱

"不懂专业服装术语,

脑海中只有大概的样子,

因而找不到真正想要的

衣服"的困扰。

穿搭

在你不知道

这件衣服究竟该如何穿搭时,

为你带来灵感。

或者,当你想在女装中

增加一些男性韵味时,

能从书中得到一些启发。

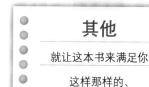

其他

就让这本书来满足你

这样那样的、

各种意想不到的

心思吧!

上装：法兰绒衬衫（p55）
外套：短夹克（p87）
下装：牛仔裤（p63）
鞋子：篮球鞋（p165）

眼镜：圆框眼镜（p144
领口：樽领（p8）
外套：西装外套（p81）
下装：宽松长裤（p61）
花纹：表格式花纹（p1
鞋子：乐福鞋（p163）

·时装的搭配多种多样，在绘制插图时大家可以根据自
 己的喜好自由设计。

外套：连帽防寒夹克（p89）
下装：束脚运动裤（p65）
包：单肩包（p172）
鞋子：松糕鞋（p169）

上装：白衬衫（p54）
领饰：领带（p26）
下装：铅笔裤（p61）
包：长形书包（p170）
鞋子：球鞋（p165）

插图：CHIAKI

目 录

领口 ……………………………… 8

领子（衬衣用） ……………… 13

领子（外套用） ……………… 20

领饰 ……………………………… 26

肩、袖子 ……………………… 36

袖头、袖口 …………………… 46

上装 ……………………………… 52

下装 ……………………………… 61

内衣 ……………………………… 72

腰带 ……………………………… 74

背心、马甲 …………………… 77

外套 ……………………………… 81

口袋 ……………………………… 99

套装 …………………………… 104

连体衣 ………………………… 113

手套 …………………………… 120

袜子 …………………………… 122

紧身衣 …………………………… 123

泳衣 …………………………… 124

部位、部件名称、装饰 ………… 125

配饰 …………………………… 136

头饰 …………………………… 140

手表、怀表 …………………… 142

眼镜、太阳镜 ………………… 144

帽子 …………………………… 147

鞋子 …………………………… 159

包 ……………………………… 170

花纹、布料 …………………… 175

配色 …………………………… 197

索引 ………………………… 200

审定专家 …………………… 207

示例插图 ……………………………… 4，5

西装的着装礼仪① 纽扣的系法 ………… 25

西装的着装礼仪② 西装各部位的尺寸 …… 45

西装的着装礼仪③ 口袋巾的折法 ……… 101

着装要求 ……………………………… 102

西欧男装史 …………………………… 116

领口

圆领
round neck*

所有开口呈圆形的领口的统称，指的是领口沿脖颈的形状呈圆形。小圆领（p11）、U字领（p9）都属圆领，不同类型的圆领多以领子在脖颈周围的开合程度来进行区分。

亨利领
Henley neck

一种可以通过纽扣打开、带有门襟**的圆领。因增加了纵向线条，可以使脸和脖颈看起来更修长。

**衣服前部的条状折边或贴边，常用来固定纽扣。

高领
high neck

所有没有翻折，且与脖颈贴合度较好的立领的统称，可以很好地包裹住颈部。

瓶颈领
bottle neck

正如其名，这种领型就像瓶口，与脖颈紧密贴合，也是一种没有翻折的立领。属于高领的一种。

露颈领
off neck

所有与脖颈不贴合的立领的统称。

樽领（保罗领）
turtle neck

一种有翻折的立领。樽领多被用在毛衣的设计中，人们在穿着时一般会把领子翻折成两层。其缺点是会显脸大，大家在选择时需注意。

大樽领
off-turtle neck

指与脖颈间有较大空隙，可以从脖颈垂下来的宽松樽领。这种领型非常有分量感，相对来说也有显脸小的效果，宽松垂坠的线条可以使人看起来更加柔和。名称中的off是离开的意思，直译为"不贴着脖颈的樽领"。

*部分名称没有标准英文译名，故书中采用多国译名标注。

漏斗领
funnel neck

一种形似漏斗的领型。funnel即漏斗。

假高领
mock turtle neck

一种高度较低的高领，没有翻折，也叫半高领。这种领型对脖颈的压迫感小，同时又具有较好的保暖效果。mock意为虚假的。

U 字领
U neck

剪裁较深、呈U字形的领口。比圆领裁得深，脖子的裸露面积增加，可以弱化脸部的存在感，从而起到瘦脸的效果。领口裁得越深，拉长脖颈线条的效果越明显。这种领型非常有助于协调脸部和颈部的视觉比例，但如果裁剪的面积过大，反而会显得不雅观；如果是纯色的衣服，甚至看起来像内衣，这两点请大家注意。

深 U 领
oval neck

一种呈卵形、线条圆润的领型。比U字领裁得更深。

船形领
boat neck

一种形如船底、横向稍宽且浅的领型。该领型线条柔和，可以使锁骨看起来更加漂亮，不挑身材，胸口部分也不会过分裸露。船形领既能展现高雅的气质，又不失甜美，还易与其他衣服搭配。一般被用在礼服的设计中，大家比较熟知的条纹海军衫（p56）用的就是这种领型。条纹海军衫也是画家毕加索（Pablo Picasso）和设计师高缇耶（Jean-Paul Gaultier）十分钟爱的单品。

汤匙领
scooped neck

如字面意思，这种领的形状像是用汤勺或铁锹挖出的一样。

方领
square neck

不论裁剪面积大小，所有四角形的领型都统称为"方领"。如果两侧裁得较宽，也被叫作"长方领"。圆脸的人穿着该领型可以使脸部线条看起来更加清晰、有棱角。

V 字领
V neck

所有V形领的统称，还可以指V形领衣服本身。这种领型比圆领开得更深，有瘦脸的效果，会让脖颈看起来更显清爽整洁，非常适合圆脸人士。

重叠 V 字领
crossover V neck

V字领的一种。领口的左右两边在V字的底部交叉重叠所形成的领型。

低胸领
plunging neckline

一种比V字领剪裁得更深的领型。领子底部呈锐角，对胸口有较好的展示效果，可以使人看起来更加性感。plunging意为深入、跳入，所以该领型有时也称作"diving neck"。

开襟领
cardigan neck

常被用作开衫中的领型。大体上可以分为圆领（p8）和V字领两种。

多层领
layered neck

指假两件或是叠穿时，能够呈现层次感的领型。有些服装会用樽领（p8）和V字领设计出这种叠穿效果。

梯形领
trapeze neck

一种梯形的领型。trapeze在法语中是梯形之意。

五角领
pentagon neck

一种五角形的领型。

钻石领

diamond neck

形似钻石的领型。

切领

slashed neck

一种像是一刀剪开的水平领型。该领型一般横向开口至两肩内侧的位置，正面看呈一条直线。

小圆领

crew neck

圆领的一种，因源自船员所穿着的毛衣而得名，与脖颈的贴合度较好，一般多见于针织衫的设计中。小圆领易于搭配，但因颈部比较紧凑，所以会增强脸部的存在感，想要追求瘦脸效果时，就不太推荐穿着该领型的衣服。同时，小圆领有弱化下巴和颧骨线条的作用，会使人面部线条看起来更加柔和，适合脸部棱角分明的人。

锁孔领

keyhole neck

形状像锁孔一样的领型。在圆形领的基础上加入了圆形或多边形开口设计。

前开领

slit neck

在领子前侧添加纵向切口后得到的领型。切口可以是V字形，也可以是直线。

系带领

lace-up front

一种将领子的前开襟用绳子交叉穿起来的领型。

抽绳领

drawstring neck

一种可以用绳子将领口收紧的领型。通过抽拉绳子，可以给衣领增加松弛度和分量感。英文名中的draw即抽、拉之意，string即绳子之意。

褶皱领
gathered neck

一种通过将布料缝起来，在领口形成褶皱的领型。gather即聚集之意。

垂坠领
draped neck

一种由数层柔软垂坠的褶皱构成的领型。所谓drape，即让布料如流水般垂坠下来，形成自然的褶皱。穿着该领型可以使人看起来更加优雅。

罩式领
cowl neck

一种由多个宽松的褶皱组成的领型。cowl是修道士所穿的外袍。

削肩立领
American armhole

一种露肩领型，在袖子的分类中又叫作"美式袖"。从脖子上部直接裁至腋下所形成的开口即为袖子的部分。

斜肩领
asymmetric neck

该领型最大的设计特点就是左右不对称。

单肩领
one shoulder

一种起于一侧肩膀，止于另一侧腋下的领型，左右不对称。

领子（衬衣用）

标准领
standard collar

一种最普通、最常见的衬衫领型。英文名还可写作"regular collar"。

短尖领
short point collar

该领型的领尖比标准领短（一般小于6厘米），左右两边领尖间距较宽，给人一种休闲、清新、干净之感，一般不搭配领带。也叫作"小方领"。

宽角领
wide spread collar

领尖角度呈100°～120°的领型。因曾被英国温莎公爵（Duke of Windsor）穿着，故也叫作"温莎领"。常搭配温莎结（p30）。领尖角度90°左右的，称作"半宽角领（semi wide spread collar）"。

水平领
horizontal collar

因两领尖构成的角度接近水平而得名。水平领在意大利男装中非常常见，十分受运动员欢迎。不搭配领带就可以很出挑，而且非常易于搭配，近年来在时尚界很受欢迎。又名展领（cutaway）。

圆角领
round collar

指领尖裁剪呈圆角状的领型。在欧美国家，有时还会称其为club collar或rounded collar。曾被英国伊顿公学用作校服服。这是一款休闲感很强的领型，一般不适合在商务场合穿着。但有一些弧度较平缓的，现在也逐渐出现在商务等正式场合中。

巴斯特·布朗领
Buster Brown collar

一种宽大的圆角领，源自二十世纪初风靡美国的漫画《巴斯特·布朗》（Buster Brown），因主人公巴斯特·布朗经常穿着该领型的衣服而得名。一般用于儿童服饰。

彼得·潘领
Peter Pan collar

一款领尖为圆形、较宽的领型。常见于儿童服装和女性服装中，也称娃娃领。它是圆角领的一种，同时因较宽，也可归类于平翻领（flat collar）。

窄开领
narrow spread collar

指两个领尖间距较小、角度小于60°的领型。

长角领
long point collar

所有领尖较长的领型的统称。领尖间距小，底领*位置较高。领尖长度一般为10～12厘米。

* 领子内侧折边线以下的部分（p126）。

巴里摩尔领
Barrymore collar

该领型的领尖比一般的领子要长。名字来源于好莱坞影星约翰·德鲁·巴里摩尔（John Drew Barrymore）。

伊顿领
Eton collar

一种宽大、扁平的领子（没有领基）。源自英国伊顿公学制服（p105），因此得名。现在的伊顿公学校服，会用假领子搭配领带穿着，这种假领子也叫伊顿领。

工装衬衫领
pressman shirt collar

领基**部分不设置纽扣和扣眼，第一颗纽扣的位置相比其他领型要高。如果系上领带，和领基上的纽扣没系是一样的效果。即使不系领带，领子也不会走形，给人一种利落之感。英文名还写作 "pressman front"。

小型领
tiny collar

小型领子的统称之一，与领子的形状无关。有时特指那些极其小的领型。英文名还写作 "short collar" 或 "small collar" 等。

** 即整个领子的基部，一般为条状。

纽扣领
button down collar

领尖处有纽扣固定。一般用于休闲服装，基本不用于正式场合。该领型起源于1900年前后，是便装常用的经典领型。据说是为了防止在马球比赛中，衣领被风吹起遮挡球员脸部而设计。

意式双扣领
due bottoniera

领基比其他领型要高，咽喉处有两颗纽扣。该领型即使不打领带，看起来也不休闲。

意式三扣领
tre bottoniera

领基非常高，咽喉处共有三颗纽扣，一般不搭配领带。即便没系领带，该领型依然能显得十分雅致、有格调，左右领尖一般也会加入纽扣的设计。tre bottoniera在意大利语中为三颗纽扣之意。

隐藏式纽扣领
hidden button down collar

指通过在领尖背面添加扣环或带有扣眼的布，用纽扣将领子固定在衣服上的领型。和暗扣领类似，既可以保持领子的形状，又不会像纽扣领（p14）那般过于休闲，不系领带也显得很正式。

暗扣领
snap down collar

指在领尖背面添加暗扣的领子。与隐藏式纽扣领相似，该领型既可以保持领子的形状，又比纽扣领（p14）正式，即便不系领带也不会显得太过休闲随意。

锁扣领
button up collar

领尖像提手一样用纽扣固定住的领型。该设计可以将领带的打结处托起来，使领带看起来更加漂亮。

饰耳领
tab collar

领子内侧设计有两个小袢可以固定领子。系上领带的时候，领尖稍稍收紧，增加领子的立体感。穿着该领型的衬衣，会给人古典、优雅、知性但又不失轻便的多重感觉。

针孔领
pinhole collar

该领型会在领尖处各锁一个针孔，用领针（p137）穿过针孔固定领子。该领型多用于立体感较强且较为华贵的衬衫设计中，给人以知性、高雅之感。也叫帝国式领。

开领
open collar

领子贴边的上部稍稍翻折下来，形成一个小翻领。脖颈周围不紧绷，透气性好，人们经常在度假时或温暖的季节穿着。夏威夷衫和嘉利吉衬衫（p53）就是使用了该领型的典型代表。又称开门领。

开关领
convertible collar

领型的特点是第一颗纽扣无论是系着还是解开，都可以呈现很好的效果。最典型的代表是两用领（p22）和哈马领。

巴尔玛肯领
Bal collar

即两用领。解开第一颗纽扣时，领边向外翻折形成的领子，下领（翻领，lapel）比上领（衣领，collar）要小。英文全称为"balmacaan collar"。这种领型一般用于巴尔玛肯大衣（p95）。

哈马领
Hama collar

开领的一种，下领上有一条系纽扣的带子，源自二十世纪七十年代流行于日本横滨的复古时尚。常见于女学生制服和衬衫的设计中。

长方领
oblong collar

开领的一种。领子整体呈长方形，敞开后没有V字形切口，看似和大身是一体的。oblong即长方形、椭圆形之意。

意式领
Italian collar

领口呈V字形，领子和领基用一整片完整面料剪裁而成，又叫一片领。该领型不适合打领带，除衬衫外，也经常被用在毛衣和外套的设计中。

诗人领
poet's collar

一种比较宽大的领型，多用柔软的布料制作，领子内部没有内衬。因被十九世纪初英国著名诗人拜伦（Byron）、雪莱（Shelley）等人喜爱而得名。poet即诗人。

低敞领
low collar

所有指在较宽的领口上添加无领基、底领等平翻领后形成的领型的统称。同时，领基较低的领子也叫作"低敞领"。

立领
stand collar

穿着时贴合脖颈，竖立、无翻折的领型的统称。

荷兰领
Dutch collar

将与脖颈贴合度较好的立领翻折后形成的领型。领子宽度普遍较窄，领尖多呈圆形。该领型经常出现在荷兰画家伦勃朗（Rembrandt）等人的肖像画中，因此而得名。Dutch 意为荷兰人。

直领
band collar

立领的一种，领口上添加了带状布条。这是一款休闲领型，可以使脖颈更加清爽，提升穿着者的精气神。

硬高领
imperial collar

流行于十九世纪末至二十世纪初的男式正装领，立领的一种。其特点是高、直且硬。英文名还写作"poke collar"。

爱德华领
Edwardian collar

一款非常高的男式领型，曾在英国国王爱德华七世（Edward Ⅶ）统治时期风靡一时。

褶边立领
frill stand collar

立领的一种，在领子上方添加褶皱作为装饰，使领子看起来更加飘逸灵动。

翼领
wing collar

立领的一种，因前端外翻形似鸟翼而得名。最正式的穿法是搭配阿斯科特领带（p28）穿着，常见于晨间礼服或燕尾服（p81）的搭配中。也叫燕子领。

蝴蝶结
bow tie

在男性服装中，一般是指领结或蝶形领带。而在女性服装中，有些领子是通过系成蝴蝶结呈现的，该领型也是女式衬衣中极具代表性的经典领型。

保罗领
polo collar

一种半开襟小翻领，门襟处用 2～3 颗纽扣固定。一般保罗衫（p52）都会使用该领型。

弄蝶领
skipper collar

该领型又可以细分为两种：一种是不带纽扣的保罗领（p17），或者带有领子的V字领（p10）；另一种是看起来如同将带领毛衣和V字领毛衣叠穿的拼接领针织衫。

V 形翻领
johnny collar

在较短的V形领口上添加了翻领，领子部分一般为针织材质。johnny collar也是青果领（p20）的别称，还可以指小立领。棒球夹克（p87）等服装上的月牙形领子也可以用johnny collar来表示。

双层领
double collar

指双层的领子。上下两层领子所使用布料的花纹或颜色各不相同，一般会叠加纽扣领（p14）的设计来增加领子的立体感。

镶边领
framed collar

周围有镶边的领子的统称。英文名还写作"trimming collar"。

斜角领
miter collar

一种拼接领，常用在条纹衬衫中，也可见于部分条纹与纯色拼接衬衫中。miter意指画框四角的斜角接缝。最初，这种领型一般多为延伸至领尖的斜纹拼接（左图），现在则以条状拼接为主（右图）。常搭配纽扣领或意式双扣领（p14），更能突出优雅的感觉。

清教徒领
Puritan collar

使用于清教徒所穿着的服装中的大圆宽领。该领型非常宽，纵向可至双肩，是一种平翻领，一般由纯白色布料制作，给人以素净、清秀之感。

贵格会领
Quaker collar

贵格会教徒穿着的一种平翻领。贵格会领与清教徒领十分相似，领尖呈锐角，正面看像两个倒三角形。

水手领
sailor collar

水手服常用的一种领型。当在甲板上听不清声音时，船员们通过竖立领子，可以更好地听清声音。可搭配方巾或领带。

小丑领
pierrot collar

一种常见于小丑表演服中的领型。领子上的褶边一般会围成立领状或环状。

荷叶边领
ruffled collar

一种带有褶边的领型。ruffled即褶皱饰边之意，通过将布料收缩或做成褶裥制成。

拉夫领（飞边）
ruff

一种环形褶皱领。十六至十七世纪流行于欧洲贵族间。早期的拉夫领是服装中一种可拆卸的配件，便于清洗、更换，以保持领口的整洁。

假领
detachable collar

一种可以和上装拆分开的领子。样式多种多样，可以根据穿着随时更换款式。除了领子外，有些假领还会带有一小部分大身，打造出叠穿的效果。也叫作"活领""可拆卸衣领"等。

罗马结
Roman collar

一种比较宽大的领子，用于教职人员日常服饰中，领子开口在后方。此外，牧师领（p23）中的白色布带部分，也叫罗马领。

无领
no collar

所有不带领子的领型的统称，也指这种衣服本身。

三角领
triangle collar

领子呈三角形的领型。

青果领
shawl collar

一种领面形似带状披肩的领型。该领型的特点是翻领的曲线较为柔和，常用于男式无尾晚礼服（p81）。该领型的夹克衫或针织衫可以让人显得更加儒雅。

半正式礼服领
tuxedo collar

一种用于男式无尾晚礼服的领型，可以看作长款青果领。该领子没有领嘴（V字形开口），线条柔和，在日本还被称作"丝瓜领"。

缺角青果领
notched shawl collar

即中间有领嘴的青果领。

平驳领
notched lapel collar

最常见、最实用的上装领型。上下领连接处为直线，形成带领嘴的串口（p127），下领的领尖朝下。

蒙哥马利领
Montgomery collar

即加大版戗驳领。名称源于第二次世界大战英国军事家蒙哥马利（Montgomery）。

戗驳领
peaked lapel collar

该领型的特点是下领较宽且下领领尖呈锐角朝上。peak即尖头之意。下领领尖朝下时即为平驳领。在日本又叫剑领。

V 形青果领
peaked shawl collar

即加入了戗驳领
（p20）上下领接口的
缝线做装饰的青果领
（p20）。

苜蓿叶领
clover leaf collar

上下领的领尖为圆形
的平驳领（p20）。因
形似苜蓿草的叶子而
得名。

T 形翻领
T shaped lapel

上领比下领宽的领
型，因上下领接口处
呈 T 形而得名。

L 形翻领
L shaped lapel

下领比上领宽，因上
下领接口处呈 L 形而
得名。

小翻领
narrow lapel

所有领面宽度较窄的
领型的统称。多用来
特指外套的领子。多
用于修身、高腰外套
的设计中。穿着时搭
配细长款的领带会更
加协调。

鱼嘴领
fish mouth collar

指上领领尖呈圆形的
戗驳领（p20），因串
口（p127）形似鱼嘴
而得名。

弧线翻领
bellied lapel

下领是圆润曲线而非
直线裁剪的领型。多
用于领子较宽的大翻
领中。为了增加协调
性，上领往往也会比
较宽。该领型最早可
见于二十世纪七十
年代的意大利西装。
belly 意为膨胀的、
隆起的。

前翻领
stand out collar

上领为立领、下领向
外侧翻折的领型。

阿尔斯特领
Ulster collar

特指用于阿尔斯特大衣（p94）的领型。这是一种十分宽大的领子，上下领同宽，领子边缘有压线。

双排扣西装领
reefer collar

即双排扣的戗驳领（p20）。常用于双排扣厚毛短大衣（p90）或双排扣大衣。

M 形领嘴领
M-notch lapel

在下领加入领嘴，形成M形缺口的领型。曾出现于十九世纪初的外套中。英文名还写作"M-cut collar"或"M-shaped collar"。

拿破仑领
Napoleon collar

该领型最大的特点就是竖立的上领和宽大的下领。因常被拿破仑（Napoleon Bonaparte）及当时的军人穿着而得名。也可见于现代的大衣。

波形领
cascading collar

一种从颈部一直垂至胸部且有波浪形褶皱的领型。该领型因形似蜿蜒的流水而得名。cascade意为连绵的小瀑布。

两用领
soutien collar

底领前低后高、折边紧贴脖颈呈直线的领型。特点是第一颗纽扣无论是系着还是解开都可以呈现很好的效果。英文名还写作"turnover collar"或"convertible collar（p16）"。当第一颗纽扣打开时，还可叫作"巴尔玛肯领（p16）"。这是基本款大衣的常用领型。据说是从二重领（stand-fall collar）演变而来。

隧道领
tunnel collar

指领面如隧道般弯曲呈圆筒状的领子。在圆筒中间穿过白色的布条，就可以得到牧师领（p23）。领面呈圆筒形的牧师领也叫隧道领。

毛式领
Mao collar

立领的一种，多见于
旗袍等中式服装。

中式领
mandarin collar

指宽度较窄的立领。
源自清朝的一种穿于
袍服外的短衣——马
褂。与毛式领的形状
基本相同。

牧师领
clerical collar

特指教会教职人员所穿着的一种立领。从领子
的前开口处可以看到部分上装的罗马结（p19，
左图）。右图中所示的也是牧师领的一种，立领
部分呈筒状，通过在其中穿插白色布条，来达
到牧师领的视觉效果，这种牧师领也叫作"隧
道领（p22）"。

军官服领
officer collar

立领的一种，常见于
军官制服中，领口
一般会用挂钩固定。
officer即将校、士
官之意。

圆角领
round collar

在立领的学生制服中，将塑料材质的可替换式
领子内侧部分去掉，再用白色布料绲边（p129）
改造成的内嵌式领子叫作"圆角领"。这种领子
最初由不喜欢学生制服领子上塑料材质的部件
的人提出，也是立领学生制服中的主流领型。

环带领
belt collar

指用皮带或将一侧领
尖延长呈带状，把整
个领子捆扎起来所呈
现的领型。也叫皮
带领。

高竖领
chin collar

指高度可以遮住下巴（chin）的直筒状领子。为了不妨碍下巴的活动，一般会把领口做得稍大。该领型防寒保暖的效果较好，所以常与毛领等一起被用在防寒外套的设计中。

宽立领
stand away collar

一种不与脖颈贴合，较为宽松的立领。英文还写作"far away collar"或"stand off collar"。

高领
tall collar

所有高立领的统称。有时也特指拉链上止位置较高，或者高度至耳朵附近的立领。

棒球领
baseball collar

用于棒球夹克（p87）或棒球制服中的领子。

十字围巾领
cross muffler collar

即下端呈十字交叉状的青果领（p20）。多见于带领的针织衫或毛衣。

丹奇领
donkey collar

一种较为宽大的罗纹针织领，领尖部分一般会用纽扣固定。

垂耳领
dog-ear collar

系上纽扣，即为立领；打开纽扣后，领子像垂下来的狗耳朵一样的领型。纽扣系上时有很好的防风保暖效果，常见于男式夹克衫。

侧开领
sideway collar

一种左右不对称的领型，领子的搭门不在正面，而是偏向左侧或右侧。

纽扣的系法

在穿着西装时，你会把外套的纽扣全部都扣上吗？

当穿着门襟有多颗纽扣的西装时，最下方的纽扣保持解开状态是一项基本的着装礼仪。

每个人的穿衣风格不同，也许有些人喜欢把纽扣全都扣上，但出席商务场合或与人会面时，请尽量保持最下方的纽扣处于解开状态。如果全部扣上，衣服容易出现褶皱，不仅影响整体美观，还会给对方留下不注重仪表的印象。请大家注意。

垂班得领
falling band

一种流行于十七世纪的大翻领，大多带有蕾丝镶边。

枪手领
mousquetaire collar

指枪手穿着的一种宽大的平翻领。mousquetaire 在法语中为枪手、骑士之意。这种领型和垂班得领十分相似，但在现代女式衬衫中，一般会把领尖做得较为圆润。

一颗纽扣

全部扣上。

两颗纽扣

仅扣上面那颗。

三颗纽扣

中间的那颗一定要扣上。最上面的那颗可根据个人喜好选择扣上或解开。（三颗纽扣的西装现在很少见，是一种复古款式。）

三扣西装

门襟处有三颗纽扣的西装，叫作"三扣西装"。还有一种假三扣的设计，最上面的纽扣会被隐藏在驳领翻折部分的后面。这时，最上面的纽扣可视作装饰，仅扣上中间的那颗即可。

落座时

落座时，通常需要把所有的纽扣都解开。如果不解开，衣服的外形会变得很奇怪。

落座时保持衣扣解开，不是不注重仪表的行为。

从座位上站起来时，再随手把纽扣扣上（最下面那颗纽扣除外），是最为礼貌的做法。

虽然现在需要穿西装的场合越来越少了，但还是希望大家能够了解这方面的礼仪。

领带
neck tie

指为了装饰领周或颈部所使用的一种有一定长度的布带状服饰配件，一般为男式用品。佩戴时在喉下打结，自然下垂至胸前。较宽的一头叫作"大头"，佩戴时处于外侧；较窄的一头叫作"小头"，佩戴时处于内侧。领带的起源众说纷纭，有一说法称，十七世纪克罗地亚士兵所使用的克拉巴特领巾（p28）就是最早的领带。英文常缩写为tie。

窄领带
narrow tie

大头宽度在6厘米以下的领带。佩戴窄领带能给人一种清爽利落之感。商务场合一般可以使用，但由于看上去偏休闲，所以还是尽量避免在正式场合使用它。英文名还写作"skinny tie"或"slim tie"。

宽领带
wide tie

多指大头宽度在10厘米以上的领带。佩戴宽领带容易给人一种传统、复古之感。

方头领带
square end tie

指尖端为水平裁剪、呈四角形的领带。大多为针织材质，宽度较窄。别名四角领带。

斜角领带
knife cut tie

指尖端裁剪呈斜角的领带。

双头领带
twin tie

指大头和小头宽度相同的领带。前片和后片两调换使用可以呈现出两种效果。可一面用作正式场合，一面用作非正式场合。

活结领带
four-in-hand tie

泛指大头和小头重叠，系成平结（p30）的领带。现在也有将系好的领带用皮筋等固定，以方便佩带的类型。

针织领带
knit tie

指针织材质的领带。宽度均匀，整体偏细，尖端多为方头。可以用作正式和商务场合，但由于偏休闲，使用时最好搭配领带夹，或避免使用宽度较宽、材质较为粗糙的款式。

线环领带
loop tie

一种用装饰性锁扣固定的线形领带，作为领带的替代品而诞生。

平直领结
straight end

蝴蝶领结的一种，蝴蝶结呈水平直线形，两端同宽。因经常被俱乐部的管理员或服务员佩戴，别称club tie。club也有棒状物之意。

蝴蝶领结
butterfly bow

蝴蝶形领结的统称，领结两端宽大的双翼犹如展翅欲飞的蝴蝶。

尖头领结
pointed bow tie

主体两端的中间部分呈尖形的蝴蝶领结。也叫钻石菱形领结。

十字领结
cross tie

领结的一种。将一条平直的绶带在领子前方交叉，并用别针固定。可看作是简略版的蝴蝶领结。起源于二十世纪六十年代的欧洲。别名交叉领结。

襟饰领带
stock tie

一种在骑马或狩猎时围在脖子上的带状领饰，可在胸前或背后打结固定。当打猎受伤时，人们会将襟饰领带当作简易绷带来包扎伤口，并用安全别针固定。现在的襟饰领带多用安全别针来做领带夹，也是延续了这个传统。

阿斯科特领带
Ascot tie

一种宽而短的领带，佩戴时形似领巾。起源于英国皇家阿斯科特赛马会，当时是搭配晨间礼服使用的。可搭配翼领（p17）衬衣等使用，佩戴方法多种多样。也可泛指其他佩戴时有领巾效果的领饰。

大蝴蝶结
lavalliére

较大的蝴蝶结形领饰。

花边领饰
jabot

一种由质地比较轻薄的布料制作而成的花边形领饰。在十七世纪用作男性衬衫的胸饰，现代则常作为女性饰物。

克拉巴特领巾
cravat

一种缠绕于脖颈上的围巾领饰，源自克罗地亚骑兵所佩戴的领巾。领带就是由这种领巾发展而来。

基督公学领带
Christ's Hospital tie

一种系于衬衫上的白色长方形领带。搭配世界上最古老的制服——英国基督公学的制服使用。

法庭领带
court band

一种英国法官和律师在法庭上所使用的条状领饰，佩戴时会向下分开成两根布条。男性多搭配翼领（p17）衬衣使用。

颈巾
necker chief

一种搭配制服使用的围巾领饰，兼具防寒保暖和装饰的作用。厨师领巾也是颈巾的一种。颈巾胸部以上的部分可用丝巾环加以固定。

厨师领巾
chef scarf

特指（西餐）厨师所使用的领巾。据说最初是厨师长进入食品冷藏室时用于防寒的物品，后演变为厨房制服的一部分。有吸汗、阻汗的作用。

衣领式围巾
collar scarf

佩戴时像衣领一样的领饰的统称。一般比较短。

交叉式围巾
pull through scarf

围巾的一种。在围巾的一头开口或留出一个圆孔，围好后将另一头穿过此开口来固定。

脖套
neck warmer

防寒用圆筒状领饰的统称。大多弹性良好，可以穿过头部直接套入颈部，也可以在一端用纽扣等固定。也叫颈套（neck gaiter）。

阿富汗式围法
Afghan maki

一种围巾的佩戴方法，最基本的戴法是将围巾沿对角线折叠，在脖子前方系成倒三角形，阿富汗式围法一般选用的是带有流苏的方巾。

围巾圈
snood

一种环形防寒用具，属于围巾的一种。源自苏格兰未婚女性所使用的发带、发网。相比围巾，更不容易脱落。较长的围巾圈可以叠合成数层，也可以像围巾一样直接垂下；较宽的还可以包裹住肩膀和手臂，或是绕过手臂形成一个简易外套，使用方法多样。在英语国家，脖套（neck warmer）也叫作"围巾圈"。

蒂皮特披巾
tippet

指用动物皮毛、蕾丝、丝绒等材质制作的领饰、披肩。

平结
plain knot

使用最多且最简单的领带打法，新手也很容易上手。打出的领结小巧，且看起来有点不对称。除特别正式的场合外，普通的休闲场合、商务场合均可使用，经典且实用。也叫作"四手结"。

温莎结
Windsor knot

打出的领结较大，左右对称。当出席正式或半正式的场合，穿着宽领衬衫时，推荐此打法。这种打法也更适合身宽或脸宽的人。

半温莎结
semi-Windsor knot

打出的领结比温莎结稍小，适用于任何领型和半正式场合。英文名还写作"half-Windsor knot"。

小结
small knot

这种打法打出的领结较小，给人一种清爽利落之感。也叫东方结（oriental knot）。

双环结
double knot

打法与平结基本相同，只是需要将领带的大头绕两圈。打出的领结较长，适用于细领带。也叫阿尔伯特亲王结（Prince Albert knot）。

交叉结
cross knot

这种打法最大的特点是打出的领带结上会有一道斜线。为不使领带结过大，交叉结更适用于质地较薄或宽度较窄的领带。

三一结
trinity knot

打出的领带结较大，呈三角形，其上有三道斜线。为使领带上的斜线更加醒目，三环结适用于纯色或花纹简洁的领带。

埃尔德雷奇结
Eldredge knot

一种非常漂亮、有层次感的领带打法，就像编织出的一样。在出席宴会等场合时，使用这种打法会显得极具时尚感。如选用材质自带光泽的领带，会更显华美。

无结
non-knot

一种把平时看不到的领带结内侧放在外面的打法，其上会有两条斜线。也叫大西洋结（Atlantic knot）。

范·韦克结
Van Wijk knot

领带结像是层层缠绕打出的。为防止领带结过大，使用该打法时应避免选用质地较厚的领带。又叫三选结（triple knot）。

斗篷结
cape knot

一种打好后可以从正面看到领带结上交叉的斜线和领带内里的打法。

莫雷尔结
Murrell knot

一种非常独特的打法，打好后，一般处于大头内侧的小头会置于大头之上。

梅罗文加结
Merovingian knot

打好后领带上看似还有一根小领带的打法。英文名还写作"Ediety Knot"。

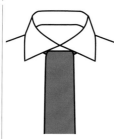

隐藏结
blind fold knot

此打法与平结（p30）的打法基本相同，只是最后一步不用将大头穿过去，而是将大头从领结处自然垂下，以便将领带结隐藏起来。适用于正式场合中搭配领子较大的衬衣。

合掌结
régate knot

该领结最大的特点是打好后大头和小头看上去会有一些错位。小头一般会留得比较长，有增加领带面积的效果，是一款非常华丽的打法。但如果左右的比例控制不好，会给人邋遢之感。

双酒窝
double dimple

在打领带的最后一步——彻底收紧领带之前，用一只手调整领带结下方部分的领带，至左右两边形成两个对称的凹陷后，再将领带收紧，即可出现双酒窝。dimple意为酒窝。

中央窝
center dimple

在收紧领带之前，在领带结下方的领带正中间捏出酒窝后，再将领带收紧，即可出现中央窝。

不对称窝
asymmetry dimple

在收紧领带之前，将领带结下方一侧的领带折向前方，然后收紧领带，即可出现不对称窝。

平结
plain knot

包盖结
covered knot

丝巾环
tie ring

合掌结
régate knot

牛仔结
buckaroo knot

戈尔迪之结
Gordian knot

阿斯科特领巾
Ascot scarf

小知识

在日常使用中，一般不会特意将阿斯科特领带和阿斯科特领巾区分开来，但二者还是有区别的。最初，在出席正式场合时，一定要使用阿斯科特领带，阿斯科特领巾则适用于休闲场合。

蝴蝶结的形状

平直形（棒形）
straight end

蝶形（宽大形）
butterfly

标准形
semi-butterfly

尖头形
（钻石菱形）
pointed bow

圆头形
（直圆形）
round end

创意素材

蝴蝶领结大多
为布料材质，
但也有一些特
殊材质的。

羽制
feather

木制
wooden

佩戴方法 ▶方便

背面

背面

手打式
self-tie / freestyle

绑带式
pre-tied

夹式
clip-on

立领（常规领）	领带	线环领带	十字领结	丝带
纽扣领	无领带	针织领带	线环领带	
宽角领·水平领	无领带	宽领带		
翼领	蝴蝶领结	阿斯科特领带（包盖结）	阿斯科特领带（丝巾环）	阿斯科特领带（平结）
褶边立领	克拉巴特领巾	花边领饰		

直领		 襟饰领带		
意式双扣领		 无领带	 领带	
长角领		 窄领带		
圆角领		 无领带	 针织领带/窄领带	
其他	 阿斯科特领巾	 针孔领 （帝国式领）	 饰耳领	

十字领结

法庭领带

肩、袖子

方形袖笼
square armhole

无袖设计的一种，上衣胳膊的出口处呈方形。方形袖笼形式多样，可以在袖笼下部做直线裁剪，也可以直接做方形裁剪。

大袖笼
drop armhole

指开口十分大的袖笼设计。侧腹部裸露面积较大，常见于吊带背心。

美式袖
American sleeve

即削肩立领（p12），从领子与大身的接缝处裁至腋下所形成的开口即为袖子部分。

敞肩
open shoulder

肩部的布料被裁去，露出肩膀的袖型的统称。裁切部位样式繁多，没有固定的形状。该袖型可以让肩部线条看起来更加漂亮。

离袖
detached sleeve

一种可以穿脱甚至可以从衣服上分离下来的袖子。该袖型可以为服装增加设计感，还可以通过穿脱起到一定的保暖或散热作用。有的离袖外观上和一字领很像，但因袖子可以穿脱，所以搭配上更加多样。detached 意为分开、剥离。

翼形肩
wing shoulder

一种肩头会有些许凸起的肩部设计，犹如翅膀一般。使用该设计最多的要数洛登大衣（p95）。也可以叫作"洛登肩（loden shoulder）"或"阿尔卑斯肩（Alpine shoulder）"。从形状和其所发挥的装饰作用来看，还可以叫作"嵌条肩（welted shoulder）"等。

落肩袖
dropped shoulder sleeve

所有肩线的位置均低
于肩部的袖型的统
称。

打褶肩
tuck shoulder

指在衣服肩部或袖子的肩侧加入褶皱的设计。
英文还可以写作 "tucking shoulder" 或 "tucked
shoulder"。

抽褶肩
gather shoulder

一种起源于意大利的
衣袖安装方法。外套
或大衣不加垫肩，安
装袖子时，在接缝处
加入抽褶设计，和衬
衣袖子十分相似。

高肩
high shoulder

指可以使肩膀位置看
起来更高的设计，或
使用了该设计的衣
服。一般通过在肩膀
内侧放置厚垫肩或使
肩部膨起实现。平
肩体形也叫作 "high
shoulder"。

翘肩
roped shoulder

指把袖山处稍微提
高，使袖顶与肩膀
相比略微凸起的肩
型，可见于西装外
套（p81）。通过在
肩部内侧放置支撑物
来实现，也叫堆高肩
（build up shoulder）。

大肩
over shoulder

指肩线大幅度超出肩头的设计。大落肩和大蓬
蓬袖都属于大肩。在测量身体尺寸时，从胸前
腋下一直到后背腋下的尺寸，也叫作大肩。

圆袖
set-in sleeve

指在臂根围处与大身衣片缝合连接的袖型。圆袖是最基本的肩袖造型。男式上衣一般都是圆袖设计。

深袖
deep sleeve

指袖笼十分宽大的袖型。

衬衫袖
shirt sleeve

一种常用于衬衫、工作服的袖型。袖山（衣袖上部的山状部分）比圆袖的弧度小，可以使手臂活动更加自如。衬衫袖经常被用在运动服中。

楔形袖
wedge sleeve

一种肩线凹向内侧的袖型。wedge为楔子、三角木之意。

和服袖
kimono sleeve

指肩与袖没有切缝、连为一体的袖型，也叫平袖。这是西方在形容中国旗袍和日本和服等东方服饰时使用的特殊用语，实际上与日本和服的袖子并不一样。

插肩袖
raglan sleeve

指肩与袖连为一体，从领口至袖底缝有一条拼接线的袖型。该袖型可以让肩膀与手臂的活动更加自如，所以经常被用在运动服中。

半插肩袖
semi-raglan sleeve

与插肩袖一样，该袖型也有一条由上至袖底缝的拼接线，但其拼接线起始于肩膀而非领口。

马鞍袖
saddle shoulder sleeve

插肩袖的一种。肩部水平，比插肩袖看起来更有棱角，因形似马鞍（saddle）而得名。

背面

背面

前圆后连袖
split raglan sleeve

一种后侧设计为插肩袖，前侧设计为圆袖的袖型。

肩带袖
epaulet sleeve

袖子的肩膀部分有形似肩袢（p130）的拼接部分的袖型。

肩周插片
shoulder gusset

指为增加设计感或使肩部活动更加自如而添加的插片（为增加衣服的厚度或宽度而添加的裁片）。多添加在肩部后方。常见于运动服、较厚实的皮夹克等中。根据用途不同，也可以使用有弹性的布料。

育克式连肩袖
yoke sleeve

指育克与袖子连为一体的袖型设计。育克又称过肩，指上衣肩部上的双层或单层布料。

连袖
french sleeve

一种大身与袖子没有接缝、由同一片布裁成的袖型。这种款式的袖子一般较短。

环带袖
band sleeve

指袖口缝有带状布条的袖子。

臂环袖
armlet

一种非常短的筒状袖子。armlet意为臂环、臂圈。

盖肩袖
cap sleeve

一种只能盖住肩头的短袖。因像圆圆的帽檐而得名。

翻边袖
cuffed sleeve

所有在袖口处加卷边设计的袖型的统称。

泡泡袖
puff sleeve

指在袖山处抽碎褶而蓬起呈泡泡状的袖型。袖子一般较短。在现代，这是一种赋予女性娇美、华贵气质的袖型，常用于女式衬衣和连衣裙的设计。但在文艺复兴时期，该袖型在欧洲男性中也曾风靡一时，现代可见于弗拉明戈歌舞和歌剧男式演出服中。puff即膨起之意。

花瓣袖
petal sleeve

指袖片交叠如同花瓣的袖型，如郁金香花瓣袖。

天使袖
angel sleeve

一种袖摆宽大的袖型。与翼状袖和飞边袖十分类似。

手帕袖
handkerchief sleeve

如手帕般柔软包裹肩膀的大喇叭袖。该袖型所使用的布料一般比较轻薄，多层的设计看起来很像蛋糕袖。袖子随着手臂的活动，衣袖翩翩，能够带给人优雅、高贵之感。

蛋糕袖
tiered sleeve

一种由多层花边或褶皱拼接而成的袖型。

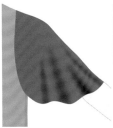

披风袖
cape sleeve

袖型十分宽大，因形似披风而得名。

灯笼袖
lantern sleeve

指肩部膨起，袖口收紧，袖管整体呈灯笼状的袖子，是泡泡袖（p40）的一种。lantern即灯笼之意。

蓬蓬袖
bouffant sleeve

该袖型的特点是从肩头开始，整个袖子都非常宽松、膨大。常见于晚礼服中。

气球袖
balloon sleeve

一种如同气球般膨起的袖子。与泡泡袖（p40）十分相似，但一般比泡泡袖要长。

考尔袖
cowl sleeve

一种带有多层褶皱的袖型。

卷折袖
roll-up sleeve

指将袖筒卷起，并用带子固定以防袖子掉落的袖型。roll-up即卷上去之意。颇具休闲感、户外感，常见于狩猎衫（p53）等中。

德尔曼袖
dolman sleeve

一种袖笼宽大，且向袖口逐渐变窄的袖型。该袖型最初借鉴了土耳其长袍——德尔曼长袍的披肩，并由此得名。经常被用在女式针织衫中，并且运动功能性极佳，穿着时宽松飘逸，强调女性的柔美，让人对穿着者的身材曲线充满想象。最近常被用在外套或夹克等的设计中。

蝙蝠袖
batwing sleeve

指形似蝙蝠的袖子。类似形状的还可以叫作"蝴蝶袖（butterfly sleeve）"。

袋状袖
bag sleeve

袖子肘部位置尤其宽大，袖型看起来像袋子一样。

斗篷袖
poncho sleeve

一种肩部固定而袖底敞开的袖型，因形似雨衣、斗篷而得名。有时也叫作"披风袖"。

开衩式长袖
slashed sleeve

指在袖口处有开衩的袖子。slash即切开、劈开之意。

臂缝
arm slit

指袖子上的开缝，或为方便手臂收放在大身上加入的开缝。臂缝多为设计层面的添加，有时也单纯只是为让手臂活动更加自如。

悬垂袖
hanging sleeve

一种从肩部垂下，不经过手臂的装饰性袖型。

百叶袖
paned sleeve

指在流行于十六至十七世纪的泡泡袖（p40）上添加多个切口所形成的袖型。可以看到内里打底衬衣的袖子。

双重袖
double sleeve

所有双层袖子的统称。一般内层的袖子紧贴手臂，外层的袖子较宽大，形状、样式多变。内外两层袖子也可以设置成不同的长度，组合方式多种多样。内外层袖子同为圆筒状但长度不同的袖子，也叫作"套筒形双重袖（telescope sleeve）"。

袖标
sleeve logo

指在长袖上衣的袖子上加入品牌等标志的设计手法。有很强的休闲感和街头感。

月牙袖
crescent sleeve

袖子外侧呈弓形膨胀，肘部宽松，内侧呈直线，向袖口逐渐收紧的袖型。名称中的crescent即新月之意。

钟形袖
bell sleeve

指袖口宽大且形状如钟的袖型。该袖型可以使手腕看起来更加纤细，让人自然地认为穿着者的手臂很细，间接起到修饰身材的作用。与之相似的还有喇叭袖。

宝塔袖
pagoda sleeve

一种上部细窄，肘部以下逐渐变宽的袖型，多为三层褶，因形似宝塔而得名。与钟形袖十分相似。

伞形袖
umbrella sleeve

一种从肩部向袖口逐渐变宽，形似雨伞的袖型。形状类似的还可以叫作"降落伞袖（parachute sleeve）"。

褶边袖饰
engageante

一种流行于十七至十八世纪的华丽袖饰。多由轻薄的蕾丝或多层波浪褶边制作而成。袖子长度多为五分袖。

手镯袖
bracelet sleeve

长度在手腕以上，七到八分长的袖子。佩戴手镯时，该袖型可以使腕部更加漂亮。

主教袖
bishop sleeve

源自主教所穿的教服，带有袖口，袖口处做褶裥处理。与之相似的还有村姑袖。

村姑袖
peasant sleeve

一种源自欧洲传统农民服饰的落肩袖，是一种长款的泡泡袖（p40）。peasant即农夫之意。与之相似的还有主教袖。

超长袖
extra-long sleeve

指长度较长，可以将手部遮住的袖子。这种慵懒的感觉可以展现穿着者的天真烂漫。

紧身袖
tight sleeve

紧贴手臂，几乎没有余量的袖子。这种袖型可以很好地凸显手臂的形状，长度没有规定，多为中长袖。也可以叫作"合体袖（fitted sleeve）"。

羊腿袖
leg-of-mutton sleeve/ gigot sleeve

一种肩部蓬松，手腕处收紧，形似羊腿的袖子。欧洲中世纪通过在肩膀处放入填充物使袖子的肩部膨起，后来则通过在肩部做出褶皱以打造出膨胀的效果。该袖型有段时期常用于婚纱设计中，现在多出现于女仆装等角色扮演类服装中。一些上部是泡泡袖并向下收紧的袖子也能呈现出与该袖型同样的效果。

大袖笼紧口袖
elephant sleeve

同样是肩部蓬松，向手腕处逐渐收紧的袖子，形似象鼻，是羊腿袖的一种。特指袖笼处的膨起比较大的袖子，该袖型在十九世纪九十年代中期尤为流行。

朱丽叶袖
Juliet sleeve

该袖型源自《罗密欧与朱丽叶》(*Romeo and Juliet*)中朱丽叶所穿的服装,就像是在泡泡袖(p40)下面添加了一截长袖。

层列袖
tiered sleeve

一种多层褶皱连续膨起的袖型。

枪手袖
mousquetaire sleeve

从袖山到手腕,整个袖子加入纵向拼接并做了细褶处理的袖型。与手臂十分贴合,是一种长袖,源自火枪手的服装。mousquetaire在法语中为枪手、骑士之意。

尖袖
pointed sleeve

一种向下延伸至手背且顶端呈三角形的袖型。该袖型多被用于婚纱设计中。

•••• 西装的着装礼仪② ••••
西装各部位的尺寸

穿着西装时,如果弄错了尺寸,会非常不美观。让我们来了解一下西装各个部位最合适的尺寸吧。

马甲的长度:能够遮住衬衣或腰带。

领带的长度:刚好能触碰到腰带。

卷边裤脚:避免正式场合穿着。非正式场合和商务场合可用。

外套的袖长:稍微露出一点衬衣,刚好可以盖住一点手背。

外套的长度:能够盖住整个臀部。

裤子的长度:一般到鞋子后跟的凸起处。
· 宽裤脚→加长
· 正式→加长
· 窄裤脚→缩短

直筒袖口
straight cuffs

所有直筒状袖子的袖口的统称。

开放式袖口
open cuffs

指袖头带有开衩、可以敞开的袖口，也叫开衩袖。

拉链袖口
zipped cuffs

指通过拉链开合的袖口。

开衩式西服袖口
removable cuffs

一种可以通过纽扣等来进行开合的袖口。该设计便于将袖子卷起来，是医生经常穿着的袖型，因此也叫医生袖口。

单式袖口
single cuffs

指外接式裁片，没有翻折，以纽扣开合的袖口。这是衬衫袖口的常用设计，中规中矩，不管是商务场合还是日常休闲都很适合。这种袖口较为宽大，因内侧有挂浆所以较硬挺，最正式的穿法是将纽扣扣住。

折边袖口
turn-up cuffs

通过将袖头向外翻折形成的袖口。双层袖口（p47）也是折边袖口的一种。也可指折边裤脚。

宽折边袖口
turn-off cuffs

指翻折后的袖头比较宽大的袖口，是折边袖口的一种。

双层袖口
double cuffs

衬衫袖口的一种。将翻折成两层的袖口用装饰性袖扣（p136）固定，也叫法式翻边袖口（French cuff）或系扣袖口（link cuff）。重叠的袖口用别致的袖扣点缀，无论是正式场合还是商务场合都能展现穿着者的独特风采。可以打造华丽、隆重、有立体感的装扮。袖口的上下两层均设有扣眼。

外接式折边袖口
rolled cuffs

折边袖口（p46）的一种，袖口部分单独裁剪，后与袖体连接并向外翻折而形成的一种袖口。

铁手套袖口
gauntlet cuffs

一种从手腕至肘部逐渐变宽的长袖口，源自中世纪武士的铁手套（p121）。gauntlet即臂铠、铁手套之意。

骑士袖口
cavalier cuffs

一种将较为宽大的袖头折边后形成的袖口，源自十七世纪的骑士（cavalier）曾经穿着的服装，一般多为装饰性袖口。

大衣翻袖
coat cuffs

所有大衣常用袖口的统称。这类袖口一般比较宽大，常用设计有外接式和折边式等。

皮草袖口
fur cuffs

指带有皮草的袖口，多被用在大衣的设计中。fur即动物皮毛之意。

翼形袖口
winged cuffs

一种折边形似鸟儿翅膀的袖口。因外缘开口处有尖角凸起，所以也叫尖角形袖口（pointed cuffs）。

可调节袖口
adjustable cuffs

指可以调节大小尺寸的单式袖口，多见于成品白衬衫。袖口大小一般通过纽扣（多为2颗）来进行调节。

活袖口
convertible cuffs

两端均设有扣眼的袖口。袖口上自带一颗纽扣，也可以另外使用袖扣（p136）来固定，这也是该袖口的最大特点。还可以在袖口两端都装上纽扣，变形成可调节袖口。

圆角袖口
round cuffs

指外缘边角被裁剪成圆形的袖口。该设计可以保护袖口不被剐蹭，更方便衣服的打理。

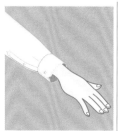

裁角袖口
cutaway cuffs

指外缘边角被裁剪成斜角的袖口。

圆锥袖口
conical cuffs

从上至下逐渐收紧的圆锥形袖口。曲线袖口的一种。与手腕的贴合度更好。

荷叶边袖口
ruffle cuffs

所有带有褶边装饰的袖口的统称。

花瓣袖口
petal cuffs

指像花瓣一样的袖口。该设计可以通过直接在袖口上裁剪实现，也可以通过将数片花瓣形状的布拼接在袖口上实现。

喇叭形袖口
circular cuffs

指被裁剪成圆形的袖口。该袖口设计所使用的布料一般比较柔软，多呈喇叭形。如果袖体比较贴身纤细，袖口更显宽大，能更好地展现女性独有的柔美气质。

袖饰
wrist fall

一种由柔软布料制作而成的褶边袖口装饰，形似垂坠的瀑布。

网球袖口
tennis cuffs

两端设有扣眼，但不添加纽扣的袖口。是袖扣（p136）专用的单式袖口。也可代指网球护腕。

纽扣袖口
buttoned cuffs

由直线排列的数颗装饰性纽扣固定的袖口。该袖口常用于女式衬衣设计中，令穿着者看起来更加优雅。

长袖口
long cuffs

即较长的袖口，可以使穿着者的手腕看起来更加纤细。

深袖口
deep cuffs

一种纵向非常长的袖口，袖口长度是普通袖口的两倍。

合体袖口
fitted cuffs

指与手腕和手臂紧密贴合的袖口。

系带袖口
ribbon cuffs

指可以通过绳带来调节大小的袖口。

松紧袖口
wind cuffs

一种带有皮筋，因而具有伸缩性的袖口。该设计可以防止冷风侵入袖筒，多见于户外运动服装。

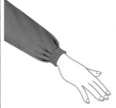

罗纹袖口
knitted cuffs

指用罗纹针（p193）制作的袖口。这种袖口具有伸缩性，可以将袖口收紧，有很好的防寒效果，常用于防寒夹克服的设计中。

绲边小袖口
piping cuffs

加入了绲边（p129）设计的袖口的统称。piping即绲边之意。

钟形袖口
bell shape cuffs

一种十分宽大的袖口，因形似吊钟而得名。

垂式袖口
dropped cuffs

所有宽大且袖尖下垂的袖口的统称。

束带袖口
strapped cuffs

为调节袖宽或增加装饰性，添加了扣带或绳子的袖口。

流苏袖口
fringe cuffs

指带有流苏（p131）装饰的袖口。

拉夫袖口
ruff cuffs

指带有环形褶皱装饰的袖口。一般会与十七世纪流行于欧洲贵族间的拉夫领（p19）同时使用。

扣带袖口
tabbed cuffs

指添加了扣带形装饰物的袖口。

吻扣
kiss button

将纽扣不留间隙地重叠缝制的钉扣形式。多见于西装或夹克衫，可以凸显高级制衣技术。

医生袖口
surgeon's cuffs

外套袖口的一种。相对于装饰性，袖口上的纽扣更注重实用性。通过系上或解开，达到开合袖口的目的。以前的欧洲，人们有外出时不脱外套的习惯，为了让医生在诊疗或工作时可以挽起袖子，这种袖口便诞生了。

绳饰袖口
corded cuffs

所有添加了装饰性绳、带的袖口的统称。加绳饰的方式多种多样，可以直接缝制在袖口上，也可以通过绲边（p129）的方式添加。

嵌芯丝带袖口
gimp cuffs

指带有铁丝包芯细线制作的饰物的袖口，是绳饰袖口的一种，多见于仪仗队军服。关于这种袖口的起源，目前有两种说法：一是为了防御刀剑，军人曾在手腕上缠绕铁线；二是为了在恶劣天气下将身体固定于船身，所以将细绳缠绕在手腕上，以便随时使用。

背心
tank top

领窝较深的露肩无袖上衣。肩带部分有一定的宽度，与大身是一片式裁剪。

冲浪衫
surf shirt

无袖套头针织衫，因被冲浪爱好者所喜爱而得名。因可以露出上臂，展示手臂肌肉，所以又可以叫作"健美T恤（muscle T-shirt）"，还可以叫作"坎袖汗衫（sleeveless shirt）""无袖汗衫（no sleeve shirt）""健美圆领衫（muscle shirt）"等。印有肌肉图案的T恤或无袖衫，也写作"muscle T-shirt"或"muscle shirt"。

T恤衫
T-shirt

指展开时呈T形的无领套头针织上衣。T恤衫最初是一种男性用的内衣，但现在无论男女都能穿，且价格低廉。

保罗衫
polo shirt

一种带领的套头衫，领子一般用2～3颗纽扣固定，短袖衫、长袖衫都有。

医用短袖衫
scrub suit

一种医疗工作者穿着的V领短袖上衣，颜色多样。不过为防止白色造成的眩光，手术服一般会选择与红色互补的蓝色或绿色。scrub意为刷洗。

敞领衫
skipper

原本是指设计成如同将带领毛衣和V领毛衣叠穿的拼接领毛衣，现在则多指无扣保罗衫或带领的V字领针织衫。这种敞领衫的领子叫作"弄蝶领（p18）"。skipper原意为小型船只的船长、运动队队长、跳跃者等。

夏威夷衫
Aloha shirt

一种原产于夏威夷、色彩鲜艳的花纹衬衫。开领（p15），下摆一般为方口，热带风情配色。除了办公和日常穿着外，部分花纹的夏威夷衫还可作为男式正装。关于夏威夷衫的起源，一种说法是来自日本的移民用夏威夷农夫所穿的派拉卡衫（palaka）改做而成，还有一种说法是日本移民给孩子制作的带有和服图案的衬衫是夏威夷衫的雏形。此外，还有来源于美国人在夏威夷服装店用日式浴衣布料定做的衬衫等说法。

嘉利吉衬衫
kariyushi shirt

日本冲绳县的夏季衬衫，模仿夏威夷衫制作而成，同样是开领，左胸有口袋，半袖，与夏威夷衫十分相似。kariyushi在日本方言里是可喜可贺、吉祥如意之意。

瓜亚贝拉衬衫
Guayabera shirt

以古巴甘蔗田工作人员的工作服为原型制成的衬衫。有四个贴兜，前身左右两侧各有一条褶皱或刺绣成的装饰性纵线。别名古巴衬衫、瓜亚贝拉。

狩猎衫
safari shirt

一种模仿在非洲狩猎和旅行时穿着的狩猎夹克（p90）制作的衬衫。胸口和腰间缝制有补丁口袋、两肩缝有肩袢（p130）。束带和口袋等比普通衣服多，更具功能性。

保龄球衫
bowling shirt

指在打保龄球时穿着的运动衬衫，或者以该设计为主的衬衫。开领（p15）和色彩反差强烈的配色是其特征，有时还会用刺绣或徽章等做装饰。在摇滚乐流行的二十世纪五十年代，飞机头搭配保龄球衫是最时髦的装扮，保龄球衫也因此成为美式休闲时尚的代表性单品。

达西基
dashiki

一种V字领（p10）套头衫，色彩鲜艳，宽松肥大，一般领口周围有刺绣装饰，是西非传统民族服装。名称源自非洲豪萨语的衬衫一词。

白衬衫
white shirt

指有底领并带袖头的白色（或其他浅色）衬衫，主要用作西装打底。

常春藤衬衫
Ivy shirt

特指常春藤学院风（Ivy style）中的衬衫，一般用纯色布料、方格纹布料、马德拉斯格纹布料（p175）制作。纽扣领（p14）和背部的中心箱褶（p126）也是常春藤衬衫的两大特征。常春藤学院风起源于1954年由美国八所顶尖学府组成的体育赛事联盟——常春藤联盟，当时大学生的主流打扮就被称为"Ivy style"。还有一种说法是，因大片覆盖于教学楼上的常春藤（ivy）而得名。

长衬衫
over shirt

所有比较宽松的衬衫的统称。这类衬衫一般长度较长，袖笼较低。over shirt还可表示宽松的衬衫穿着方式。

牧师衬衫
cleric shirt

指领子和袖口部分为白色（或素色），其他部分为条纹或彩色布料的衬衫。这种衬衫因与牧师穿着的白色立领教服相似而得名，流行于二十世纪二十年代，是当时英国绅士穿着的经典款衬衫。cleric即牧师、僧侣之意。制作衬衫的布料虽然带有花纹，但仍可作为正式的衬衫来穿着，同时，在休闲场合下穿着该款衬衫也不会让人觉得突兀。

飞行员衬衫
pilot shirt

肩膀带有肩袢（p130）、胸前有盖式口袋的衬衫。因以飞行员的制服为原型设计或与之相似而得名。

排褶衬衫
pin-tuck shirt

指装饰有（多在胸前）排褶（p132）的衬衫。排褶是一种常见的压褶样式，通过将布料进行等距压褶制作而成。

褶边衬衫
frill shirt

胸前有褶边装饰的衬衫。像花边领饰（p28）般将褶边束起，或将褶边纵向排列装饰在胸前，是比较主流的褶边衬衫设计。

晚礼服衬衫
tuxedo shirt

搭配无尾晚礼服（p81）穿着的衬衫。胸前大多带有褶片胸饰（p125）。

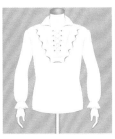

海盗衫
pirate shirt

一种前襟上部用绳子打结固定的长袖衬衫。多为白色或深蓝色，以海盗服为原型设计。海盗衫比较宽松，袖口多用绳子收紧，胸前多带有褶边装饰。

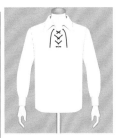

吉利衫
ghillie shirt

胸前用绳子交叉编织的上衣。苏格兰民族服装，不穿夹克衫时搭配苏格兰短裙（p71）穿着。

古尔达衬衫
kurta shirt

巴基斯坦、印度等地的传统男性服饰，或是以其为原型设计的套头式衬衣。长袖，小立领，一般比较宽大。

多宝衫
dabo shirt

指在日本节日或庙会时，人们所穿着的一种七分或八分袖打底衫。宽松，无领，与鲤口衫（p73）相比，袖子略长且更为宽松。与配套的多宝裤（p65）一起穿着时，下摆一般不塞进裤子里。

水手领衫
middy shirt

所有带有水手领的上衣的统称。多作为水兵服和女学生制服。又名水手衫、水手罩衫。middy是海军学校学生（midshipman）的简称。

法兰绒衬衫
flannel shirt

通常指用磨毛的纯棉布料制作的衬衫，大多为格子花纹。传统意义上的法兰绒起源于英国威尔士，是一种用粗梳（棉）毛纱织制的柔软而有绒面的（棉）毛织物。

伐木工衬衫
lumberjack shirt

一种由较厚的羊毛材质制作，胸前两侧附有两个口袋的大格子衬衫。lumberjack即伐木工之意。也叫加拿大衬衫（Canadian shirt）。

西部衬衫
western shirt

指美国西部牛仔的工作服，或以此为原型设计的衬衫。其特征是在肩膀、胸部、背部有曲线形牛仔式育克（western yoke），使用按扣，胸前有盖式口袋（p99）或月牙形口袋（p100）。电影中的演员或音乐家、舞蹈家等穿着的西部衬衫，会在肩膀、胸部、背部和边角位置加一些细碎的装饰或流苏（p131）等，看起来稍显夸张。这类衬衫多由青年布、牛仔布、粗棉布等结实的布料制成。

骑兵衬衣
cavalry shirt

一种以美国西部开发时的骑兵穿着的衣服为原型设计的套头式衬衫。最大的特征是前门襟添加有护胸布，据说在恶劣环境中可以保护胸部不受伤害。

橄榄球衫
rugby shirt

指橄榄球运动员所穿的运动服，或者模仿其设计的一种形似保罗衫（p52）的上衣，多为宽条纹，领子一般为白色。为了应对激烈的比赛，真正在橄榄球比赛中使用的橄榄球衫会更加注重防护性和耐磨性，纽扣由橡胶制成，领子的缝合线等处会做加固处理，还会加护肘垫，选用更结实的棉布等。也被称为"橄榄球运动衫"。

条纹海军衫
basque shirt

一种厚实的纯棉T恤，主要特点有船形领（p9）、条形花纹、九分袖。关于海军衫的来源，目前最可信的说法是：最初是西班牙巴斯克地区的渔夫的工作服，因被毕加索（Picasso）等名人穿着而逐渐为人们所熟知，后被法国海军采用为制服。它是海洋风（marine style）的代表性单品之一。白底、藏青色条纹是海军衫最主流的设计，法国ORCIVAL是条纹衫中最为经典的品牌。

牧人衬衫
gaucho shirt

一种带领的套头式针织衫或布制上衣，曾流行于二十世纪三十年代，以南美牧童所穿的衣服为原型设计而成。

军医衫
medical smock

军队的医疗工作者穿着或以此为原型设计的上衣。从上至下微微变宽，穿脱方便，花纹朴素且耐穿。瑞士军队中所使用的多为用绳子固定前开襟的套头式。

俄式衬衫
rubashka

一种宽大的套头式衬衣，俄罗斯传统民族服装。领口和袖口绣有俄罗斯民族特色刺绣，立领，领子开襟用纽扣固定，有装饰性系绳腰带。

连帽衫
hoody

带有帽兜的上衣，也叫连帽卫衣。原本是因纽特人的防寒服。

军用毛衣
army sweater

一种用于军队的套头式毛衣，非常结实，在肩部和肘部还另用补丁加固。也称突击队毛衣（commando sweater）、格斗毛衣（combat sweater）等。

字母毛衣
lettered sweater

在胸口和袖子上设计有大号英文字母或数字的毛衣。字母是学校或球队名称的首字母，就可以用作校服、队服。也叫校园毛衣或啦啦队毛衣。

洛皮毛衣
lopi sweater

一款冰岛传统毛衣。胸部以上采用圆形育克的编织手法编制而成，并带有一圈花纹。所使用的洛皮毛线绒长线粗、保暖性好，也叫作"羊毛粗纱（wool roving）"。

秘鲁毛衣
Peru sweater

在南美秘鲁安第斯和提提喀喀湖周边地区，印第安人用羊驼和山羊的毛制作的毛衣。大多编织有羊驼、鸟、几何图案等，既轻便又保暖。

渔夫套头衫
fisherman's sweater

北欧、爱尔兰、苏格兰等地的渔夫在工作时穿着的厚毛衣。最主要的特征是以打鱼时用的绳索和渔网为设计理念编织的绳状花纹。这种毛衣多为单色，绳状交叉式的编织手法使毛衣更加立体，因此可以更好地包裹空气，以达到高性能的防寒、防水效果。毛衣复杂的花纹还有利于发生事故时甄别渔夫的身份。渔夫式套头衫在阿伦群岛又被称作"阿伦毛衣"。

根西毛衣
Guernsey sweater

指根西岛附近的渔民所穿的毛衣。采用非脱脂的羊毛编织，防水、防风性能高，被称为"渔夫毛衣的鼻祖"。不分前后，容易穿着。在领子和双肩之间以及侧腰处有开衩，具有很多功能性特征。

震颤派毛衣
Shaker sweater

一种用粗针宙编、设计简单的毛衣。它起源于震颤教派，他们崇尚简约、质朴的生活方式，教徒们手工编织的毛衣即为此类毛衣的雏形。

宽松针织衫
bulky knit

所有用线较粗、网眼疏松的针织衫的统称。此类针织衫一般比较厚实，渔夫套头衫就是其中的一种。bulky即体积庞大之意。

谢德兰毛衣
Shetland sweater

以苏格兰东北部谢德兰群岛原产的羊毛（谢德兰羊毛）制作的毛衣或模仿其制作的毛衣。谢德兰羊毛取自谢德兰羊，羊群生活环境特殊——严寒、湿度高，且饲料中添加了海藻，所以产出的羊毛具有很独特的肌肤触感和较好的保湿性。纯种的谢德兰羊所出产的羊毛十分稀有，即使是同一品种的羊，羊毛的颜色也不完全相同。共可分为白色、红色、灰褐色、浅褐色、褐色等十一种颜色。

网球毛衣
Tilden sweater

指V形领口，领口、袖口和下摆处有一条或多条宽条纹的毛衣。此款毛衣一般为麻花针（p193）编织，原本比较厚实，但为了使活动更加自如并拓宽可穿着的季节，现在的网球毛衣一般都比较薄。网球毛衣兼具复古与运动元素，时下流行的大V领设计也让这款历史悠久的经典毛衣有了更多可能性。不过，此款设计也容易让人显得孩子气。还可叫作"板球毛衣""网球针织衫""板球针织衫"等。

网球开衫
Tilden cardigan

指V形领口，领口、袖口和下摆处有一条或多条宽条纹的开襟针织衫。原本比较厚实，但为了使活动更加自如并拓宽可穿着的季节，现在的网球开衫一般都比较薄。因美国著名网球运动员威廉·蒂尔登（William T. Tilden）经常穿着而得名。其他有类似这种宽条纹特征的针织背心、毛衣等，也可叫作"网球衫"，同类设计也经常用于学校制服等。网球针织衫也同样容易让人显得孩子气。

凯伊琴厚毛衣
Cowichan sweater

一种来自加拿大温哥华凯伊琴部落的传统毛衣。其特征有青果领（p20），以动物、大自然为主题的花纹或几何图案等。正宗的凯伊琴毛衣具有良好的防寒、防水性能，由脱脂羊毛线和美国红杉的树皮纤维编织而成，但现在市售的此类毛衣基本不含脱脂羊毛。加拿大对凯伊琴毛衣的认证标准是有天然的色泽，手工纺织的粗羊毛毛线，有鹰、杉树等传统图案，以及简洁的平纹编织（p193）。

开襟毛衣
cardigan

所有毛线编织的对开襟上衣的统称，一般使用纽扣门襟。英文名cardigan源自其最初的设计者——英国的卡迪根伯爵七世詹姆斯·布鲁德内尔（James Brudenell）。

披肩毛衣
shrug

一款与波列罗开衫（p60）十分相似的毛衣。左右两襟较少重叠（或不重叠），一般穿在礼服或衬衫的外面。相比波列罗开衫，更多用针织或毛皮等柔软材质制成。

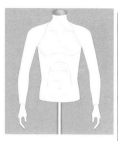

波列罗开衫
bolero cardigan

前侧敞开，左右两襟不重叠的毛衣。与披肩毛衣（p59）十分相似，也可叫作"波列罗短上衣"。

波列罗短上衣
bolero

一种衣长较短、前胸敞开或左右两襟不重叠的上衣，多用作女式服装。bolero原意是指西班牙传统舞蹈——波列罗舞曲。斗牛士所穿着的外套就是典型的波列罗上衣，所用材质及穿着形式多种多样。因前胸敞开，所以常被用作礼服或衬衫的披肩，波列罗开衫一般也被叫作"波列罗短上衣"。右图所示的仅覆盖肩部和手臂的防晒衣也可叫作"波列罗短上衣"或"连袖披肩（shoulderette）"。

美容衫
barber smock

一种在理发店穿着的工作服。领口、衣襟、口袋、袖口外缘一般会有绲边（p129）。除此之外，一些以美容院使用的罩衫为原型设计的女士衬衣，也叫作"美容衫"。

背面

厨师服
cook coat

指厨师在厨房穿着的制服。最主要的特点有立领（p16），前襟为双排盘扣，袖子较长，多为白色。双排扣*的设计可以让厨师在见客时，将烹饪期间弄脏的门襟迅速调换到内侧，双层布料还可以降低烫伤的风险；布料盘扣可以防止纽扣在高温下发生变形，一般使用耐热性好的棉布制作；加长的袖子方便拿取热锅；白色有助于保持干净整洁等，全都是极具功能性的设计。

腹挂
harakeke

日本传统衣物，常见于传统节日、庙会，也是日本人力车车夫的工作服，可以看作是带有护胸的围裙。一般搭配鲤口衫（p73）穿着，也可以直接单穿。背部有背带，穿着时背带呈交叉状。腹部带有被称为"大碗"的大口袋。

*门襟与里襟纵向各钉一排纽扣，可以交替使用。

宽松长裤
slacks

长度较长的裤子，多见于西装或制服套装中，与上衣配套使用。裤管正中央一般带有折痕。

条纹西裤
striped pants

搭配男性日用准礼服和晨间礼服穿着的条纹裤，多为黑色或灰色。英文名还写作"morning trousers"。

铅笔裤
pencil pants

指如铅笔一般细长、笔直的裤子。多指设计贴身的利落休闲裤。与烟管裤和棒状裤类似。

丝光卡其裤
chino pants

一种使用丝光斜纹棉布制作的裤子，源自英国陆军卡其色军装和美国陆军的劳作服，多为卡其色或原色。

宽腿裤
roomy pants

指宽松肥大的裤子。特点是立裆较深，裤长较长。roomy意为广阔、宽阔。

牛津布袋裤
Oxford bags

一种立裆较深的阔腿裤，从大腿处至裤脚上下宽度相同。据说是二十世纪二十年代，牛津大学的学生为了遮盖被禁止穿着的索脚短裤（p67）而开始穿着。

懒人裤
slouch pants

一种大腿宽松，膝盖至裤脚逐渐变窄的裤子。特别宽松，便于活动，穿着舒适，不过穿着这种裤子看起来会略显邋遢。

双耳壶形裤
amphora pants

一种形似双耳壶的裤子。其特点是大腿至膝盖较为宽松，膝盖至裤脚逐渐变窄。

下装

球形裤
ball pants

一种比较肥大的阔腿裤，裤脚处微微收紧，整体轮廓呈球形，一般为九分裤。

锥形裤
tapered pants

指腰部宽松，从上至下逐渐变细、变窄的裤子。脚踝处贴身，大腿处宽松，非常便于腿部的活动。tapered意为锥形的、尖头的。

束脚裤
ankle tied pants

一种腰部宽松，向下逐渐变窄，脚踝处用带子、皮筋、绳子等扎紧的裤子。ankle即脚踝。

水手裤
sailor pants

一种腰部合身，裤腿从上至下逐渐变宽的高腰阔腿裤。裤子门襟一般用纽扣固定，源自水兵的制服。也可叫作"海员裤（nautical pants）"。

工装裤
cargo pants

一种由较厚的棉布制作的裤子，两侧附有口袋，源自货船工人的工作裤。

背面

画家裤
painter pants

指油漆工人的工作裤，特点是带有铁锤环（p129）和贴袋（p99）等。多用牛仔布（p194）、山核桃条纹布（p187）等结实的布料制作，耐磨性良好，一般比较肥大。

面包裤
baker pants

指面包师的工作裤，腰部四周附有大贴袋，裤子宽松，多为卡其绿色，立裆较深。

丛林裤
bush pants

一种工作裤，为防止被树枝剐蹭，口袋会缝在前后侧。口袋一般为贴袋，选用厚实的棉布制作，结实耐磨。bush即树丛之意。

喇叭裤
flared pants

裤腿从膝盖至裤脚逐渐变宽呈喇叭状的裤子。与配靴宽脚裤十分相似。

配靴宽脚裤
boot-cut pants

裤腿从膝盖至裤脚逐渐变宽的裤子。也可叫作"喇叭裤"。

牛仔裤
denim pants

使用斜纹牛仔布（p194）制作的裤子。

低腰牛仔裤
low-rise jeans

指立裆（裆部到腰的长度）较浅的牛仔裤。立裆深，但腰带位置较低的款式也可叫作"低腰牛仔裤"。

排扣牛仔裤
button fly jeans

门襟处使用直排扣子开合，扣子尺寸比主扣稍小的牛仔裤。

无水洗牛仔裤
rigid denim pants

指未做防缩水和做旧等工艺处理、布料带浆的原色未脱浆牛仔裤。无水洗牛仔布、原牛仔布、生牛仔布都指未加工的原始牛仔布。

破洞牛仔裤
damage denim pants

在膝盖和大腿周边人为（用碎石进行清洗等方法）施以断线和破洞、裂缝等做旧处理，增加使用感和古着感的牛仔裤。

破损牛仔裤
destroyed denim pants

人为施以破坏性加工，以增加使用感的牛仔裤。与破洞牛仔裤基本相同，但其破损程度更大。destroyed意为破坏、摧残。

下装

袋形裤
baggy pants

一种宽松肥大、外形似袋子的阔腿裤。其特征是立裆较深，从臀部至裤脚异常肥大，可以很好地遮盖体形。

背面

垮裤
sagging pants

把裤腰穿在比通常位置更低的穿法，二十世纪九十年代初期，在受嘻哈音乐潮流影响的日本年轻人之间开始流行。到九十年代后期，渐渐成为初高中男生制服的一种穿法。

紧身裤
skinny pants

指严密贴合双腿的紧身裤子。

紧身牛仔裤
jeggings

指使用弹性好的布料制作的牛仔裤，有前门襟，用纽扣或拉链合扣。可以看作是将牛仔打底裤与弹力裤合二为一的裤子，jeggings 为 jeans 和 leggings 的重组词语。

弹力打底裤
leggings

指由弹性较好的材质制作的打底裤，与腿部紧密贴合，长至脚踝。和裹腿几乎没有太大差别，leggings 原始的含义就是短绑腿。

滑雪裤
fuseaus

一种源自滑雪裤的修身紧腿裤，有的带有踩脚挂带。fuseau 在法语中为纺锤之意。

踩脚裤
stirrup pants

指底部带有踩脚挂带的裤子，踩脚打底裤也属于踩脚裤。stirrup 意为马镫，是一种骑马用具。

紧身连裤袜
tights

一种从脚尖一直延伸至腰部，与身体紧密贴合的裤状袜。多由尼龙等弹性好且具有保温性能的材质制作而成，常用于芭蕾、体操等身体活动幅度较大的运动中。也有不带袜子的款式。

日本（秋）裤
股引

日本传统裤装，较贴身，长度至脚踝，可做内衣。与护胸围裙一样，可作为工匠师傅的工作服。常见于日本传统节日、庙会等活动中。也有五分长的款式。

多宝裤
dabo pants

指在日本参加节日庆典或逛庙会时穿着的一种宽松裤装，多与多宝衫（p55）成套穿着。宽松版型的日本裤，也叫作"多宝裤"，也可搭配多宝衫穿着。

束脚运动裤
jogger pants

一种从上至下逐渐变窄的锥形裤。长度至脚踝，裤脚用罗纹或皮筋收紧。多选用较柔软的布料制作，搭配运动鞋会显得腿特别漂亮，一般作为运动服穿着。

松紧裤
easy pants

所有腰部用绳子或松紧带收紧的裤子的统称。这类裤子宽松舒适，可以居家或度假时穿着，对于不喜欢系腰带的人很友好。

束缚裤
bondage pants

朋克装扮中的代表性裤装，两腿膝盖之间用一条扣带连接，看起来行动很不便。穿着者试图用这种方式表达被束缚之意，多用红色底黑色方格的布料制作。

飞行裤
flight pants

飞机乘务员所穿的工作裤，多为军用。也可指以此为原型设计的裤子。为方便穿靴子，裤脚一般采用收口设计。口袋带盖，且用纽扣或拉链固定，以防在飞行途中口袋内的物品飞出。常见的飞行裤有背带式，还有两侧带有贯穿整条裤子的拉链以方便穿脱的罩裤式。

直升机裤
heli-crew pants

飞机裤的一种。为适应热带环境，专门为直升机搭乘人员改良的薄型工作裤，也可指以此为原型设计的裤子。特点是两腿大口袋，蹲下时开口朝上。

杜管裤
dokan pants

从裆部至裤脚极度宽松的裤子。由日本的学生服演变而来，二十世纪七十年代后期开始流行。

宝弹裤
botan pants

一种裆部周围宽松、裤脚处细的裤子。由日本的学生服演变而来，二十世纪七十年代后期开始流行。

小丑裤
clown pants

指腰部宽松肥大的吊带裤，是小丑的常用表演服，也叫祖特裤（zoot pants）。

甲板裤
deck pants

在甲板上工作时穿着的工作裤。一般为连体式，耐磨保暖，曾被用作美国军队的军用服装。

双膝裤
double knee pants

在大腿至膝盖处添加衬布加固的裤子。双层布料的设计，可以增加裤子的强度，使膝盖处更不易磨损，极具功能性。现在则更重视它的设计感。

护腿套裤
chaparajos

一种穿在普通裤子外面的防护用品，多为皮革材质。主要在骑马或骑哈雷等大型摩托车以及使用电锯时穿着。因被职业摔跤选手史坦·汉森（Stan Hansen）用作擂台服穿着而出名。电锯专用的护腿套裤，采用特殊的防切割纤维制作而成，当裤子接触到锯齿时，材料会缠绕在锯齿上，使其停止旋转，以防止割伤等事故发生。

绑腿裤
tethered pants

一种从膝盖或小腿至裤脚用绳子捆住的裤子，现在也可指膝盖以下比较紧身的裤子。

索脚短裤
knickerbockers

一种裤脚处用绳子等收紧、带有褶皱的过膝短裤，最初是居住在美国的荷兰移民穿着的衣物。曾是自行车专用裤。因便于活动，所以也被用作棒球、高尔夫、骑马、登山等运动的运动服。目前在日本常被用作工地施工人员的工作裤，但会长一些。

骑马裤
jodhpurs

一种骑马时穿着的裤子。为方便活动，膝盖以上较宽松，弹性较好，膝盖以下逐渐收紧，以方便穿靴子。英文名来源于以棉织品而闻名的印度城市焦特布尔（Jodhpur）。骑马裤与低档裤的主要区别在于立裆的位置。

马裤
breeches

一种骑马时穿着的裤子，大腿部较为宽松，弹性较好，有长裤也有短裤，也可指相似形状的骑马裤。原本是中世纪欧洲宫廷中男性穿着的一种长裤。

灯笼裤
bombacha

南美洲从事畜牧业的牛仔穿着的工作裤，特点是腿周宽松肥大，便于活动，脚踝处收紧，腰间一般系宽腰带。

牧人裤
gaucho pants

一种裤脚宽松的七分裤，源自南美草原的牧民们所穿的裤子。现在多选用轻薄柔软的针织布料制作，是一款穿起来非常优雅的女裤。

海盗裤
pirate pants

一种大腿宽松、略微膨胀，膝盖以下收紧或被绑起来的裤子，因容易让人联想到海盗的装扮而被命名。

泰国渔夫裤
Thai fisherman pants

泰国和缅甸的渔夫所穿着的一种传统服装。裤子的尺寸和长短可自由调节，腰部和臀部十分宽松。在穿着时，人们可以根据自己的需要把裤子提到合适的高度，腰部围裹成合适的松紧程度，然后将系带在前侧打结固定，最后把多余的部分从上面翻折下来即可。裤子多用轻薄的棉、麻布料制作而成，便于活动，现在已经作为休闲服、家居服等在世界各地普及开来。

佐阿夫女式长裤
zouaves

一种宽松肥大、裤脚处收紧的裤子，长度一般为过膝或至脚踝。

低裆裤
low pants

指裆部比较低的裤子，根据布料和制作方式的不同，又可细分为低裆牛仔裤、低裆紧身裤等。

莎丽*裤
shalwar

一种膝盖以上宽松肥大，裆部位置较低的裤子，是巴基斯坦的民族服装。二十世纪八十年代因被美国说唱歌手M.C.汉默（M.C. Hammer）穿着而出名，有时会和外形十分类似的吊裆裤一同被叫作"哈马裤"。

吊裆裤
sarrouel pants

一种膝盖以上宽松肥大，裆部位置十分低的裤子。有一些低裆裤裤脚会做收口处理，外形看起来几乎和莎丽裤一样，但两腿没有分开，只在最下部留有让脚通过的孔洞。

阿拉丁长裤
Aladdin pants

一种裆部位置较低，腿部宽松肥大、自然下垂的裤子。和吊裆裤十分相似。

* 莎丽在印度叫夏瓦尔。

桑博
sampot

束埔寨民族服装，特征是将一块长方形的布系于腰间，男女通用。桑博穿法多样，可以围成裙子，也可以围成裤子。

多蒂腰布
dhoti

指印度教男性用的腰布，用一块布从裆下穿过进行穿着。印度和巴基斯坦部分地区的民族服装，一般与无领古尔达衬衫（p55）搭配穿着。

笼基
longyi

通过将一整块布系在腰间穿着的筒状裙子（也可指这块布本身），缅甸传统民族服装之一，男女通用。男性穿着时，会将布料在腹部打结；女性穿着时，则是将布料裹紧在左右任意一侧，然后另外用绳子固定。插图中所示为男性穿法。男性穿着的可叫作"帕索"，女性穿着的可叫作"特敏"。穿着笼基时，上衣一般会搭配一种名为"恩基"的罩衫。职业、民族不同，笼基的颜色和花纹也不相同。

凯恩潘詹纱笼
kain pandjang

印度尼西亚传统服装，男女通用。将一大块爪哇出产的纱在一端捏褶，然后把褶皱一端围裹在身体前侧即可。地域不同，围的方法也不同。直接缝成筒状的叫作"凯恩纱笼"。

两用裤
convertible pants

借助拉链或纽扣添加穿脱式裤腿，可以灵活改变裤腿长度的裤子。convertible意为可替换的。

双层裤
double layered pants

指看上去像将两条不同长度的裤子叠穿的裤子，或指内外有两层的裤子。

剪边裤
cut-off pants

指裤脚看起来仿佛被裁过一般的裤子。长度上没有特别的限制，有的裤脚不缝边，保留布料的毛边。

中长裤
three quarter pants

一种长度过膝的裤子，一般用作运动服或休闲服。three quarter即四分之三之意。

七分裤
cropped pants

指长度过膝，与中长裤接近，裤脚看起来仿佛被裁过一般的裤子，是剪边裤（p69）的一种。和卡普里裤、八分裤为同一分类。

卡普里裤
Capri pants

指长度过膝或至小腿的紧身裤，在二十世纪五十年代曾风靡一时，名称中的Capri源自意大利的度假胜地卡普里岛（Capri Island）。比卡普里裤稍长的裤子叫作"八分裤"。

半长裤
clam diggers

一种长度至小腿的裤子，设计源于挖蛤蜊的人穿着的短牛仔裤。clam是蛤蜊、蚌等双壳贝类的统称。

短衬裤
steteco

一种穿着于外裤内的过膝短裤。与平角短裤和秋裤不同，衬裤比较宽松，不贴身，主要作用是吸汗、保暖。现在逐渐流行将其用作居家服。

四分短裤
quarter pants

一种长度至大腿的短裤，一般用作运动服或休闲服，常见于学校的体操服。quarter即四分之一之意。

百慕大式短裤
Bermuda shorts

一种长度至膝盖上方的短裤，一般比及膝短裤要瘦，源自百慕大群岛旅游度假区的休闲裤。

拿骚短裤
Nassau pants

一种长度在大腿中间位置的短裤，比百慕大式短裤短，比牙买加短裤长，三种都属于岛屿短裤（island pants），夏季常见于各种旅游度假区。

脚踏车裤
pedal pushers

一种弹性良好、较为贴身、易于活动的六分裤，源自二十世纪人们骑自行车时穿着的衣服。

廓尔喀短裤
Gurkha shorts

一种腰部带有宽腰带、立裆较深的短裤。这种短裤源自十九世纪廓尔喀士兵的军服，二十世纪七十年代开始在美国普及，后来逐渐发展成大众服饰。

吊带皮短裤
lederhosens

指德国南部巴伐利亚高山地区的男性穿着的一种带有肩带的皮革短裤。

苏格兰短裙
kilt

一种用苏格兰格纹布料（p175）打褶，用腰带或别针固定的裹裙。原本是苏格兰男性的传统民族服装。

希腊白短裙
fustanella

带褶皱的白色短裙，希腊和阿尔巴尼亚男性穿的传统裙子。起源于古希腊，历史悠久。现在可见于卫兵服和民族舞蹈服。

闲提
shenti

古埃及男士缠腰布。长度至膝盖上方。

袴
hakama

日本传统下装，宽松肥大，男女通用，穿着时在腰部或胸部打结固定。根据构造的不同，分为可以骑马的马乘袴（有裆裤子式）和行灯袴（无裆裙子式）两种。多在庆典、仪式、武道、表演等日本传统活动时穿着。从名称上来看，袴仅是指下装，有时将穿着袴时的整体装扮叫作"袴姿"。

内衣

运动短裤
boxer shorts

用弹性较小的材料制作的男式短内裤或拳击、游泳时所使用的短裤。原本是指紧身的五分短裤。boxer即拳击手之意。英文名还写作"trunks"。

平角裤
boxer briefs

男式内衣。与运动短裤相似，采用带弹性的布料制作，与身体的贴合度较高，稍微有一点点裤腿。有一些会在前侧设置开口。在有些国家写作"trunks"。

男式内裤
briefs

指没有裤腿的男式内衣。一般都比较贴身。

背面

丁字裤
T-back

所有后侧呈T字形的泳衣或内裤的统称。

猿股
さるまた

日本传统男式内裤。稍微有一点点裤腿，与平角裤相似。

护腹带
belly warmer

日本传统衣物，有给腰腹部保暖的作用。现在市面上比较主流的是用带弹性的针织材质做成的圆筒状产品。

背面

背面

越中裤（兜裆布）
越中褌

日本传统下半身用衣物，由宽布和绳子组成。穿着时，需要先用绳子将布固定在身体的后侧，然后将布从两腿间穿过，挂在身体前侧的绳子上。在日本江户时代，人们便开始使用，明治末期流传开来。

六尺裤（兜裆布）
六尺褌

日本传统下半身用衣物，用宽约30厘米，长2～3米的带状布条制成。穿着时，先将布条从两腿间穿过，再将身体后侧的布条扭转成绳，绕腰一周后在尾骨上方固定；最后将前侧布条穿过两腿间，扭转成绳后在身体后侧固定。

鲤口衫
koikuchi shirt

日本传统内衣，无领七分袖衬衣的统称，常见于日本祭祀、庆典等活动中。日本部分地区还称其为"肉襦袢"。传说因袖口形似鲤鱼嘴而得名，可直接穿于腹挂（p60）之下。多用带有日本传统花纹的布料制作，一般贴身穿着并置于裤子内。与之外形相似的多宝衫（p55）则多由纯色布料制作，宽松肥大，穿着时将下摆置于裤子外。日本祭祀中抬神轿的人常穿着此类衣物。

遮阴袋
codpiece

用于隐藏裤子门襟或保护裆部的覆盖物。十五至十六世纪，为了凸显裆部，人们会在遮阴布上施以装饰或在内侧添加填充物等。遮阴布虽是一种外穿的衣物，但根据它的特点，本书将其放在了内衣的分类中。

腰带

搭扣 / 皮带扣
buckle

一种金属配件，安装在绳子或带子的一端，将另一端从中穿过后，可以固定绳、带。它是腰带中使用最普遍的锁扣。

腰带
belt

系在腰间用于固定衣服和装饰品的绳子或带子的统称。一般用扁平细长的布或皮革制成，大多一端装有搭扣，用于固定腰带和调整腰带的松紧程度。也可叫作"皮带"。除固定作用外，一些装饰性强的腰带，还可以成为设计的一部分，起到调节服装线条轮廓等作用。

双排孔腰带
double pin

为方便调节松紧程度，打有两排皮带孔的腰带。

双环扣腰带
ring belt

指用金属圆环作为皮带扣的腰带。一般会先将腰带同时穿过两个重叠圆环，然后再从其中一个环下穿过、折回。设计简约，气质优雅，易于调节尺寸。

编绳腰带
mesh belt

指用皮革或布编织而成的腰带。腰带上不设计皮带孔，可将皮带扣上的针随意插进任意织孔完成固定。颜色花型多种多样，适合休闲装扮。商务场合可选用较沉稳的色调。

雕花腰带
carving belt

带有雕刻的皮革制腰带，雕刻纹样多以植物为主题。

贝壳腰带
conch belt

美洲纳瓦霍人所使用的一种带有贝壳装饰的腰带。conch意为贝壳。

教士长袍腰带
surcingle belt

中间是结实的布料，两端则为皮革的腰带，皮带扣安装在皮革上。surcingle意指捆马腹的带子。

西部腰带
western belt

一种皮革制腰带。皮带扣较大，一般为单针扣，多带有雕花或装饰。很多会在腰带部分添加压纹装饰。也叫牛仔腰带。

GI 腰带
GI belt

一种无孔腰带，通过按压皮带扣内的金属滚轴来达到固定的效果。源自军用腰带。因为没有固定腰带的扣眼，所以只能对腰带的松紧程度做细微调整。

铆钉腰带
studs belt

指带有金属装饰钉的腰带。比较大的铆钉（p132）会更显狂野。常见于朋克装扮中。

金属弹力腰带
metal stretch belt

一种带有弹力的金属腰带。运用了相同制作原理的还有手表的表带。

狩猎腰带
safari belt

指参加狩猎等活动的人所使用的腰带。安装皮带扣的部分比腰带主体要细，或是在较宽的腰带主体上叠加一条细腰带用以固定。腰带上带有用来放置物品和弹夹的口袋。

低挂式腰带
low-slung belt

指系好后垂于腰部以下的腰带，主要起装饰作用。low-slung意为低腰的。

曲线腰带
curve belt

配合腰线裁剪成有一定弧度的腰带。该腰带与身体贴合度较高，使用时不易出现缝隙，显得利落整洁。

饰腰带
sash

一种较宽的装饰性腰带，多用柔软、有光泽的布料制作。十七世纪时，为了让腰带更具装饰性，饰腰带应运而生。腰带主体比皮带扣部分要宽，使用时可以将腰带聚集、打结，极具立体感。一般比较宽。除腰带外，sash还可以指斜挂于肩膀上的绶带。

腰封
cummerbund

穿着夜间准礼服（黑色领结）时，用于无尾晚礼服（p104）之下的宽布带，饰腰带的一种。最正式的颜色为黑色，其他还有红色、橙色等。因为是马甲的替代品，所以通常不与马甲共用，一般搭配领结使用。因用于正式场合，腰带应选择背带式。

背带
suspenders

从双肩垂下用以固定下装的腰带。可在穿无尾晚礼服（p104）等正装时使用。背面的设计多种多样，可交叉可平行。英文名还写作"braces"。

缰绳式背带
halter belt

一种形似牵马缰绳的背带。由腰带和双肩背带组合而成，可见于一些有约束感的穿着中。

武装带
Sam Browne belt

一种由腰带和斜挎在右肩上的单肩背带组成的皮带。常见于军用和警用装束，用于携带武器。

剑带
sword belt

用于佩戴剑的皮带。剑的大小和种类不同，剑带的款式也不同。

背心、马甲

花式马甲
odd vest

指用与外衣不同材质制作的马甲，除内搭外也可以直接单穿，设计形式多样。英文还写作"fancy vest"。

英式马甲
waistcoat

在十七世纪诞生之初，原本是带有袖子的，至十八世纪后期，逐渐变成了无袖式，并延续至今。waistcoat是英国对于马甲的叫法，美国称vest，法语为gilet。

法式马甲
gilet

法国原产的一种无袖上衣，美国称其为vest，英国称其为waistcoat。各国对于马甲的定义没有太大区别，相较于其他装饰和口袋较多、经常外穿的马甲，法式马甲的设计一般比较简洁，更倾向于用作内搭。所以，法式马甲多指那些装饰少或无装饰，轮廓线相对更具特色的马甲。

有领马甲
lapeled vest

一种和外套一样的带领马甲，lapel意为翻领。

卡玛马甲
cummer vest

搭配领子开口较大的无尾晚礼服（p104）穿着的专用礼服马甲，腰封就是由卡玛马甲简化而来。背部几乎没有布料，只在颈部和腰部有少量布料。卡玛马甲是餐厅侍酒师等的常用服装。内里通常搭配翼领（p17）衬衫和蝴蝶领结（p27），外套则选择单排扣礼服，方便露出马甲。

皮坎肩
jerkin

一种皮制、无领的外用马甲，十六至十七世纪起源于西欧，第一次世界大战开始投入军用。

针织背心
knit vest

指用针织材料制作的背心，一般为 V 字领（p10），也可叫作"无袖毛衣"。这种背心容易让人看起来略显孩子气，搭配不当还会显土气，请大家注意。

网球背心
Tilden vest

一种 V 形领口，领口、袖口和下摆处有一条或多条宽条纹的背心。原本比较厚实，但为了使活动更加自如并拓宽可穿着的季节，现在的网球背心都比较薄。兼具复古感与运动感，经常被用作学校制服，同时，该设计也容易让人显得孩子气。

马甲式开衫
vest cardigan

前侧通过纽扣开合的无袖针织马甲。

长马甲
long vest

指尺寸较长的马甲或无袖大衣，有的有领，有的无领。有拉长身体线条的效果，很显身材。

尼赫鲁马甲
Nehru vest

流行于南亚地区的立领马甲（无袖外套）。内侧一般搭配古尔达衬衫（p55），更偏向于当作外套使用。

嬉皮士马甲
hippy Vest

二十世纪六十年代，由于对现实的不满，某些西方国家的年轻人兴起了嬉皮士文化，他们蓄长发、着奇装异服，反对传统价值观。嬉皮士马甲便是极具代表性的服装之一，马甲一般比较长，带有流苏装饰。

羽绒马甲
down vest

内部加入了羽绒的防寒用马甲，基本采用绗缝（p195）和树脂压制制作。

越野跑马甲
trail vest

一种徒步旅行、越野跑或钓鱼时穿着的马甲，具有很好的防水性能，可细分为有帽款和无帽款。

防风马甲
wind vest

防风运动服的马甲款，衣领部分多附有可折叠收纳的帽兜，常用作简易版运动外套。目前市售的此类马甲大多由轻质材料制作而成，体积较小，可折叠，易携带，便于外出时随时穿脱。

通信战术马甲
radio vest

美国通信兵穿着的马甲，或以此为原型设计的深领口马甲。最具代表性的是一种名为"E-1"的款式。为便于携带通信设备，马甲上安装有特殊的带子，不过现在大多已经去掉了。

狩猎马甲
hunting vest

顾名思义，这是一种狩猎时穿着的马甲，前身附有很多口袋，以方便携带弹药。

钓鱼马甲
fishing vest

带有很多口袋、方便钓鱼时收纳小物件的马甲。有些钓鱼马甲带有浮力设备，具有一定的救生功能。

救生马甲
life vest

在落水避难逃生时，为了能让头部露出水面的救生装备。通过在制作马甲时加入浮力材料或放置小型储气瓶等使其膨胀获得浮力。还可以叫作"救生衣（life jacket）"。

◆ 西装马甲

现在的西服套装大多由西服和西裤组成，但早期的西服套装中还包含马甲，马甲与西服、西裤共同组成了西装三件套。过去，衬衫被视为内衣，脱下西服外套露出衬衣会被视为不礼貌，西装马甲的出现可以说是很巧妙地解决了这个问题。

现在，在日常生活中穿三件套的人越来越少。但是，一件与西服外套材质相同的马甲，不仅可以增加造型的层次感，还能使整个人看起来更加时尚、有品位。经典款马甲大致有三个特点：直线下摆，门襟处有六颗纽扣，全身四个口袋。美式马甲（vest）、英式马甲（waistcoat）和法式马甲（gilet）虽略有差异，但在设计和功能上没有太大区别。

经典款马甲　　西装三件套　　脱下西装外套后的样子

◆ 开襟和领子

无领、单排扣是马甲最基本的款式。双排扣的马甲更适合出席较为正式的场合时穿着，但是双排扣容易被外套遮挡，穿着时需要特别注意。有领马甲则更能凸显层次感和厚重感，马甲的存在感也因此显得过于强烈，在搭配时需要注意与外套协调。

无领单排扣　无领双排扣　有领单排扣　有领双排扣

◆ 卡玛马甲

卡玛马甲是一种背部无布料覆盖的马甲，在搭配西服外套出席正式场合时，与腰封功能相同。因背部没有布料，所以穿着时不会让人感到闷热。单穿时可以作为餐厅服务员或侍酒师的工作服，清爽的背部设计别具一格。

卡玛马甲　　　背部样式　　　穿着效果

◆ 背部设计与着装礼仪

西装三件套里面的马甲的背部通常会使用与内里相同的布料制作。因为按照礼仪，在客人面前是不可以脱下外套的，所以这种采用光泽面料制作、略带私密感的背部设计，不仅可以缓和会场紧张的气氛，还可以给人留下一种独特的时尚感。

西装马甲与西装外套一样，也有特定的着装礼仪，穿着时最下面的纽扣一般不扣上。

背部样式　　穿上西装外套　　脱下西装外套
　　　　　　的样子　　　　后的样子

◆ U字领马甲

指领口呈U字形裁剪的马甲。穿上外套后的效果基本和使用腰封的效果一样。内搭以排褶衬衫（p54）最优，可以把衬衫胸前的装饰很好地展现出来。

U字领马甲　　正式场合下的　　脱下西装外套
　　　　　　标准形态　　　　后的状态

外套※

背面

燕尾服
tailcoat

男性夜用正礼服，其基本结构形式为前身短、长度至腰部以上，后身长、后衣片呈燕尾形两片开衩，缎面驳头（p126）的戗驳领（p20），穿着时门襟敞开、不系扣，多搭配蝴蝶领结（p27）和缎面礼帽（p148），因后摆形似燕尾而得名，也叫作"燕尾大衣""晚礼服大衣"。

晨间礼服
morning coat

一种男性在白天穿着的正礼服，长度至膝盖，单排扣，戗驳领（p20），前身的下摆向两侧斜下方逐渐变长，也叫常礼服。

无尾晚礼服
tuxedo

一种男性在夜间穿着的准礼服，多为黑色或深蓝色，缎面青果领或戗驳领（p20），长度及腰，一般搭配黑色蝴蝶领结、马甲以及侧缝装饰有缎条的裤子。在英国又叫晚宴服（dinner jacket）。

西装外套
tailored jacket

一种仿西装裁剪、前身较宽的外套，可分为双排扣式（左图）和单排扣式（右图）。英文名中的tailor为裁缝店、裁缝之意，tailored在此意指男式西装裁剪。西装外套与定制西装（tailored suit）原本是相同的意思，但西装外套更倾向于在休闲场合下穿着，而定制西装则更多地用于商务等正式场合。女式西装外套也很常见。

雪茄夹克
smoking jacket

原本是指一种可以在舒适放松的场合穿着的华丽宽松上衣，长度较短，有说法称雪茄夹克是无尾晚礼服的原型。其主要外形特征是青果领（p20）、折边袖口（p46）和栓扣（p134）。在美国，雪茄夹克和无尾晚礼服为同一种衣服。法国叫作"雪茄夹克"，英国则称其为"晚宴服"。雪茄夹克也可指模仿男式无尾晚礼服制作的女式夹克外套。

※ 黄色部分为该服装的着装要求。

梅斯晚礼服
mess jacket

一种夏季用简约白色正礼服，长度较短，一般为青果领或戗驳领（p20）。mess即军队会餐或会餐室之意。

斯宾赛夹克
Spencer jacket

一种高腰，长袖，日常穿着的修身短上装，可以看作是省略掉燕尾的燕尾服。

拿破仑夹克
Napoleon jacket

以拿破仑曾经穿着的军官服为原型设计的夹克外套，带有浓烈的欧洲宫廷风。其主要特征是醒目的金线装饰、立领（p16）、肩袢（p130）和前身两排紧密排列的纽扣。

侍者夹克
bellboy jacket

一种在酒店大堂门口负责接管客人行李的行李员所穿的夹克，立领（p16），长度较短，多为金属纽扣，腰部一般做收紧处理。英文名还写作"pageboy jacket"。

轻便制服外套
blazer

所有休闲运动款西服外套的统称，特征是金属纽扣，胸前口袋上带有穿着者所属团体的徽章等。多为学校、体育俱乐部、航空公司的制服等。

纽波特制服外套
Newport blazer

制服外套的一种。最典型的特征是双排扣，金色纽扣（两排共4颗）、戗驳领（p20），侧开衩，直线形轮廓。

便装短外套
sack jacket

一种不紧贴身体的宽松短夹克，穿着十分舒适，能很好地掩盖体形，即休闲又兼具复古感，非常易于搭配。

无领西装外套
no collar jacket

所有无领夹克的统称，一般搭配无领内搭穿着，比西装外套更能展现女性的魅力，镶边的设计多种多样。

夹克骑马装
hacking jacket

一种单排扣粗呢外套，源自骑马服。特征是前身下摆呈圆形，后身下摆中间开衩，口袋倾斜以方便骑马时拿取物品。

诺福克夹克
Norfolk jacket

一种带有与外套布料相同的宽肩带和宽腰带的夹克外套。原本是狩猎专用外套，逐渐发展为现代警用制服和军用制服。

尼赫鲁夹克
Nehru jacket

源自印度贵族所穿着的大衣。主要特征有立领（p16），单排扣，轮廓修身。因印度前总理尼赫鲁穿着而得名。

蒂罗尔夹克
Tyrolean jacket

奥地利蒂罗尔地区的传统外套。使用结实的材质手工编织制作，特征是短款圆领，单排扣，口袋和领子等处有绲边（p129），第一颗纽扣处有折边设计。

伊顿夹克
Eton jacket

英国伊顿公学在1967年之前使用的制服外套，长度较短，里面搭配马甲、伊顿领（p14）衬衣和黑色领带，下身多搭配条纹或格纹裤。

学兰服
诘襟

日本中学男生的标准制服上装。立领（p16），前襟和衣袖上大多带有印有校徽的纽扣。

短款学兰服
诘襟

流行于日本二十世纪七十年代的一种长度极短的学生制服。立领较矮，袖子上的纽扣较少，是学兰服的变形款。当时的部分学生试图以这种标新立异的设计来表达自己的个性。

长款学兰服
诘襟

流行于日本二十世纪七十年代的一种长度极长（至小腿）的学生制服。立领较高，门襟及袖子上的纽扣较多。最初是啦啦队服装，后与短款学兰服一样，因被部分学生穿着逐渐演变为学生制服。

中山装
Mao suit

一种立翻领、有袋盖的四贴袋服装，因孙中山先生率先穿着而得名，曾是中国的代表性服装，从国家领导人到普通大众都会穿着。二十世纪八十年代初逐渐退出常用服装舞台。西方人称其为"Mao suit"，正式名称为"Chinese tunic suit"。

战壕夹克
trench jacket

从设计上看，战壕夹克像是将战壕风衣（p95）的腰部以下部分裁去后得到的。英文名还写作"short trench"等。

卡玛尼奥拉短上衣
carmagnole

在法国大革命时期，革命党人穿着的一种翻领短上衣。法国的革命歌舞也叫卡玛尼奥拉。

男式紧身短外套
doublet

中世纪至十七世纪流行于西欧地区的男式紧身及腰短外套。随着时代的发展，其设计也不断变化，有立领（p16）、加衬垫、绗缝（p195）、V字形腰线等。法语可写作"pourpoint"。

波列罗夹克
bolero jacket

一种衣长较短、前胸敞开或左右两襟不重叠的夹克外套。最有名的例子是斗牛士所穿着的斗牛士外套，左右两襟大多不重叠，也有部分重叠固定的款式。

主斗牛士夹克
matador jacket

西班牙主斗牛士[*]所穿着的一种短款夹克，长度与波列罗夹克基本相同。带有刺绣等装饰，比普通斗牛士夹克更加华贵。

[*] 担当持剑给牛致命一击的主角斗牛士。

半身夹克
cropped jacket

比普通夹克长度短的夹克。长度至上腹部的叫作"露腰短夹克（midriff jacket）"。

哈士奇夹克
Husky jacket

绗缝（p195）制狩猎外套的统称。衣领一般采用灯芯绒（p194）面料制作，因最早由英国王室钟爱的老牌服装店HUSKY推出而得名。也叫作"绗缝夹克"。

CPO 夹克（美国海军士官夹克）
CPO jacket

以美国海军士官（Chief Petty Officer, CPO）的制服为原型设计的羊毛夹克。胸前设置有厚实的盖式口袋（p99）。

警察夹克
policeman jacket

美国警察穿着的夹克，或以此为原型设计的夹克。地域不同，警察夹克的特点也不同，最具代表性的是黑色、短款的皮制夹克。

艾森豪威尔夹克
Eisenhower jacket

由美国总统艾森豪威尔（Dwight David Eisenhower）提议制作的军用外套。长度及腰，西装领，胸前有补丁和盖式口袋（p99），腰部和袖口采用收口设计。是战斗夹克（p87）的一种。

工程夹克
engineer jacket

专为室内工作的工程师们设计的工作服。为便于活动，工程夹克采用的是无领设计，长度较短。也可以指比较宽松肥大的衬衫夹克。

哥萨克夹克
Cossack jacket

以哥萨克骑兵所穿着的夹克为原型设计的短夹克外套，领型以青果领（p20）和两用领（p22）居多，一般为皮制。

丹奇夹克
donkey jacket

丹奇风衣
donkey coat

指英国的煤矿工人或港口劳作人员在作业时穿着的一种麦尔登*防风厚外套。其特征有纽扣式罗纹宽领，肩部添加防水补丁以减少磨损。这种罗纹大宽领叫作"丹奇领（p24）"。丹奇夹克（风衣）在制作时，一般会在丹奇领或肩部加补丁二者中选其一。

*将毛织物进行缩呢加工后，再将绒毛剪短制成的布料。是一种厚实、保暖性好的高品质布料。

西部牛仔夹克
western jacket

指美国西部牛仔所穿着的上衣，或以此为原型设计的夹克外套。一般由起绒皮革制成，特征是有流苏（p131）装饰，肩部、胸部、背部有弧形育克。

驾车短外套
car coat

模仿二十世纪初流行的驾车外套设计制作的上衣，长度较短，多为西装领，在开敞篷车时穿着，既能展现复古时尚，又能防寒防风，是一件非常好的外套单品。

水手领夹克
middy jacket

水手领的夹克外套，其设计源自候补海军学校学生所穿着的制服。middy是midshipman（海军学校学生）的简称。

甲板服
deck jacket

在甲板上进行作业时穿着的军用防寒外套，或者以此概念设计的外套。特征是领口带有扣带、可以将领子竖起并固定，袖子里侧添加罗纹袖口，有很好的防风效果。

战地夹克
field jacket

模仿士兵在野战时穿着的军服而设计的上衣，防水性良好，多为迷彩图案，带有多个功能性口袋。

巴伯（风雨衣）
Barbour

过油布夹克的统称，也可指厂商名。将棉布过油制成的过油布具有防水功能，有良好的防水、耐磨和保温效果。特征有灯芯绒（p194）衣领、双门襟、暖手口袋、盖式口袋（p99）等。

消防服
fireman jacket

消防员在参与消防活动时所穿着的衣服，或以此为原型设计的衣服。双层门襟设计，金属扣，厚实防水，大多带有反光带。

麦基诺短大衣
mackinaw

方格纹羊毛厚呢短大衣，特征是有双排扣、盖式口袋（p99）、腰带等。其名称来源于美国密歇根州麦基诺。

羽绒服
down jacket

填充了动物羽毛、绒毛的防寒上衣。一般是绗缝（p195）或树脂压制作，无袖款为羽绒马甲（p78）。

战斗夹克
battle jacket

战斗夹克种类繁多，有重金属音乐迷喜爱的、布满了补丁和徽章的无袖牛仔夹克（左图），也有艾森豪威尔夹克（p85）等军用夹克。像右图这种添加了护具的夹克，则是骑摩托车时穿的。

牛仔夹克
denim jacket

指用牛仔布料制作的夹克外套。

工装外套
coverall

指用牛仔等结实的布料制成的外套，比牛仔夹克长，口袋一般比较多，多作为工作服。

棒球夹克
stadium jumper

指棒球选手所穿着的一种防寒制服，一般在胸前或背部会有棒球队的标志，是美国休闲时尚类服装的代表。

短上衣
jumper

长度较短、便于活动的外套。与法语中的短夹克（blouson）基本相同。用jumper表示时更加倾向于突出衣服的功能性，如防寒保暖、便于活动等。

短夹克
blouson

在法语中为"紧口罩衫"之意，与英语中的短上衣（jumper）基本相同。blouson更倾向于突出衣服的时尚性。

高尔夫短夹克
swing top

高尔夫选手穿着的轻便外套。主要特征有插肩袖（p38）、拉链开合，垂耳领（p24）。别名细雨夹克（drizzle jacket）等。以英国品牌BARACUTA的经典夹克G9为原型制作，G9也被称作"夹克衫的鼻祖"。

MA-1 飞行夹克
MA-1

一种尼龙外套，极具代表性的飞行夹克之一，二十世纪五十年代曾被美国空军征用为军用服装。为方便低温环境下的活动，由常规的皮革改良为尼龙材质，下摆、领口、袖口为罗纹，后身一般比前身短。现在也指以其为原型设计的时装。因被电影《这个杀手不太冷》（Léon）的女主角玛蒂尔达穿着，在女性中也很受欢迎。

蒙奇紧身短夹克
monkey jacket

蒙奇紧身短夹克共分两种，一种是在袖口和下摆带有罗纹边、形似MA-1飞行夹克的薄款简约短夹克（左图）；另一种是长度及腰、门襟排满纽扣的水兵服（右图）。现在大多指前者。

飞行夹克
flight jacket

拉链开合式皮制夹克外套，其设计灵感源自军队中飞行员的制服，原本是操作敞篷式飞机的飞行员的防寒外衣。

飞行员夹克
aviator jacket

飞行员穿着的拉链开合式皮制短夹克，多为毛领，与骑行夹克（p89）十分相似。

骑行夹克
rider's jacket

指摩托车骑手在骑行时穿着的一种短皮衣，袖口和开襟处一般用拉链等开合以便防风，结实的缝制还可以减少骑行意外摔倒时造成的伤痛。

防寒训练服
piste

套头式防风外套，主要用作足球、排球、手球等运动的热身服或训练服，没有口袋和拉链等装饰，有一定的防寒作用。piste在法语中意为跑道，在德语中意为室内滑雪场。滑雪运动员所穿着的外套也叫作"滑雪服（piste jacket）"。

连帽防寒夹克
anorak

具有防寒、防雨、防风效果的连帽外套，也叫防风衣，源自因纽特人所穿的皮制上衣，在极地地区使用会另加毛皮内衬。

登山外套
mountain parka

登山用连帽外套，或是以此为原型设计的外套。防水性好，颜色以荧光、原色系居多，以便遇难时易于搜救。袖口的带子和帽兜的绳子兼具调节功能。

ECWCS 防寒外套
ECWCS parka

二十世纪八十年代美国陆军开发的一种极寒地区专用的防寒外套。采用防水透气的戈尔特斯面料*制作，具有优越的耐磨性和防寒功能。

*由美国戈尔公司独家发明和生产的一种布料，具有轻薄、防水、透气等特点。

浮潜外套
snorkel coat

一种类似消防服的连帽外套。snorkel为水下呼吸管之意。关于浮潜外套的起源，有一种说法是这种衣服原本为军用防寒服，拉链可以连同帽子拉到眼镜的位置，穿着者为了防止眼镜起雾，便于观察外部情况，就加了一根细管（snorkel），所以有了这个名字。

摄影师外套
cameraman coat

摄影师在户外穿着的多功能大衣。长度至大腿，具有防寒、防水、防污等作用。附有大量口袋以收纳小物件，多为拉链暗门襟设计，一般带有帽子。

狩猎夹克
safari jacket

狩猎、探险、旅行时穿着的夹克，兼具舒适度和功能性。其特征是两胸和左右腰间有补丁贴袋（p99）、肩祥（p130）、腰带，多为卡其色。

双排扣厚毛短大衣
reefer jacket

指左右双襟较宽，厚制双排扣大衣，源自乘船时穿的防寒服，reefer意为收帆的人。英文名还写作"pea coat"，pea即锚爪。

牧场大衣
ranch coat

指将带毛的羊皮翻过来做成的大衣，或模仿其制作的内里带绒的大衣，是美国西部牛仔用来防寒的常用衣物。英文名中的ranch即牧场之意。

哈德逊湾外套
Hudson's Bay coat

身上和袖子上有横条纹的厚羊毛大衣。白底、红色、黄色、绿色条纹，双排扣（共6颗纽扣），纵向开口的口袋。这种外套是哈德逊湾公司（Hudson's Bay Company）的商品，图中的多条纹大衣最为深入人心，颇受欢迎。

加拿大外套
Canadian coat

指加拿大林业工作者所穿的领口、袖口等处带有毛皮或动物毛的大衣。

小斗篷
capelet

一种长至肩膀以下的短斗篷，斗篷型育克（p129）有时也可指这种小斗篷。

连帽斗篷
cucullus

欧洲部分地区的人所穿的带有帽子的小斗篷，最具代表性的设计是帽兜的顶部带有尖角。

斗篷风衣
cape

所有形似斗篷的无袖外套的统称，披风也属于斗篷风衣的一种。有圆形裁剪和直线裁剪等多种裁剪方式，长度、布料和设计花样繁多。

连帽披风
capa

指带有帽兜的披风。

庞乔斗篷（南美披风）
poncho

一种在布料中央开领口制成的简单外套，源自安第斯地区的原住民穿在普通衣服外面的罩衣。长度过腰，一般由防水性和隔热性良好的厚羊绒制成，具有很好的防寒、防风作用，表面大多印有具有民族特色的、多彩鲜艳的几何图案。最大的特点是穿脱简单，无袖设计解放了双臂。在现代时装中也很受欢迎。

晚礼服披风
opera cloak

使用高级面料制作的斗篷式无袖外套。长度至脚踝或地面，通常在观看歌剧或参加晚会时，穿在无尾晚礼服（配黑领结，p104）、白领结燕尾服（p104）或女性晚礼服的外面。脖子前方用编织纽扣固定。也叫作"晚礼服斗篷（opera cape）"。也有带袖的款式，形似大衣，这时叫作"晚礼服大衣（opera coat）"。

披风
cloak

一种无袖外衣，属于斗篷的一种，一般比较长，吊钟形轮廓，对身体的包裹性较好。

防尘外套
duster coat

指在初春时为防尘而穿着的宽松长外套，一般比较薄，背部有开衩，原本是在草原等处骑马时所穿的外衣。大多采用防水性能好的布料制作，所以还可以兼作雨衣。

意式防尘外套
spolverino

不带肩垫和衬里的轻量外套，原本是防尘用的轻量大衣、雨衣。spolverino在意大利语中为防尘之意。

油布雨衣
slicker

指用防水面料制作的雨衣，尺寸较长，整体宽松肥大。源自十九世纪初期海员穿着的一种用橡胶做了防水处理的外套。

胶布大衣
mackintosh

用橡胶防水面料制作的大衣。mackintosh也指这种防水面料。1823年英国人查理·麦金塔（Charles Macintosh）在两层布料中间加入一层天然橡胶，使之具有防水功能。之后它逐渐成为制作雨衣的常规布料。

柯达弟亚
cotardie

十三至十五世纪，欧洲人所穿的外套。上半身为紧身设计，男款长度及腰，女款为深领口、长度及地的裙装。特征是门襟和袖子上带有成排的纽扣。

候场保暖大衣
bench coat

在寒冷天气里运动或比赛时，运动员和工作人员在候场时，为了防止身体热量流失所穿的外套。易于穿脱，带有帽子，厚实简约，长度大多过膝。

观赛大衣
spectator

一种连帽大衣，以候场保暖大衣等运动专用观赛服为原型做了大众化设计。一般为双门襟。spectator意为观众。

镶边大衣
trimming coat

指在边缘处添加有饰物的大衣，trim意为修剪、点缀。

军大衣
mods coat

一种以美国军队的军用连帽衫为原型设计的外套。其特征是军绿色，有帽兜，鱼尾式后衣摆。

长毛绒大衣
teddy bear coat

由长毛绒或人造毛皮制作的大衣。蓬松厚实，保暖性好，带给人一种柔和的感觉。

箱式直筒大衣
box coat

所有外形似方盒的大衣的统称，肩部以下为直线设计，不收腰，原本是马车夫所穿着的一种纯色防寒厚外套。

毛呢栓扣大衣
duffle coat

一种较厚的羊毛外套，源自北欧渔民的工作服。其最大的特征是对襟处的栓扣（p134），多带有帽兜。这种外套在第二次世界大战时曾被英国海军征用为军用防寒大衣，战后逐渐普及。

长袍大衣
gown coat

左右两襟不重叠或较少重叠，形似睡袍的大衣，款式多种多样。与开衫十分相似。

切斯特大衣
Chesterfield coat

这是一款有着很高地位的经典大衣，尺寸较长，隐藏式暗门襟（p126），平驳领（p20），现在也有明扣款。

双排扣礼服大衣
frock coat

黑色双排扣（现在也有单排扣款）及膝大衣，纽扣一般为4～6颗。它是穿着晨间礼服之前的时间段使用的男式正礼服，下身一般搭配条纹西裤。

维多利亚大衣
Victorian coat

一款流行于英国维多利亚女王时期（1837—1901年）的外套。腰部收紧的双排扣礼服大衣也叫作"维多利亚大衣"。

轻皮短外套
covert coat

用covert布料*制作的大衣。暗门襟，袖口和下摆有压线，后衣摆有开衩，长度比普通大衣略短，曾被用作骑马服。这种大衣最早出现于十九世纪后期，二十世纪三十年代开始流行。

*一种由多色羊毛编织或羊毛和棉混纺制成的布料，具有很好的耐磨性。

桶形大衣
barrel coat

指身体部分膨起、形似圆桶的大衣，与茧形大衣基本相同。

茧形大衣
cocoon coat

穿着时轮廓线条呈椭圆，形似蚕茧的大衣。这种形状的线条也叫茧形线条，cocoon即蚕茧之意。

罩衣
smock

胸口、袖子、背部带有褶皱的轻工作服。整体宽松，长度在大腿到小腿之间。源自英格兰和威尔士农业工作者的工作服。现在常用于画家的工作服、幼儿园园服等。

裹襟式大衣
wrap coat

指不使用纽扣或拉链等固定，而是像缠在身上一样，左右双襟深度交叉的大衣，腰间一般用与大衣相同材质的腰带固定，线条柔美，看起来高贵优雅。

背面

阿尔斯特大衣
Ulster coat

一种防寒性极好的经典款大衣，一般由羊毛材质的厚实布料制作而成，多为双排扣设计，纽扣数量为6～8颗，左右双襟深度交叉，腰间可搭配腰带，长度至小腿。上领采用的是阿尔斯特领（p22），与下领同宽或稍宽于下领，这也是其主要特征。名称来源于北爱尔兰阿尔斯特岛东北部出产的毛织品。阿尔斯特大衣可以说是大衣品类中最为经典的一种，前文提到的战壕风衣可以看作是它的改良版。

马球大衣
polo coat

一种背部带有腰带的长款大衣，阿尔斯特领（p22），双排扣，共有6颗纽扣，两侧一般有补丁贴袋，翻边袖（p40）。源自马球比赛时，队员候场或观众观赛时所穿着的大衣。1910年由美国服装品牌布克兄弟（BROOKS BROTHERS）为其命名，并以该名称正式发售。

有袖斗篷大衣
garnache

一款来自中世纪的外套大衣，外形酷似庞乔斗篷（p91），胸前有舌状饰物（左图），袖子宽大，有的带有帽兜。不过现代的有袖斗篷大衣胸前一般不带舌状饰物（右图）。

厚呢大衣
British warm

第一次世界大战期间，英国陆军军官所穿的羊毛厚大衣。双排扣，共6颗纽扣，戗驳领（p20），带有肩袢（p130），长度至膝盖或七分长。

巴尔玛肯大衣
Balmacaan

一种巴尔玛肯领（p16）、插肩袖（p38）、下摆宽松的大衣，在衣领的正下方通常会加一颗纽扣，穿着时可以系上（左图），也可以解开（右图）。其名称来源于苏格兰因弗内斯的一处庄园的名称。

战壕风衣
trench coat

一款以第一次世界大战中，士兵们在战壕中穿着的功能性大衣为原型设计制作的大衣。最大特征是腰部、袖口、领口处有扣带，以调节温度，有很好的防寒作用。

帐篷形大衣
tent coat

一种腰部不收紧，自肩部开始向下摆逐渐变宽的大衣，外观整体呈三角形，也叫金字塔形大衣或喇叭形大衣。

披风大衣
Inverness coat

诞生于苏格兰因弗内斯地区的双层大衣。外面有一层能遮住肩部的斗篷，里面是无袖（现代多为有袖）长大衣。这种设计的初衷是保护风笛不受风雨侵蚀。它是夏洛克·福尔摩斯（Sherlock Holmes）最爱穿的服装。

洛登大衣
loden coat

十九世纪中后期，欧洲贵族狩猎时所穿的御寒外套，起源于阿尔卑斯山蒂罗尔地区。采用被称为"loden cross"的厚实布料制作，防寒性好。布料采用缩绒（利用热量和压力使布料变得致密）脱脂处理，因此具有一定的防水功能。洛登大衣有许多独特的设计，如洛登肩（翼形肩，p36）；背部中央从肩胛骨至下摆有内工字褶（p132）；腋下有开口；纵向口袋；两侧有开衩，以方便使用衣服内侧的口袋。

泰洛肯风衣
tielocken

该风衣没有纽扣，使用与衣服材质相同的腰带固定。据说是战壕风衣的原型。

拿破仑大衣
Napoleon coat

以拿破仑的军用制服大衣为原型设计制作的大衣。立领(p16)，有肩袢(p130)，前身有两条较长的纵排纽扣，双襟可根据风向调节位置。

榕树服
banyan

印度传统大衣。十七世纪后半期到十八世纪，作为休闲的日常服在欧洲贵族中很受欢迎。衣服从上至下逐渐变宽，形似睡袍。

布布装
boubou

马里和塞内加尔等西非地区的民族服装，男女都能穿。布布装宽松舒适，透气性好。在制作时，一般是在长方形的布块上裁出过头的缺口，前后自然下垂，两侧缝合或通过纽扣、系带等其他方式固定。

肯特服
kente

非洲加纳民族服装。由交织的布条制成的织物，穿着时露出右臂和右肩后，将其他部分围裹在身上。色彩鲜艳，不同的颜色有着不同的寓意。

吉拉巴长袍
djellaba

北非传统羊毛外套，起源于摩洛哥。长袖，带有帽子，形似长袍，男女通用。今天，吉拉巴的款式已非常多样，颜色各异，长短不一。

朱巴大衣（藏袍）
chuba

一种羊皮外套，西藏传统民族服装，穿于绸衫之外，有的单侧有袖子。

帼
gho

不丹传统男性服装。左右两襟在身体前侧重叠，用带子绑住固定。下摆提到膝盖以上，使上半身保持一定的松弛度。出席正式场合时，肩上还需要披一块名为"卡慕尼"的布。

丘卡大衣
chokha

高加索地区男性穿着
的羊毛大衣，胸前装
饰有子弹袋，尺寸较
长，是该地的传统民
族服装。据说动画电
影《风之谷》(《風の
谷のナウシカ》)中
就借用了这种服饰。

究斯特科尔大衣
justaucorps

十七至十八世纪流行
于欧洲的男式上衣。
里面一般搭配法式马
甲，下身穿及膝裙
裤，衣体装饰物多且
华丽，袖口多有蕾丝
花边。

托加长袍
toga

古罗马男性市民穿着
的一种服饰。袍子本
身是一块布（大多为
半圆形），将其包裹
住身体即完成穿着。
早期也曾用作女性服
装。

坎迪斯宽袍
kandys

古代波斯等地的一种
长至脚踝的宽松衣
物，主要作为贵族阶
层的服装，袖口呈喇
叭状。

胡普兰长衫
houppelande

十四世纪后期至十五
世纪流行于欧洲的一
种宽松长袍。最初是
男性的室内服装，后
来女性也开始穿着。
下摆长至脚踝及以
下，衣体宽松肥大，
穿着时一般会系腰
带。

吉普恩大衣
zipun

十七世纪时俄罗斯农
夫穿着的一种上衣，
下摆微呈喇叭状。

僧袍
monk robe

修道士穿着的一种宽
松外衣。长袖，长度
及地，腰间一般系
有绳子或带子。也
叫修道士服（monk
dress）。

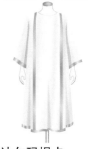

达尔玛提卡
dalmatic

中世纪之前流行于欧
洲的一种十字形宽松
服装，源自克罗地亚
达尔马提亚地区的民
族服装。

祭披
phelonion

某些教会教职人员在举行仪式时穿着的一种无袖长袍。

阿鲁巴长袍
alb

某些教会教徒所穿的长至脚踝的宽松长袍。

教士服
cassock

某些教会神职人员所穿着的一种黑色便服，立领（p16），长至脚踝，全衣无装饰，里面一般用罗马结（p19）打底。

羽织
haori

日本传统上衣、防寒服，一般穿在和服的外面。左右两襟不重叠，中间用羽织纽扣连接。印有家徽的羽织名为"纹付羽织"，作为正装和服纹付羽织袴（p111）的外褂使用。与大衣不同，羽织在室内也可以穿着。

法被
haqpi

日本在祭典活动时穿着的传统对襟上衣。日本的工匠、手艺人也常穿着。一般领子上标有所属团体或自己的名字。原本是武士穿着的纹付羽织，后来逐渐演变为现在的法被。

阵羽织
jinbaori

日本战国时期的武士在战阵之中穿于当世具足（一种轻盈、方便行动的铠甲）外面的外套。一般没有袖子。为显示威严，有些会施以华丽的装饰。也叫具足羽织。

铠甲罩袍
tabard

中世纪骑士穿在铠甲外面的无袖或短袖套头式外衣。无领，腋下大多是敞开的。骑士用的罩袍上面绘有家族或军队的标志。穿着时一般会在腰间系腰带，也可不用。在现代的施工现场，为提高辨识度、保证施工人员安全所使用的安全马甲，与之十分相似。

开口袋
slash pocket

所有在布面上添加开口制作的口袋的统称。开口袋种类丰富，其中，裤子上利用侧缝制作的侧缝直插袋最具代表性。这种口袋干净利落、不显眼。

侧缝直插袋
seam pocket

利用缝口制作的口袋，从外面很难看出，不会破坏衣服的整体设计。是切缝口袋的一种。seam即缝合线之意。

嵌线挖袋
piping pocket

用另外裁剪的布作为切缝嵌线绲边制作出的口袋。是切缝口袋的一种。上图为双嵌线挖袋，如果只在一边嵌线，则叫作"单嵌线挖袋"。

贴袋
patch pocket

在衣服上另贴一块布做成的口袋。结实耐用，做法简单，是用途最广的口袋。

盖式口袋
flap pocket

指上方带有袋盖的口袋。设计初衷是防止雨水进入口袋，在现代则主要起装饰作用。一般使用与衣服主体相同的布料制作，有些还可以将袋盖收纳进口袋内。

双嵌线挖袋
jetted pocket

在口袋上下施以细窄绲边的挖袋，嵌线挖袋的一种。英文名还写作"besom pocket"。

有盖斜袋
hacking pocket

盖式口袋的一种，主要用于夹克骑马装（p83）。口袋微微向后倾斜，且带有袋盖，即使在骑马时身体呈前屈姿势也可以正常使用。这是最具代表性的斜袋*（slant pocket）。

零钱袋
change pocket

一种设置在外套右侧口袋上方的小口袋，用于存放零钱、车票等小物件，常见于尺寸较长的英式西装。change即零钱之意。

*指倾斜安装于夹克腰间的口袋。

帆船袋
barca pocket

形状沿胸部轮廓弯曲、腋窝一侧做成船头状的西装胸袋。与直线的口袋相比，这种曲线处理可以使胸部的轮廓看起来更加优雅立体，与意大利古典收腰西装十分相配。barca 在意大利语中为小船之意。这种口袋也叫船形胸袋。

箱形挖袋
welt pocket

呈箱形的西装胸袋，挖袋的一种。带有装饰性袋口布的切缝口袋（slit pocket）也可叫作"箱形口袋"。

月牙形口袋
crescent pocket

一种呈月牙形的弯曲口袋，可见于西部衬衫（p56）的育克下方。crescent 意为月牙、新月。因看上去像微笑时的唇形，所以也叫作"微笑口袋（smile pocket）"。

暗裥袋
inverted pleats pocket

指在中央添加了暗裥的口袋。折边向外，褶皱内凹。

箱形褶袋
box pleats pocket

指在中央添加了箱形褶的口袋。折边向内，褶皱外凸。

内口袋
inside pocket

设置在西装、大衣内侧的口袋的统称。男式西装的内口袋在左前侧，极具实用性。流行趋势的改变和上衣种类的不同使内口袋的样式千变万化。上图中主要展示了四种：①为车票袋，用于放置卡片、票据等；②为最为一般的内口袋；③为笔袋（水滴兜），用于放置钢笔等；④为处于最下方的烟袋（左下口袋），可以放置香烟、名片盒等略有厚度的物品，不会影响西装的整体轮廓。

尺袋
scale pocket

一种用于放置尺子的细长口袋。可见于画家裤（p62）、背带裤（p113）等工作服的右腿侧面。

怀表袋
watch pocket

位于裤子上部右前方的小口袋。曾被用来放置怀表，现在主要起装饰作用。也叫作"硬币袋（coin pocket）"。也可设计在西装马甲上。

袋鼠兜
kangaroo pocket

所有位于前胸腹部口袋的统称，因容易让人联想到袋鼠的育儿袋而得名，多被用在围裙和背带裤（p113）上。

暖手口袋
muff pocket

指位于上衣前腹部、可以从两侧将双手插入的口袋，其设计初衷是给双手保暖。

•••• 西装的着装礼仪③ ••••
口袋巾的折法

穿着西装时，一块口袋巾可以为整体装扮增添一抹华丽。选择方巾要注意与领带、衬衫搭配。这里为大家介绍几种极具代表性的方巾折法。

正式场合

**三角折法
（三点式折法）**
three peaks

休闲场合

分散式折法
crushed

自然折法
puffed (ivy fold)

通用型

一字形法
TV fold

**单角折法
（一点式折法）**
triangle

| 着装要求 | 正礼服 | 正（准）礼服 |

<table>
<tr><td>着装要求</td><td>正礼服</td><td>正（准）礼服</td></tr>
</table>

着装要求 | 正礼服 | 正（准）礼服

晨间礼服

- 圙 晨间礼服。白天用最高标准的正装。
- 圀 皇室活动，授勋仪式，高规格仪式的主办者，葬礼和追悼会的主持人。
- 㐀 前下摆呈曲线形裁剪。单排扣，只有一颗纽扣。戗驳领。大多为黑色。
- 㽞 黑色或灰色条纹西裤。
- 㐁 翼领或标准领的白色衬衣。
- 马 与外套相同布料的灰色或象牙色马甲。
- 㑢 银白色或黑白条纹领带、阿斯科特领带。
- 㘞 设计简约的黑色鞋子。搭配黑白条纹或纯黑色的裤子。
- 㾂 袖扣、背带；白色口袋巾，采用三点式折法；灰色或白色手套。

燕尾服

- 圙 白领结。晚间用最高标准的正装。
- 圀 宫廷晚宴，高规格的观演、舞会，高规格婚礼及婚宴上的新郎。
- 㐀 前大身长度及腰，后下摆呈两片开衩。光泽面料的戗驳领。
- 㽞 带有两条侧缝带的黑色裤子。
- 㐁 翼领的白色衬衣。
- 马 带有翻领的白色马甲。
- 㑢 与马甲相同布料的白色领结。
- 㘞 黑色皮鞋。搭配纯黑色长袜。
- 㾂 袖扣、白色背带；白色口袋巾，采用三点式折法；如戴帽子可选用黑色缎面礼帽。

无尾晚礼服

- 圙 黑领结。燕尾服是晚间用标准正装，但现在无尾晚礼服也逐渐用作晚间正装。
- 圀 傍晚以后的仪式、聚会，婚礼及婚宴中新郎、新娘的父亲。
- 㐀 光泽面料的青果领或戗驳领。
- 㽞 带有一条侧缝带的黑色裤子。
- 㐁 翼领或标准领，带有褶皱装饰的白色衬衣。隐藏饰扣的暗门襟衬衣或使用装饰性纽扣（丧事时不戴）的衬衣。
- 马 宽腰带。
- 㑢 黑色蝴蝶领结、黑色十字领结。
- 㘞 黑色皮鞋。搭配纯黑色长袜。
- 㾂 袖扣、黑色背带、白色口袋巾。

白天用 ～18点 | 晚间用 18点～

- 圙 着装要求
- 圀 穿着情况
- 㐀 外套
- 㽞 裤子
- 㐁 衬衣
- 马 马甲
- 㑢 领带
- 㘞 鞋子
- 㾂 配饰

纹付羽织袴
（三花纹、单花纹）

- 圀 日本传统服饰，用于各种婚丧嫁娶等仪式。衬衣和羽织在背部和两袖后侧各印有一枚花纹，或仅在背部印有一枚花纹；条纹袴。

什么是着装要求
在出席婚丧嫁娶、聚会、典礼等场合时，根据相关礼仪制定的穿衣规则。

102

准礼服		简礼服

董事套装

- 🈺 白天的婚礼及婚宴上新郎、新娘的父亲或主宾，各种聚会、庆典。
- 🈡 黑色开衩外套。
- 🈴 黑色或灰色条纹西裤。
- 🈵 纯白色翼领或标准领衬衣。
- 🈬 与外套相同布料的灰色或白色马甲。
- 🈩 银白色或黑白条纹领带、阿斯科特领带。
- 🈯 设计简约的黑色鞋子。搭配黑白条纹或纯黑色的长袜。
- 🈢 袖扣、黑白条纹背带、白色口袋巾。

黑色西装

（普通礼服·丧服）

- 🈺 昼夜通用。一般喜事、丧事的列席人员，各种仪式、晚会的参会人员。
- 🈴 与外套相同布料的黑色裤子。
- 🈵 纯白色标准领衬衣。不参加丧事时也可以选用翼领衬衣。
- 🈩 银灰色或黑白条纹领带。参加丧事时使用纯黑色领带。
- 🈯 设计简约的黑色鞋子。搭配纯黑色长袜。
- 🈢 袖扣、白色或灰色口袋巾。

深色西装

（普通礼服）

- 🈶 便装。稍显郑重的西服，非普通意义上的便装。
- 🈺 仪式、聚会等。深蓝色或深灰色的西装参加丧事时打黑色领带。如请帖上写有"请穿便装出席"字样时，这里的便装指的就是深色西装这种简礼服，而非日常意义上的便装。

羽织袴

（普通礼服·丧服）

- 🈶 日本传统服饰，便装。略显郑重的礼服，非日常意义上的便装。
- 🈺 用于各种婚丧嫁娶等仪式。无花纹的素色或丝绸上装和裤装。

纹付羽织袴（五花纹）

- 🈶 日本传统服饰，与晨间礼服和白领结为同等规格。
- 🈺 用于各种婚丧嫁娶等仪式。衬衣和羽织在背部、两胸和两袖后侧各印有一枚花纹。条纹袴，统一穿白色短布袜，带木屐带的竹皮屐，右手持白色扇子。

套装※

晨间礼服（全身）
morning coat

一种男性在白天穿着的正礼服。长度至膝盖，单排扣，戗驳领（p20），前身的下摆向两侧斜下方逐渐变长。搭配条纹西裤（p61）和英式马甲（p77）。晨间专用礼服。

白领结燕尾服
white tie

穿燕尾服，佩戴白色领结的套装被称作"白领结燕尾服"。现在被视为最高规格的礼服。搭配白色马甲和带有两条侧缝带（p126）的裤子。如戴帽子可选用黑色缎面礼帽。

无尾晚礼服
tuxedo

男性在夜间穿着的准礼服。单排扣或双排扣，多为黑色或深蓝色，缎面青果领或戗驳领（p20），长度及腰，搭配黑色蝴蝶领结（p27）、马甲和饰有侧缝带（p126）的裤子。在英国又叫晚宴服（dinner jacket）。现在由于夜间对于燕尾服的使用越来越少，无尾晚礼服也被视作夜间用正礼服。着装时要搭配黑领结。

董事套装
director's suit

男性日用准礼服。黑色外套，单排扣或双排扣，搭配黑色或灰色条纹西裤（p61），白色衬衣，灰色或灰白色马甲，灰色系军团条纹（p188）领带，白色口袋巾，黑色鞋子。

礼服
formal wear

在婚丧嫁娶或各种仪式等场合所穿着服装的统称。现代最常见的礼服是无开衩的黑色西装，一般参加喜事、丧事的客人都可以穿着。参加婚礼时要戴白色领带。

丧服
mofuku

日本在葬礼、法事等吊唁逝者、表示哀悼的场合穿着的礼服。最常见的穿法是黑色西装搭配黑色领带。

・上下装采用相同布料制作，或看起来可以成套的服装。

※ 黄色部分为该服装的着装要求。

深色西装
dark suits

指深蓝色或灰色的西装。可作为简礼服、简丧服出席一般的婚丧嫁娶等活动。从着装要求的层面来看，可认为是稍显郑重的礼服便装，但不是普通意义上的便装。

西装三件套
three piece suits

指采用相同布料制作的西服、马甲、西裤套装。现在的西服套装大多只有西服和西裤，但最初指的是包含马甲在内的三件套。

门厅侍者制服
doorman's uniform

在高级酒店或老牌店铺等的正门前，为客人提供服务的工作人员所穿的制服。常见的装扮有长夹克、燕尾服（p81）、缎面礼帽（p148）或制服帽等。

伊顿公学制服
Eton College uniform

英国伊顿公学的学生制服。1967年以前，低年级或个子矮的学生所穿的制服中的外套较短（左图）。现在则无论年级高低，统一采用燕尾服、小领子、领下围白色领带*的装扮（右图）。

爱德华风格
Edwardian style

原本指维多利亚女王的第二个孩子爱德华七世（Edward Ⅶ）所统治的时期（1901—1910年），也可以表示那个时代诞生的文化，其中就包括当时流行的男装式样。爱德华风格男装最典型的特征是天鹅绒上领，胸前有一个大大的盖式口袋（p99），收腰设计，8颗大纽扣的双排扣礼服大衣（p93）和高领衬衫。该时期的珠宝也很有名，以白色为主，精致细腻，晶莹剔透，富有端庄的贵族气息。

基督公学制服
Christ's Hospital uniform

英国基督公学的学生制服。特征是深蓝色长外套，黄色及膝袜，长方形白色领带。被认为是世界上最古老的制服。

制服
Boy Scout uniform

童子军联盟的队员所穿着的制服。联盟通过户外活动来培养青少年的生存技能以及自主性、协调性、社会性、坚韧性和领导力等。不同的部门制服稍有区别。

*白色领带卷绕在假领中央。特别优秀的学生也可以带白色领结。

轻便制服校服
blazer school uniform

以轻便制服外套（p82）作为上衣的校服，是日本高中的主流校服，与诘襟立领校服相似。金色纽扣的轻便制服上衣与格子裤是最为常见的搭配。

诘襟立领校服
tsumeeri school uniform

上装和下装采用相同布料制作，上衣为立领的男生校服。多为黑色或深蓝色，也被简称为"学兰"。日本江户时代将洋装称为"兰服"，后来通过漫画，逐渐变成固定称谓。

变形校服
henkei school uniform

日本二十世纪七十年代后期至八十年代，部分学生为了彰显自我，把标准的诘襟立领校服改成了变形校服。最具代表性的有以下两种：长度尤其长的长款学兰服（p83），搭配肥大的直筒裤（左图）；衣长十分短的短款学兰服（p83），搭配裤脚收紧的小脚裤（右图）。

战斗套装
battle suit

所有对战用服装的统称，没有特定的式样。在日本，战斗套装大多是指骑摩托车时穿着的黑色皮衣、皮裤套装，在肩部、肘部、膝盖处带有护具。

苏格兰民族服装
Scotland traditional costume

最具特色的服饰是用苏格兰格纹布料（p175）制作的苏格兰短裙（p71）。悬挂在裙子前面的小包是苏格兰短裙专用的毛皮袋。

伦敦塔卫兵制服
Beefeater

过去英国王宫伦敦塔的卫兵所穿着的制服。英文正式名称为"Yeoman Warder"。被称作"beef eater"，据说是因为卫兵的待遇里有当时的高级食材——牛肉，后来就成了卫兵的代名词。

英国近卫步兵制服
Grenadier guards

英国陆军近卫师团的步兵制服。步兵的主要职责是保卫君主的安全。服装最大的特征是高耸的熊毛帽子和大红色上衣。卫兵执勤的场景，也是一道独特的风景线，其中的军乐队非常有名。

106

加拿大皇家骑警制服
Royal Canadian Mounted Police

加拿大皇家骑警的仪式用正装。红色夹克和宽沿帽子独具特色。骑警在日常执勤时并不会骑马，穿着与其他警察一样。上图中的专用制服仅在迎接国宾的仪式上才会穿着。

冰岛民族服装
Icelandic traditional costume

位于大西洋北部的火山岛——冰岛的男性民族服装。主要特点是在胸前、袖口以及裤脚的侧面装有纽扣。

克拉科夫民族服装
Kraków traditional costume

以波兰南部、波兰旧都克拉科为中心的地区民族服装。主要特点有带孔雀羽毛的帽子，有流苏装饰的及膝夹克和腰带，细条纹裤子。

卡舒贝民族服装
Kaszuby traditional costume

波兰北部湖泊区域——卡舒贝地区的民族服装。衣服上带有彩色刺绣，用小羊皮制作的帽子独具特色。

库亚维民族服装
Kujawy traditional costume

位于波兰中部库亚维地区的民族服装之一，也是库亚维舞曲的演出服。服装整体由蓝色和红色两种颜色组成，宽头腰带和帽子很有特点。

萨米民族服装
Saami traditional costume

斯堪的纳维亚半岛北部和俄罗斯北部拉普兰德地区萨米族的民族服装。上衣称为"加克蒂（gákti）"或"考尔特（kolt）"，多为毛毡质地，带有刺绣装饰，色彩丰富鲜艳。

撒丁岛民族服装
Sardegna traditional costume

意大利南部度假胜地——撒丁岛的民族服装，可见于岛上各种传统庆典活动中。形似头巾的黑色帽子，与看似短裙的黑色上衣非常有特色。

巴纳德
bunad

挪威民族服装，现在可见于当地的婚丧嫁娶等仪式中。上装为马甲，下装是及膝收口短裤。特点是马甲或外套上带有多排纽扣。女性用巴纳德是带有刺绣装饰的裙装。

希腊
总统卫队制服
Greek presidential
guard

希腊、雅典等地的卫
兵制服。主要特征有
袖口宽大的白色上
衣、白色褶裙和带有
毛绒球的希腊传统鞋
子。

佐特套装
zoot suit

流行于二十世纪四十年代的一种式样夸张的男
式套装。常见搭配为驳头宽大、宽肩、长度较
长的宽松夹克，系领带，宽松肥大、裤脚收紧
的高腰裤（多为吊带）和宽檐帽。

美洲
原住民传统服装
Native American
costume

十五世纪末欧洲移民
进入北美之前，居住
在北美的印第安人的
民族服装。其中，用
鹰和鹫等的羽毛做成
的羽冠头饰极具特
色。

阿米什
Amish

阿米什摈弃汽车、电力等现代设施，以朴素的
生活而闻名。阿米什的男性装扮是简单的衬衫
和裤子，宽檐帽，不留胡子（结婚后会留长下
巴上的胡子）。女性的衣服则由单色连衣裙、围
裙、旧式女帽组成。皆不使用纽扣，用带子固
定。已婚女性和未婚女性的服饰颜色有差异。

无套裤汉
sans-culotte

法国大革命时期处于下层阶级的巴黎共和主义
者穿着的服装。典型的装扮是长裤、卡玛尼奥
拉短上衣（p84）、弗里吉亚帽（p155）。

佐阿夫制服
zouaves

十九世纪三十年代由
阿尔及利亚人编成的
法国陆军轻步兵军团
所穿的制服。现在
的佐阿夫女式长裤
（p68）就是以此为原
型制作的。

图阿雷格民族服装
Tuareg

撒哈拉沙漠西部的游
牧民图阿雷格人的民
族服装。由图阿雷格
头巾（多为蓝色）和
蓝色的外衣组成，所
以图阿雷格人又被称
为"蓝色的人"。

危地马拉民族服装
Guatemala
traditional costume

危地马拉男性民族服
装。主要特征有竖条
纹的衬衫，绣有色彩
鲜艳的刺绣的宽大领
子，红色底白色条纹
的裤子。

秘鲁民族服装
Peru traditional
costume

秘鲁库斯科一带的民
族服装。特征是戴在
出游毛线帽（p155）
上的盆形帽和颜色
鲜艳的庞乔斗篷
（p91）。

马尔代夫民族服装
Maldivian traditional
costume

主要特征是头缠白色
发带，身着白色上
衣，下装为黑色或深
蓝色的纱笼，下摆处
有条纹。

伦巴舞蹈服
rumba dance
costume

一种色彩缤纷、袖子
和裤脚用荷叶边装饰
的舞蹈服装。可见于
伦巴舞和中南美的狂
欢节等场合。现在的
伦巴舞蹈服设计更加
趋向简洁且凸显身体
曲线。

斐济民族服装
Fijian traditional
costume

用部落风印花（p189）
的玛西树皮布，通过
多层重叠制作而成的
裙式服装。可见于斐
济传统结婚仪式中。

柬埔寨民族服装
Cambodian traditional
costume

柬埔寨高棉人的民族
服装。用长方形的丝
绸碎花布料做成的下
装极具特色，被称为
"桑博（p69）"。

巴基赤古里
baji jeogori

朝鲜族传统民族服装，由上衣襦（jeogori）和下衣巴基组成。女性民族服装由上衣襦和下衣裳组成，叫作"赤古里裙"。

汉服
hanfu

中国汉族传统服装，袖子宽大，是明末清初以前汉族的主要服饰。在现代，除道士的道袍、僧侣的僧袍和部分礼服外，汉服原本已经很少见了。但随着传统文化复兴，汉服逐渐回到人们的视野中，受到越来越多的人的喜爱。

哈雷迪犹太教教服
Haredi Judaism

黑色帽子，黑色长外套，黑色裤子。脸上一般会留长长的鬓角。

十八世纪
西欧贵族服饰
18 century costume

十八世纪的西欧贵族大多会穿着法式马甲（p77）和短裤，外穿究斯特科尔大衣（p97），头戴假发。

火枪手服装
musketeer

佩戴火枪的步兵和骑兵穿着的服装。服装的形式原本多种多样，并不固定。但随着小说《三个火枪手》（*Les Trois Mousque-taires*）多次被翻拍成电影，火枪手装扮也逐渐固定了下来。

中世纪的
丘尼卡和曼特
tunica & manteau

十一至十二世纪时，欧洲贵族阶层以穿着布里奥（p115）为主。平民阶层的服装则由丘尼卡（内衣）、曼特（斗篷）和形似紧身裤的肖斯（chausses）组成。这也是中世纪服饰的基本构成。

十五世纪宫廷
服饰
15 century costume

十五世纪时，欧洲宫廷的主要服装构成有模仿骑士铠甲制作的男式紧身短外套（p84），被称作"肖斯"的裤装，鞋头尖锐看起来不太方便走路的波兰那鞋（p164）。

主教法衣
bishop

天主教最高神职人员——主教在祭祀时穿着的祭祀服。在阿鲁巴长袍（p98）外面套无袖祭披（p98），头戴主教冠（p157）。

衣冠束带
ikannsokutai

日本平安时代以后，天皇、公家、贵族、身份等级较高的官员等的装束。正装束带，与袴（p71）、简装衣冠共同组成衣冠束带。

狩衣
kariginu

原本是日本平安时代以后，贵族官员的便服上衣，后演变为武士的礼服和神职人员的服装。穿着时下装搭配指贯（和服裤子），头戴立乌帽子。便于活动，曾用作狩猎用衣并因此得名。

裃
kamishimo

日本从室町到江户时代武士所穿的正装礼服。由穿于窄袖口衬衣外面的肩衣和袴（p71）组成。肩衣与袴一般使用相同的布料制作，高级武士在正式场合会穿着尺寸更长的长袴，普通长度的袴为半袴。

背面

纹付羽织袴
monntukihaorihakama

五花纹：衬衣和羽织在背部、两胸、两袖后侧各印有一枚花纹，搭配袴（p71）共同组成日本的和服正礼服。一套正式装扮包括黑色的衬衣和羽织、条纹袴、白色短布袜、带木屐带的竹皮履。袖子上的花纹一般在正面很难看到。
三花纹：衬衣和羽织在背部、两袖后侧各印有一枚花纹（右图），搭配袴共同组成日本的和服准礼服。仅在背部印有一枚花纹的单花纹也是准礼服。

羽织袴
haorihakama

日本男性的普通和服装扮，包括无纹样的上衣和袴（p71）。纯色的羽织袴可用作和服简礼服。

书生服
shoseihuku

日本明治、大正时代，寄宿在别人家或亲戚家，一边打杂一边学习的年轻人的装扮。最典型的装扮包括立领衬衫，棉质上衣和袴（p71），头戴学生帽，脚穿木屐（p168）。

111

套装

作务衣
samue

日本禅宗僧人在日常做杂务（作务）时穿着的衣服。可以看作日式传统作业服，便于活动，深受日本匠人师傅的喜爱。

僧服
Buddhist monk robe

佛教僧侣（和尚）穿的服装。左图较简单的是泰国、老挝、柬埔寨等地最为常见的僧服，被称为"黄袈裟（法衣）"。所用布料呈泛红的黄色，由姜黄染制而成。在日本，不同宗派的僧服各有不同，但都是长褂外穿袈裟的形式。右图是日本禅宗僧侣的僧服。

虚无僧*
komusou

日本禅宗派普化宗的蓄发僧人。头戴深草笠，手托钵盂，吹尺八，云游四海的形象深入人心。袈裟一侧挂有饷箱，用来接受布施。

山伏
yamabusi

隐藏于山野之中进行严酷修行，以求顿悟的日本僧侣。也叫修验者。装束独特，头戴兜巾，身着铃悬上衣，袈裟上带有菊缀（一种形似毛绒球的装饰物），提杖，身携法螺等。

飞脚服
hikyaku

日本古代邮递信件、金钱或转运货物的从业者所穿着的服装。传统职业町飞脚在江户时代于民间得以发展壮大，据说当时的町飞脚所穿的服装与一般的装束无异。在驿站中转急运文书等的幕府公用继飞脚和大名的大名飞脚则以腹挂和兜裆布为主要穿着，也是现代飞脚的固定穿搭。

忍者装
shinobishouzoku

日本从室町到江户时代的忍者的装束。忍者的装束包括蒙头巾、手甲、绑腿裤。在一般印象中，忍者的装束通体为黑色，实际上，为更好地隐匿于黑夜多采用深蓝色或红褐色。

*也有人认为这是一种带有职业歧视意味的称呼，本书中仅用于名词解释，无其他含义。

连体衣

连体服
one-piece suits

指上衣和下衣相连的衣服。常见于工作服、防护服、赛车服等。与婴幼儿的连体裤、军用连身衣十分相似。类似的还有背带裤,但穿背带裤时,上身需要另穿上衣,而连体服则不需要。

连身衣(跳伞服)
jumpsuits

一种有前开襟,裤子与上衣连为一体的连体服。于二十世纪二十年代作为飞行服问世,之后被选为伞兵部队的制服。与连体衣基本相同。

连体裤
rompers

指上衣和下衣连在一起的衣服,原本为婴幼儿游戏时所穿着。现在上下身成套的分离式衣服也可用"romper"表示,款式越来越多样。

背带裤(裙)　背带裙(裤)
overalls　　　　　salopettes

指带有护胸布,两侧有肩带的连体裤或连体裙。这种设计的初衷是防止弄脏里面穿的毛衣和衬衣等,是一种防污工作服。其英文为overalls,法文为salopettes。现代背带裤上常见的铁锤环(p129)和尺袋(p101),其实是保留了其最初作为工作服时的设计。材质和颜色多种多样,一般由结实的牛仔布料制作而成。这种服装腰腹部宽松,对穿着者来说不挑身材,所以也常用作孕妇装。

背面

高背背带裤
high back overalls

指背侧从臀部一直延伸至肩膀下方的背带裤,原本也是一种工作服,可以很好地遮盖住穿着者的身材,显得人更加活泼可爱。

背面

肩带交叉式背带裤
cross back overalls

指两侧的肩带在背部呈十字状交叉的背带裤。

晨衣
dressing gown

在室内休息时穿着的及膝宽松上衣，一般配有束带。多为青果领（p20），采用绸缎等手感良好的面料制作。还可以叫作"化妆衣""睡袍"等。同类型的还有洗完澡穿的毛巾质地的浴袍（bathrobe）。

浴衣 *
yukata

一种里面不穿打底衬衣的简式和服，常用作浴衣、睡衣和日本舞蹈练习服，多见于日本夏季庆典和日式旅馆等。采用吸湿性好的棉布制作，鞋子一般搭配木屐（p168）。

着流
kinagasi

不穿羽织（p98）和袴（p71）的和服装扮。适用于日常穿着，用西服来比喻的话，就等同于休闲便服。仅用于男性，女性和服中没有这种穿法。

防水连靴裤
waders

一种在钓鱼或户外工作时，能进入水中作业的长筒靴。其长度可至腰部甚至胸部，根据用途的不同，长度也不同，有的可划分到靴子、裤子、背带裤等不同品类中。

卡夫坦长衫
caftan

中亚地区穿着的一种长衫。长度较长，直线裁剪，有前开襟，开襟上一般绣有民族特色的刺绣。遮阳透气，绣法多样，可搭配腰带等。

蒙古袍
deel

一种立领、右衽、外形酷似旗袍的衣物，蒙古族传统民族服装。男女式都有，男款整体宽松，以蓝色最为高贵；女款多彩鲜艳。

贾拉比亚长袍
jellabiya

埃及民族服装，男女式都有。轮廓宽松的套头式长袍，整体呈筒状，长袖。一般为U形或V形立领，领上有刺绣装饰。

*日本平安时代沐浴时所穿的汤帷子的简称。

阿拉伯长袍（男）
kandoora

一种长度及脚踝的长袖长袍，中东男性的民族服装。多为白色，以抵御炎热的天气。传统长袍为棉质。领子的形状具有很强的地域性，有的地区会在脖子上挂浸满香水的流苏作为装饰。

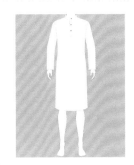

古尔达
kurta

印度传统男性服饰。一种套头式长衫，长袖，小立领，一般比较宽大，长度至大腿或及膝，与古希腊短袍类似。透气性好，尽管尺寸较长，但丝毫不影响它的清凉舒适，与裤子配套也称作"古尔达睡衣"。（因其长度较长，本书将其归类于连体衣。）

卡拉西里斯
kalasiris

古埃及贵族穿着的一种半透明紧身连衣裙或上衣，多搭配腰带，不露肩。

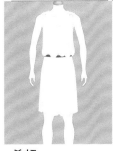

希顿
chiton

古希腊人贴身穿着的宽大长袍。一种用未经裁剪的长方形布料制出褶，肩膀处用别针或胸针固定，腰部用腰带或绳子扎紧。分为多利亚式（无须缝制）和爱奥尼亚式（侧缝留出伸手的空隙，其余部分缝合）两种。女款一般长至脚踝。

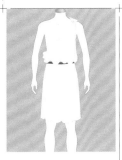

希玛纯
himation

古希腊时期穿在希顿外面的披风外衣，男女通用。穿法多种多样，大多是从身体一侧斜挂在肩上，形成很多褶皱。它是古罗马托加长袍的原型。

布里奥
bliaut

中世纪西欧宽松的长袖连衣裙。男女通用，下摆很长。有的下摆和袖子上带有刺绣等装饰，或是在下摆两侧有开衩。

西欧男装史

————借由那些唤醒了时代的电影为指引————

在绘制有关旧时代时装的插画时，很多时候我都会觉得"好像在哪部电影里看过"。只是看电影的时候并没有特意关注服装，也不太了解电影的时代背景。

在此，我想把构成现代服饰基本要素的西欧男装，按照历史的进程，结合电影来介绍一下。尽管解说略显粗糙，但如果像这样按时间顺序展开来看的话，也是别有一番乐趣。

◆公元前五世纪

古希腊时期，人们通常在身上披挂一块长方形的布料做内衣，这种衣物被称作"希顿（chiton）"，通过在外侧缠绕更大块的布料形成的外衣叫作"希玛纯（himation）"。

在我看过的电影里，以古希腊为背景的电影屈指可数。虽然当时没有这方面的意识，但仔细回想起来，好像《特洛伊》（Troy）里面的服装与古希腊时期的比较相似。我重温了这部电影，故事主要是以皇族和士兵展开的。在主角们凯旋的场景中，我猛然发现街上的普通民众很多都穿着希顿。如同发现了宝藏一般，我不禁高兴地说道："就是这个！就是这个！"

希顿　　希玛纯

◆公元前一世纪

在古罗马，人们通常会在衬衫外裹一件托加长袍。托加长袍是由一块大布做成的衣物。

目前为止，以古罗马为故事背景的电影数不胜数。我比较推荐的是日本的喜剧电影《罗马浴场》（Thermae Romae）。电影主要讲述的是古罗马时代的洗浴文化，电影选角十分绝妙，由五官立体的演员饰演罗马人，五官扁平的演员饰演剧中的"扁脸族"。阿部宽所饰演的主人公等一众罗马人都穿着托加长袍。而且，"托加长袍"一词也出现在了电影台词中。

后来，穿着于托加长袍内侧的丘尼卡长衫逐渐演变为达尔玛提卡（dalmatic）。到了中世纪，随着商业的发展，服装的制作方法慢慢变得复杂起来，材料也慢慢丰富起来。

托加长袍　　达尔玛提卡

116

◆ **公元五世纪拜占庭帝国**

公元五世纪开始，受从波斯和中亚迁徙过来的游牧民的影响，人们开始穿着类似裤子的服装。

电影《第一武士》（*First Knight*）讲述的就是发生在公元五世纪英国的故事。在看电影之前，我暗自期待，没准儿这里面会有"裤子"这种东西的前身。看过之后才发现，剧中的人穿的都是现代的裤子。不管我如何臆想，电影本身还是非常好看、非常有意思的，剧中骑士的服装设计得特别帅气。

◆ **十一世纪**

十一世纪日耳曼人的服装由曼特（斗篷）、丘尼卡（上衣）以及形似紧身裤的肖斯组成。这也是中世纪服饰的基本形态。在《冬狮》（*The Lionin Winter*，1968年）和《侠盗王子罗宾汉》（*Robin Hood: Prince of Thieves*，1991年）等以中世纪为舞台背景的影视剧中，这类服装十分常见。

丘尼卡和曼特　　　　　**布里奥**

◆ **十二世纪**

布里奥开始普及。布里奥是一种喇叭袖紧身短袍，男款比女款略短，穿着时下半身需要搭配裤子。

◆ **十三世纪**

到十三世纪时，比布里奥袖子更瘦的长裙考特（cotte）出现，当时最主要的服装形态也转变为柯达弟亚（cotardie）。cotardie在法语中意为大胆的考特。

在以十四世纪的欧洲为背景的电影《圣战骑士》（*A Knight's Tale*）中，开篇就出现了身着柯达弟亚的人物形象。他吹着长长的喇叭，袖子上缀着成排的纽扣。剧中的男女都穿着中世纪的服装，从服装鉴赏的角度来说，电影很有看头。

柯达弟亚

◆ **十四世纪**

这个时期最主要的服装是胡普兰长衫（houppelande）。这是一种高领、腰间系腰带的宽大长袍。最主要的特征是长而宽大的袖子和袖口锯齿状的装饰。

在1968年上映的电影《罗密欧与朱丽叶》（*Romeo and Juliet*）中，人们跳舞时穿的就是袖口宽大垂坠的胡普兰长衫或悬垂袖的衣服。虽然没有见到锯齿状的饰边，但无论男女的服装衣袖都极具装饰性。

在柯达弟亚之后，长度更短的紧身短外套逐渐成为当时人们的主要服装。一些比较夸张的装扮也开始出现，例如穿着遮阴袋以遮挡内衣前部的开口等。

在前文介绍过的电影《罗密欧与朱丽叶》中，影片开篇的市集场景里，就有市民身穿紧身裤和遮阴袋战斗。在电影《发条橙》（ *A Clockwork Orange* ）中，也可以见到穿着遮阴袋的人。不过《发条橙》所讲的并非发生在十四世纪的故事。

我在看电影《玫瑰之名》（ *The Name of the Rose* ）的时候一直在想，从时代背景看，应该会有类似胡普兰长衫的衣服出现吧，但遗憾的是，场景始终都在修道院中，角色穿的也都是修道士服。不过电影本身还是很值得推荐的，气氛神秘而诡异，节奏感很好。

紧身短外套

胡普兰长衫　　遮阴袋

◆十五世纪

再来看一下以十五世纪的法国为舞台背景的电影《圣女贞德》（ *Joan of Arc* ）。主演米拉·乔沃维奇（ Milla Jovovich ）把贞德的形象刻画得惟妙惟肖，演技非常棒。尤其是战斗和审判的情节，给我留下了十分深刻的印象。

在贵族周围，出现了一些身穿类似柯达弟亚衣物的男性，胸前有排列细密的纽扣，也比较紧身，但袖子上却没有纽扣。在穿脱盔甲的场景中还可以发现，紧身短外套原本是穿在铠甲下面的。虽然这部影片中主角的装扮并不是特别精致，但同时代女性的礼服和发饰却十分优雅美丽，引人注目。

修道士服

◆十六至十七世纪

这个时期，人们开始重视衣着的实用性，裤子长度到了膝盖以下。2011年上映的电影《三个火枪手》（ *The Three Musketeers* ），在原作的基础上加入了动作元素，十分过瘾。服装都是雍容华贵、光彩熠熠的中世纪样式，非常值得一看。除此之外，很久以前由麦克尔·约克（ Michael York ）主演电影《四个火枪手》（ *The Four Musketeers* ）也很不错，狂野的表演尤其令人振奋。记得我在看的时候还忍不住质疑，莫非欧美人眼中的硬汉就是麦克尔·约克这样的吗？时至今日再次审视，不可否认，麦克尔·约克的确是货真价实的硬汉。

柯达弟亚　　火枪手
（女式）

贵族　　　无套裤汉

◆十七至十八世纪

这个时期，贵族中最为普遍的服装搭配为究斯特科尔大衣、法式马甲、短套裤。

说到这个时期的贵族服装，我不禁想起了1984年上映的电影《莫扎特传》（Amadeus）。其中有大量描写宫廷和大型演奏会的情节，各种贵族服装——登场，令人目不暇接。该电影还获得了第57届奥斯卡金像奖的服装设计奖。

◆十八世纪

发生在此时期最为轰动的历史事件，莫过于由身穿长裤的劳动阶级无套裤汉掀起的法国大革命。革命开始的同时，也喻示了贵族服装的消亡。在电影《悲惨世界》（Les Misérables）的结尾处，大量涌现的卡玛尼奥短上衣让人印象深刻。不过电影中并没有出现具有象征意义的弗里吉亚帽，取而代之的是一种不知名的短檐帽。

卡玛尼奥
短上衣　　弗里吉亚帽

◆十九世纪～

从这个时期开始，服装的变化逐渐趋于稳定，现代服装的雏形基本形成。或者说现代礼服和正式服装的式样在当时已经形成，之后经过慢慢简化，最终变成了今天大家所熟悉的样子。

要想看到现代社交礼服的最初形态，那2013年上映的电影《了不起的盖茨比》（The Great Gatsby）绝对不容错过。故事发生在二十世纪二十年代。豪宅中夜夜笙歌，身着绚丽服装的男女光彩夺目。电影中，还可以看到一个使用了莱恩德克尔（J.C.Leyendecker）作品的巨大广告牌（ARROW COLLARS）。莱恩德克尔是美国二十世纪的杰出插画师之一，他笔下的绅士帅气又时尚，让无数人惊叹。我感受到了电影中负责服装和道具的工作人员的饱满热情以及对莱恩德克尔的敬意，这让我十分感动。

无尾晚礼服

一路走下来不难发现，现代服装是多么的朴素、温和。我一直认为时尚是一个允许"无用"和"拘泥"存在的领域，但为了追求舒适，"无用"和"拘泥"越来越少，这多少让我感到有些落寞。据说文化总是朝着过去曾有缺失的方向发展，希望我们不要过度被某一特定的价值观所束缚，而是更多地去展现自己地域和民族的风采。

让我们一起创造出属于下一个时代的时尚潮流吧！

手套

短手套
shortie

指长度至手腕、尺寸较短的手套，有一定的防寒效果，但更多是用作服装搭配。英文也可写作"shorty"。

连指手套
mitten

一种拇指分开、其余四根手指连在一起的手套。

皮手套
leather glove

用皮革制作的手套。不知何时起，在人们的印象中，杀手一般都会佩戴黑色皮手套。

白手套
white glove

象征执行任务的白色手套。常见于警察、保安、司机、管家等职业。还可搭配正装和礼服使用，一般搭配燕尾服，现在也可搭配其他类型的正装。

劳保手套
work glove

一种劳动或做工时使用的手套。对双手有一定的保护作用。

无指手套
demi-glove

指没有手指部分的手套。这种手套的材质和用途多种多样，比较注重功能性，适合在对手指的灵活度要求较高的工作中使用。有些无指手套只暴露指尖部分。demi在法语中为一半之意。

铆钉手套
studs glove

带有金属铆钉的手套，是朋克摇滚人士的常用装备。

驾驶手套
driving glove

开车或驾驶摩托车时佩戴的手套。主要用来增强手掌的摩擦力，具有防滑、防晒的作用。款式多种多样，有无指款，也有长至上臂的款式。

铁手套（防护手套）
gauntlet

一种入口处呈喇叭状、长度较长的金属手套，盔甲防护用具。在现代时装中，铁手套一般指以中世纪骑士战斗时穿着的臂铠为原型设计的手套。还可指骑摩托车、击剑运动、骑马时所佩戴的防护用长手套。

半指手套
open fingered glove

一种手指部分不闭合，暴露手指的手套。这种手套的主要作用不是防寒，而是为了保护手掌或提升握力。常见于拳击等体育运动中。

训练手套
training glove

半指手套的一种，佩戴目的是在训练时（主要是无氧锻炼）用来防滑，减轻手腕的负荷，防止受伤。

射击手套
shooting glove

射击时使用的手套。大多会在手掌部位做防滑处理或增加防滑补丁。弓箭或枪支品种不同，射击手套的种类也不同：有手指全包的，也有暴露手指的，还有部分手指开关式的。

绘画手套
drawing glove

绘画时佩戴的手套。为不影响手指的灵活度，仅小指和无名指上有布料包裹，拇指、食指、中指暴露。

手甲
tekkou

一种布制的户外服饰用品。可从手背覆盖至胳膊，不影响手指的活动，具有防护、防污、防晒和御寒的功能。一般会用一个绳圈固定在中指上。历史悠久，常用作行装、做工装备和武器防护装备。

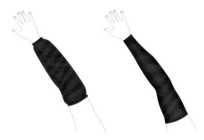

袖套
arm cover

一种戴在手臂上的圆筒状遮盖物，有防晒、防污和防护的作用。原本是指为防止做工时弄脏衣袖，两端用皮筋收紧的筒状袖管（左图）。现在则主要是指弹性好、吸汗速干、贴身的袖管（右图）。可用于运动、外出，或为减少受伤而要求长袖作业时，作为可穿脱的袖子使用。

袜子

短袜
socks

所有长至脚踝上部的袜子的统称，穿着这种袜子的主要目的是保暖、吸汗、透气、减缓压力等。

无跟筒袜
tube socks

不带后跟的直筒形袜子，诞生于二十世纪六十年代。因深受滑板爱好者的喜爱，所以也被称为"滑板袜"。最具代表性的设计为通体白色，在袜口处有几条线。

踝袜
ankle socks

长度至脚踝的超短袜。日本二十世纪八十年代以前，女学生常穿的经典袜子。最初使用群体主要是女性和儿童，现在穿踝袜的男性也越来越多了。

船袜
foot covers

一种十分浅的袜子。脚背处开口较大，只有脚尖和足跟处被包裹。主要作用是保暖、吸汗、透气、减缓压力等。穿着浅口鞋时，可以防止因袜子外露影响美观。易于穿脱，内侧多带有防滑设计。

五趾袜
toe socks

指五根脚趾分开的袜子。

护腿袜套
leg warmers

一种上至大腿或膝盖下方，下至脚踝的保暖用筒状袜套。最初是练习滑雪、芭蕾时穿着的护具。

吊袜带
socks garter

为了防止袜子滑落，绑在膝盖至小腿之间的带状固定装置。

绑腿
gaiters

一种对腿部起保护作用的户外护身用具，主要用于小腿。可以直接贴身使用，也可以套在裤子或靴子的外侧。形式多种多样，有利用带状布条捆绑在腿上的（左图），也有在一侧通过锁扣固定的筒状的（右图）。除了可以防止泥污溅脏裤脚或鞋子，高弹力的绑腿还可以有效预防长时间行走后造成的腿部淤血。

脚袢
kyahann

指日式绑腿。使用于小腿，有预防外部伤害、固定裤脚防止绊倒、给小腿施压以防长时间行走后造成淤血等作用。

足袋
tabi

日本传统布袜。袜头在拇趾和二趾中间分开形成两部分，在穿着草履或木屐（p168）时也可以穿，是和服装扮的固定配件。袜口用一种日式挂钩——小钩（p134）固定。

紧身衣

紧身连体裤
leotard

体操运动员、芭蕾舞者、舞蹈演员所穿着的一种上下一体式的、有弹性的服装。

运动紧身连体裤
singlet

主要指摔跤、举重等项目的运动员所穿着的一种上下一体式的、有弹性的贴身服装。

紧身连体衣
body suit

上衣和裤子一体式紧身衣。一般作内衣用，也可以作为可贴身穿着的运动连体衣。一般代指塑形内衣。

三角泳裤
swim tranks

腰部细窄、立裆较浅，皮肤暴露程度较高的泳衣。从正面看呈倒三角形。优点是腿和髋关节的活动范围大。

平角泳裤
boxer swim shorts

采用弹力布料制作，与身体贴合度高，稍微有一点点裤腿的泳裤。从正面看呈长方形。

半平角泳裤
half spats

采用弹力布料制作，与身体贴合度高，可以完全覆盖大腿根部的泳裤。

及膝泳裤
jammers

采用弹力布料制作，与身体贴合度高，长度至大腿中部的泳裤。

冲浪短裤
board shorts

指冲浪时穿的短裤。其外形比较日常，穿着走在大街上也不会奇怪，所以现在冲浪短裤在设计上都比较偏向于日常穿着。

冲浪服
rash guard

参加水上运动时穿着的上衣。主要用于防晒、保暖、防止擦伤和水母等有害生物的蜇伤等。成人、小孩都能用。rash意为擦伤。

保温潜水服
wetsuits

冲浪或潜水时穿着的一种水上及水中用运动服。采用橡胶质地制作，包裹全身能起到一定的保温和防护作用。厚度一般在2～7毫米之间，越厚保暖性越好，越薄越便于活动。让衣服内进入少量的水，利用自身体温暖热后，可以反过来温暖身体，达到保温的目的。由于布料中含有气泡，所以越厚浮力越大，潜水时需要配重。潜水服的种类多种多样，也有内侧不会进水的干燥型，设计上又可分为无袖、短袖、长袖、短裤、长裤等，样式十分丰富。

部位、部件名称、装饰

胸饰
bosom

使用于礼服、衬衫前胸部位的装饰物或护胸布。根据形状，有的叫作"围兜(bib)"，带有荷叶边等装饰的叫作"褶边胸饰(plastron，也可以用来表示击剑动中的护胸)"。

挂浆胸饰（衬衫）
starched bosom

呈U字形或长方形的胸饰。用与衬衫本体相同的布料制作而成，也可指使用了这种设计的衬衫本身。多用于礼服衬衫。starched即为挂浆、上浆之意。类似的还有褶片胸饰（衬衫）。

凸纹挂浆胸饰
piqué front

挂浆胸饰的一种。是采用一种凸纹编织物做胸襟的设计。

褶片胸饰（衬衫）
pleated bosom

一种褶皱胸饰。也可指带有这种设计的衬衫。多用来搭配无尾晚礼服。其中褶皱宽度为1厘米的褶片衬衫最为正式。

褶边胸饰（多排）
frilled bosom

用于礼服、衬衫前胸部位的条状荷叶边装饰。带有褶边胸饰的衬衫叫作"褶边衬衫(p55)"。

围兜式育克
bib yoke

看起来如同儿童围兜一般的育克，bib意指围兜、护胸布。

假衬衫
dickey

指仅有胸襟或只有脖子部分的上衣。在外面穿上马甲或外套后，看起来就像穿了衬衫一样。

暗门襟
French front

指可以将纽扣或拉链隐藏起来的双层门襟设计，常见于大衣或衬衣的设计，可以使领子周围和胸前看起来更加干净利落。

底领
collar stand

连接领口与翻领的部位，也叫领基。如果底领较宽，领子会紧贴颈部；如果没有底领，即为平翻领（flat collar），贴于肩膀上。

吊袢
hanging tape

指外套等衣物后方领子内侧的小吊环，可用其将衣服挂在挂钩上。有时上面会织入品牌或厂商的名称，这时也可叫作"吊牌"。

中心箱褶
center box pleat

指在衬衣背部中间位置的箱形褶裥（p132），其目的是给肩膀、胸部周围留出空间，便于活动。有的箱褶上方会带有一个细环，用于挂置衬衣。

侧缝带
side stripe

裤子侧缝处的带状设计，一般为一条或两条。这种装饰源自十八世纪末至十九世纪拿破仑军队的军服，最基本的用法是用于礼服裤，常用一条装饰。现代在运动服、训练服等制服上也较常见。

缎面驳头
facing collar

晚宴服或燕尾服领子的一种设计形式。原本为绸缎材质，现在也可用涤纶布料代替，也可称作"真丝驳头（silk facing）"。

领卷
lapel roll

驳头（下领）起翘的部分。领卷使驳头微微竖起，增添了立体感，能体现出服装精良的做工和高级感。为了不让领卷变形，很多人在收纳衣服时会特别小心。

中央背衩
center vent

在大衣和夹克的后下摆处添加的开衩*设计，可以使身体活动更自如，也具有一定的装饰性。像上图中这种位于中间位置的就叫作"中央背衩"。

*衩处会有布片重叠，并不是单纯地从一块布中间剪开一条缝。

摆衩
side vents

在大衣和夹克的下摆两侧添加的开衩设计，可以使身体活动更自如，也具有一定的装饰性。

钩形背衩
hook vent

指开衩带有拐角的、呈钩形的背衩。常见于美式传统礼服和一些较长的礼服。弯钩部分通过缝纫机倒针做加固处理，防止撕裂。

省
darts

在衣服上通过辑缝得以消失的锥形或近似锥形的部分。这是一种可以使衣服更具立体感或更贴合身体的制衣技术。根据部位可分为肩省、领省、腰省、腋下省、侧省等。

掐腰（外套）
pinch back

通过在背部捏省、打褶并添加后腰带，使轮廓线条更显利落、有收腰设计的外套，也可指添加了收腰设计的部位。pinch意为拧、掐。

串口
gorge

指衣领的上领和下领拼接处形成的接口，这条拼接线叫作"串口线（gorge line）"，常见于西装的领子。gorge意指咽喉、食道，在这里延伸为可将衣领立起来的位置。

翻领扣眼
lapel hole

设置在衣领上的扣眼，可用来放置装饰用的小花束，也可以用来佩戴徽章等。有时也只是作为一种装饰，这时的扣眼是不打开的。

领袢
throat tab

位于领子或领嘴处的小袢，上面有扣眼，可以通过纽扣将领子固定在脖颈附近。常见于诺福克夹克（p83）等户外外套。throat即喉咙、咽喉之意。

枪垫
gun patch

一种覆盖在肩膀处的垫布，是为防止架在肩膀上的枪支磨损衣物而添加的防护用具，一般由皮革等结实的材料制作而成，常见于射击服的左右两肩。

肘部补丁
elbow patch

在夹克、毛衣等的胳膊肘处额外添加的布片。有加固和装饰的作用，一般为皮革制。

袖带
sleeve strap

系在袖子上的带子，可防止风雨侵入，达到保暖的效果。或可改变袖口宽度和轮廓，起到一定的装饰作用。

领扣带
chin strap

沿脖子固定的带子。作用是将领子竖起来，防止风从领口灌入。可以收纳进战壕风衣（p95）等衣领的下方。

防风护胸布
storm flap

战壕风衣右边肩膀上的一个小设计，是一块可以防止雨水侵入的布片。在第一次世界大战时，曾被用来承载来复枪的枪托，起到一定的护肩作用。

下巴罩布
chin warmer

安装在战壕风衣等下巴位置的布片。布片以三角形为主，有防止风从领口灌入的作用。与可以收纳进衣领下方的领扣带有类似的功能。也可指嘴巴部位有开口，形似络腮胡的保暖口罩。

褶
tuck

把布料捏成小块，折叠并缝合形成的褶皱。可以使衣服更具立体感或更贴合身体，常见于裤装或裙装的腰部。不具有装饰性，整个褶皱直接缝合的叫作"省"。

腰头搭袢
adjustable tab

设计在裤子或夹克腰
部的搭袢，有调节衣
服尺寸的作用，也有
一定的装饰性。

背扣
cinch back

位于裤装后侧腰部与口袋之间的扣带，主要用
于工装牛仔裤和西装裤。背带可固定在背扣上，
使裤子更加贴身。现代的背扣则多为装饰，材
质和设计也更加多样。通过使用背扣，可使衣
服看起来更具复古感。cinch意为马鞍肚带。

铁锤环
hammer loop

指缝制在工装裤、画
家裤（p62）口袋缝
口处的布带，最初用
来悬挂锤子等工具。

斗篷型育克
cape shoulder

形似斗篷的育克，或
类似设计。有时也
可指代小斗篷（p90）
或短披肩。

镂空
cut-out

指将布料挖空，露出
肌肤或打底衣的裁
剪手法，多用在鞋
子或上衣的领子周
围。在网眼内侧添加
刺绣镶边，也是一种
镂空手法，英文写作
"peekaboo"。

绲边
piping

指将衣服或皮革制品
的边缘用窄布或胶布
进行包裹的处理手
法，也可指布条或胶
布本身。绲边可以对
制品的边缘起到一定
的保护作用，同时也
具有一定的装饰性。

袖章
sleeve badge

附在制服袖子上、表
示所属团体或职务级
别的徽章。可以戴在
袖子中间，也可以在
袖口用特定数量或
特定形状的线来表
示。根据形状和佩戴
位置，英文还可以写
作"sleeve patch"
等。

军装绶带
ribbon

在军服或制服上，从右肩悬挂于前胸的金银色绳状装饰。军队中一般由副官或参谋长佩戴。除此之外，绶带有时还具有勋章的意义，或起到一定的装饰作用（在这种情况下大多会挂在左侧）。关于绶带的起源，现在最有力的说法是源自指挥官牵马时所用的缰绳。常与绶带一起使用的被称为"铅笔（pencil）"的装饰，被认为源自过去为记录司令官命令所使用的笔。也叫肩带饰绳（aiguillette）。

肩袢
epaulet

装饰在服装肩部的小袢，通常没有实用功能，只作为装饰或标志。肩袢最早出现于十八世纪中期，据说曾是英国陆军用于固定枪支和望远镜的部件。现代多用于制服、礼服等，以标明官职或军衔，也可用于普通外套，例如战壕风衣（p95）、狩猎夹克（p90）等。

领章
collar badge

佩戴于制服等衣领上的徽章或刺绣布片，以表示所属军种或军衔。有徽章型、纽扣型等。可佩戴于立领、上领、下领等多个位置。

饰带
sash

穿戴在身上的宽布带的统称。常见于军装、正装、制服等，有装饰、悬挂勋章或武器等作用。可以斜挎于一侧的肩膀，也可以连接双肩呈V字形，还可以围在腰间，佩戴方法与款式多样。根据样式和佩戴位置的不同，名称上也略有不同，例如悬挂于肩上的还可以叫作"肩带"。

勃兰登堡
Brandebourgs

指军装等门襟附近横向平行排列的，用以固定纽扣的装饰性条带。Brandebourgs是德国的一个城市。

毛边
frayed hem

牛仔裤等在裁剪后，裤脚不做折边或者缝合处理，不加修饰，是一种休闲感非常强的设计。frayed 意为磨损、磨破，hem 即衣服的边缘。

卷边
roll up

指将袖子或裤脚挽起来，也可指能达到同样效果的设计手法。

流苏
fringe

通过将丝线、细绳捆扎成束或缝制成缨穗状形成的装饰。在布料或皮革的边缘进行连续裁剪所形成的带状细条，也可叫作"流苏"。流苏最早起源于古代东方，当时所佩戴的流苏越多，身份越高贵。除了具有装饰作用外，将布料的边缘做成流苏也起到一定的遮盖作用，以隐藏起不想被人看清的部分，常见于窗帘和围巾等的设计中，也是泳装、外套、鞋子、包等设计中使用频率非常高的装饰手法。

荷叶边
flounce

一种宽大飘逸，外形似荷叶的褶皱装饰，多用于衣服的边缘。

褶边
frill

使用于衣服边缘位置的褶皱装饰，一般由蕾丝或柔软的布条制成。常见于衣服的下摆、领口或袖口。褶边是洛丽塔服装中经常使用的装饰手法。

抽褶
shirring

把布料抽出细小的褶皱，将服装面料较长较宽的部分缩短或减少的面料处理技术。其表面凹凸起伏，更具立体感，从而使服装舒适合体，同时又增加了装饰效果。抽褶广泛运用于上衣、裙子、袖子等的服装部件的设计中。

箱型褶裥（外工字褶）
box pleat

指褶峰外凸的褶皱。与内工字褶刚好相反。

内工字褶
inverted pleat

指褶峰内凹的褶皱。与外工字褶相反。inverted 意为翻转、反向的。

水晶褶
crystal pleat

风琴褶的一种。水晶褶的褶皱更加细致而密集，因看上去像水晶而得名。常见于雪纺材质的礼服或裙装。

蘑菇褶
mushroom pleat

一种十分细致的褶皱，因形似蘑菇的菌褶而得名。一般会把它归类于水晶褶。

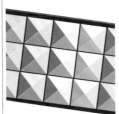

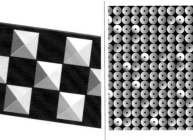

排褶
pin-tuck

一种用线缝制出的极细褶。将布料折成细密的直条，然后用线缝制而成，主要起装饰作用。常用于衬衫的门襟附近。

铆钉
studs

原意为金属材质的图钉、大头钉、铆钉等。在服装用语中则专指起装饰作用的金属材质装饰扣。最初被用于装饰鞋包、皮带、钱包等，现在广泛运用于上衣、裤装、外套等服装的装饰中。男性服装中，常被用于固定或装饰袖口。

亮片
spangle

带有小孔的金属片，常被缝制在布料表面，使其更具光泽感，有很强的装饰作用。亮片的角度不同，对光线的反射效果也不同，可塑性强，变化多样。英文名还写作"sequin"。

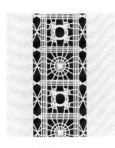

抽纱绣
drawn work

常用于制作桌布、窗帘等的刺绣工艺。把织好的线抽除一部分，然后用针线连缀成各种花纹、图案的刺绣技法的统称。

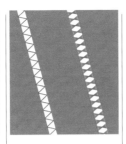

花式针迹接缝
fagoting

将分离的两片布用线连接，或将布片中间抽除一部分织线后，连缀成束的装饰手法。

扇贝曲牙边
scallop

通过裁剪或其他处理技法制作出的一种由连续的半圆组成的波浪形饰边，因形似排列成一排的扇贝壳而得名。这种饰边除了具有装饰功能外，还能起到防止服装边缘脱线等的加固作用。这种处理方法常见于衬衫和裙子的蕾丝镶边，可以更好地展示女性的优雅气质与魅力。除服装外，在窗帘和手帕等上的使用频率也较高。

流苏穗饰
tassel

一种穗状装饰物，多用于装潢、服饰等设计中。最初是用来固定斗篷的，现在多见于窗帘、鞋靴、包等装饰中。流苏乐福鞋（p163）就是其中常见的例子。

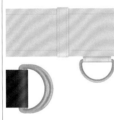

D 形环
D-ring

呈D字形的金属环。可见于战壕风衣（p95）的腰带，曾被用来悬挂水壶或手榴弹，现被保留下来作为装饰。也可用于制作箱包，双层D形环还可用作皮带扣。

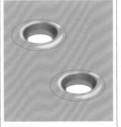

金属孔眼
eyelet

在布、纸、皮革等上打孔穿线时，为了防止孔洞扩大或破损而使用的环状金属部件（也有树脂的）。因为像鸡的眼睛，固又被称为"鸡眼"。

包布纽扣
covered button

在金属或木制的纽扣上，包上皮革或布做装饰的纽扣。

栓扣（牛角扣）
toggle button

木头、竹子、牛角、树脂等制作的形似牛角的纽扣用绳索固定的纽扣形式，常见于毛呢大衣。toggle也可指通过左右滑动来进行开合的纽扣。

盘扣
frog button

用绳子盘成扣环和纽的扣具。除固定作用外，还兼具很强的装饰功能。可见于中式传统服装和军装。

搭扣
clasp

一种金属制环扣，可代替纽扣起到固定的作用。

钮环扣
loop button

指用绳子或布条围成的环做扣眼的纽扣。也可指这种固定方式。

小钩
kohaze

日本传统扣具，由一边的挂绳和固定于另一边布料一端的薄片组成。常用于足袋、手甲、脚袢等日式服装配饰中。在过去，薄片部分由动物的角、趾甲、骨头等制作而成，现代多为铜等金属材质。

袖箍
arm suspender

一种用来调节衣袖长度的部件，是一根两端带有金属夹的橡胶棒。

臂带
arm band

用来调节衬衫袖子长短或宽松度的带子。材质多种多样，有布制、皮革制、金属制、橡胶制等。也可用来做装饰。

帽檐
brim

即帽子的边缘部分。能起到遮阳或挡雨的作用。女仆装中常见的饰边发箍也可用brim来表示。搭配礼服时多用白色帽檐的帽子，也被叫作"白帽檐"。

铝扣
copin

可将多只袜子固定在一起的卡扣，一般为铝制品，打开后形似圆规。

鞋带箍
aglet

包覆于鞋带等末端的金属或树脂圆筒状部件，主要作用是防止鞋带脱线，同时方便鞋带穿过孔洞，有些还具有一定的装饰作用。

根付
netuke

日本江户时代用于绳子末端的装饰扣。一般挂在荷包、印章盒、烟盒等随身物品的吊绳上。现代可用作挂坠等。

睡莲纹饰
lotus

以睡莲为原型的饰品或设计。睡莲因其傍晚闭合、次日早上再次盛开的习性，在古埃及象征着永恒的生命，还被作为祭祀活动中的供品，也是神殿柱子上的装饰物。

鸢尾花饰
fleur-de-lis

以鸢尾花为原型的饰品或设计。比较常见的有鸢尾花形的徽章，它是法国王室的象征。在欧洲，鸢尾花也经常被用来设计成各种徽章或组织的标志。鸢尾花饰是一种传统而古老、非常具有神秘感的花纹。在法国，通常代表着皇室至高无上的权利。过去也曾是专门烙于犯人身体上的花纹。

棕叶纹饰
palmette

尖端呈扇形展开，以石松、肉豆蔻为原型设计的图案。后与蔓草图案相结合，在古希腊被广泛运用。

忍冬纹饰
anthemion

起源于古希腊的传统植物纹饰，花瓣向外侧弯曲，末端一般呈尖形。据说其原型来自忍冬和睡莲，在欧洲常被用于建筑、家具的装饰中。

配饰

领带夹
tie clip

用于固定领带的饰品。由装饰品和金属弹簧夹组成，可以把领带夹在衬衫上。

一字领带夹
tie bar

用于固定领带的饰品。一字领带夹可利用金属本身的弹性把领带夹住。

领带别针
tie tack

用于固定领带的饰品。将别针（针头多用宝石或贵金属装饰）贯穿领带的大头和小头，然后固定在底座上。底座上带有一条锁链，锁链的另一端通过铁环或夹子固定在衬衫的纽扣或扣眼上。

领带链
tie chain

一种用于固定领带的饰品。在领带背面，将一根衣架样的金属扣挂在衬衫纽扣上，金属扣的两端连接着一根长链，长链轻轻环住领带，完成固定。

袖扣
cufflinks

主要起装饰作用的扣具，固定在衬衫袖口的扣眼处。

按扣式袖扣
snap cufflinks

袖扣的一种。这是一种按扣，一套纽扣由子扣和母扣两部分组成。

T字袖扣
swivel cufflinks

袖扣的一种。将扣具在闭合状态下垂直穿过扣眼，然后打开扣具呈T字形，完成固定。可分为弹头式（bullet back closures, 上图）、鲸鱼式（whale back closures, 下图）和套索式（toggle cufflinks）等。

固定式袖扣
fixed cufflinks

袖扣的一种。这种扣具难以从扣眼中脱出，会一直固定在扣眼上。与穿着无尾晚礼服时装饰在胸前的饰扣形状相同。

链式袖扣
chain link cufflinks

一种将扣具用链条连接的袖扣。

绳结袖扣
silk knot cufflinks

用丝线、皮筋等做成的球形袖口。缺点是不耐用，但价格低廉。

饰扣
stud buttons

一种主要起装饰作用的扣具。穿着无尾晚礼服搭配领结时，非暗门襟的衬衫会用到这种纽扣。装饰在衬衫的第二、第三、第四个扣眼上，白天使用白色，夜晚使用黑色。与固定式袖扣的形状相同。

领夹
collar clip

将衬衫领子的两侧连接起来的夹子状配饰。有收紧领口或支撑领带的作用，可以使衣着看起来更加挺括，更显优雅。

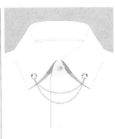

领链
collar chain

将衬衫领子的两侧连接起来的链条状配饰。用于针孔领（p15）衬衫，微微松弛地悬挂于领带之上。

领针
collar pin

将衬衫领子的两侧连接起来的棒（针）状配饰。有收紧领口或支撑领带的作用，可以使衣着看起来更加挺括，更显优雅。如果领子上没有预留的孔，可以使用针头式。

领角夹
collar tips

用来装饰衬衫领角的配饰。一般为金属材质，可脱卸，常用于西部衬衫（p56）上。

钱包链
wallet chain

连接钱包和腰裥的链条。有防止钱包遗失或被盗的作用，流行于二十世纪九十年代。除实用功能外，还有一定的装饰性。很多时尚人士对钱包链的设计和细节十分讲究。

印章戒指
signet ring

刻有名称缩写字母或纹章等，可以用作印章的戒指。印章戒指是权威的象征，也代表着财富。

花插
flower holder

一种别在外衣领子的扣眼上，用来固定鲜花装饰的小物件，可在里面注入少量的水，以使鲜花持久保鲜。

胸花
corsage

装饰于男性夹克上（或者女性礼服的胸部、腰部、手腕等处）的花饰。使用假花或鲜花都可以，花上点缀有丝带或薄纱等装饰。

驳头针
lapel pin

装饰在西装外套（p81）的驳头扣眼上的配饰。

帽针
hatpin

用来装饰帽子的配饰。有防止帽子被风吹走的作用，多为金属制。和驳头针形状类似，可以通用。最初是为了将女性的帽子固定在头发上而设计的。

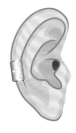

项圈
choker

紧贴颈部的环状饰品，可看作较短的项链。项圈的种类很多，可以单纯只是一条带子，也可以在上面添加宝石等华贵的装饰。choker意指将脖子勒紧。

普卡贝壳项链
puka shell

经海浪冲刷，带有孔洞的芋螺类白色贝壳穿在一起做成的项链。puka在夏威夷语中为洞的意思。因曾被女演员伊丽莎白·泰勒（Elizabeth Toylor）购买，逐渐成为夏威夷的特色纪念品。

埃及项圈
Egyptian collar

古埃及贵族所使用的颈部饰品。由彩色的石头排列组成，可以覆盖脖子和肩膀，下缘呈弧形。也叫乌塞赫（Usekh）或维塞赫（Wesekh）。

耳骨夹
ear cuff

佩戴在耳朵中间位置的环形饰品。最初的耳骨夹多为金属制品，设计简洁，随着受欢迎程度增加，其款式也越来越多样，装饰性也变得越来越强。

脚链
anklet

佩戴于脚踝部位的环形装饰。除了有装饰作用外，还可当作护身符。双脚佩戴的意义不同，左脚佩戴代表已婚或用以辟邪，右脚佩戴则代表未婚或期盼实现愿望。

臂钏
armlet

佩戴在上臂的、无锁扣开放式饰品。款式多样，有环状、丝状，也有类似藤蔓植物的蜿蜒状，多为金属材质。戴在手腕位置的称作"手链"。

幸运编绳
missanga

用刺绣线编织的、缠绕在手腕上的结绳，色彩鲜艳，有的带有刺绣或串珠装饰。幸运编绳起源于危地马拉，据说佩戴到绳子断裂，心中的愿望即可实现。

手链
bracelet

戴在手腕部位的装饰品。多为链条状，形状可变，大小可调节。英文名还写作"wristlet"。

手镯
bangle

戴在手腕部位的环状饰品。是一个完整的圆环，没有锁扣，大小形状无法改变，一般比腕围略大。

带链手镯
slave bracelet

带有锁链的金属手镯。一般会将戒指和手镯用链条连接在一起，装饰性很高。

掌镯
palm cuff

佩戴在手背上的装饰品。款式多种多样，有从手掌环向手背的，也有与戒指连接在一起的。

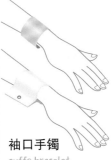

袖口手镯
cuffs bracelet

一种C字形金属手镯（手链），有宽有细。也可指单独的装饰用袖口，可见于兔女郎装扮等。

马坦普西头巾
matanpus

日本阿伊努人的民族头巾。男女通用，上面的阿伊努特色几何图案非常具有标志性。带有刺绣装饰的马坦普西头巾为男性专用，女性使用的则是一种名为"切帕努普"的黑布。

羽冠
war bonnet

一种羽毛制成的帽子。主要由居住在北美的印第安部落的酋长等地位高的人和勇士（主要为男性）佩戴。

桂冠
laurels wreath

用月桂树的叶子编织成的帽子。在现代，桂冠是体育赛事中授予胜者的荣誉象征。但也有说法称，在古代的体育赛事中，胜者头戴的是橄榄枝编织的帽子，桂冠则是文人所属之物。

王冠
crown

代表着君主领袖地位的环状发饰，多用宝石等装饰，十分闪耀。有环状的，也有后方不连接、呈C字形的。

钵卷
hachimaki

日本传统头饰，一般是一根细长的布条或绳子。钵卷在日本主要有鼓舞士气、呼吁团结的作用。根据扎系方法和特点的不同，钵卷可分为很多不同的种类。例如，先将布条搓成麻绳状，然后再系在头上的叫作"捻钵卷"；把打结的部分放置在额头的叫作"向钵卷"等。以上两种都是在日本庙会、祭典上十分常见的系法。

包头巾
turban

将一条麻、棉或绸缎材质的长布裹在头上佩戴。通过卷布的方式制成的帽子也称作"turban"。

发带
hairband

一种带有弹性的带状发饰。具有装饰、吸汗、防止头发凌乱的作用。

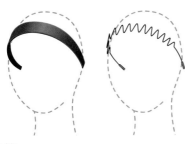

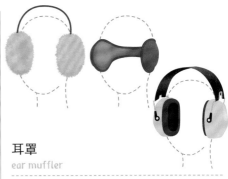

发箍
headband

用有弹性的树脂或金属材质制成的圆弧形发饰。款式多样，多用玻璃珠、施华洛世奇水晶、缎带等装饰。戴假发时，也可用于遮盖真发和假发的分界线。

耳罩
ear muffler

一种耳朵专用的防寒护具。外形似耳机，多用毛绒材质装饰，以增加设计感和防寒效果。原本是一种用来保护耳朵不被噪声伤害的隔音护具。耳罩的种类非常丰富，佩戴时有挂在头顶上的，也有置于后脑的，发展趋势与耳机的进化过程相似。

鸭嘴夹
crocodile clip

形如鸭嘴的发夹，有固定头发的作用，也叫鳄鱼嘴夹。

BB 夹
hair snap clip

三角形或菱形的发夹，多为金属材质，有固定头发的作用。

鲨鱼夹
claw clip

一种将头发横向夹起、固定的夹子，中间是一个弹簧合页，多为左右对称的结构。

一字夹
hair pin

上短下长，上层呈波浪形、前段微微上翘的金属发卡。一般比较细小。在英国等地也被称作"小发卡（hair grip）"。

圆形手表
round case watch

表壳呈圆形的手表。也是最为常见的手表类型。

酒桶形手表
tonneau case watch

表壳呈酒桶形的手表。整体为长方形，横向的两条边微微膨起，看起来优雅且具有高级感。瑞士法兰克·穆勒（FRANK MULLER）公司所生产的酒桶形手表最为有名。

八边形手表
octagon case watch

表壳呈八边形的手表。最显著的特点是在八个角的顶点处各装有一颗螺丝钉。八边形手表是古董手表中最常见的款式。

枕形手表
cushion case watch

表壳呈圆角正方形的手表。因外形容易让人联想到抱枕而得名。枕形手表的设计一般都比较古典。

计时手（怀）表
chronograph

带有计时功能的手表（怀表）。其主要特征是表盘上有专用的数字刻度和设计，一侧带有计时用按钮。

正方形手表
square case watch

表壳呈正方形的手表。因要顾及指针的圆形运动轨迹，所以正方形手表对设计的要求很高，一般造型都比较独特。同样的还有长方形手表（rectangular case watch）。

数字式电子手表
digital watch

通过显示数字来表示时间的手表的统称。与之相对的为石英指针式电子手表。1970年前后首次出现LED显示屏的电子表，几年后逐渐被液晶屏取代。特点是功能强、价格低。

潜水表
diving watch

专为潜水而设计的手表的统称。具有高防水性，带有可测量潜水时间的防倒转表圈，还有耐磁、坚固、暗处可视等特点。

飞行手表
pilot watch

飞行员所使用的手表。虽然没有明确的规定，但一般都须具备精度高、可视性好、抗气压、不易发生故障等品质。飞行手表12点的位置不是数字，而是一个三角形。很多高性能的飞行手表都带有可记录起飞时间的表圈*，可以监测到所在位置的高度。瑞士万国（IWC）是最具代表性的飞行手表制造商，其在1936年发售的军用飞行手表被认为是最早的军用飞行手表。

• 位于表盘四周的环形圈。可用于固定表镜，英文写作"bezel"。

军用手表
military watch

为方便在战场上使用而开发的手表的统称。因需要大量供给，考虑到性价比的问题，在兼顾准确、高辨识度、防水、坚固等品质的同时，军用手表的设计大多比较简约。很多都采用24小时刻度标记模式，为方便黑暗中使用，一般都会使用夜光涂层等。

镂通表
skeleton watch

通常指能够看到表盘下精密机械零件或框架的手表。精密复杂的构造和机械运动，让人不禁感叹制表技术之高超和感官体验之奢华。

智能手表
smart watch

通过触摸屏进行显示和操作的多功能手表。大多可以与电脑和智能手机连接。

怀表
pocket watch

可放在口袋或包里携带的手表。一般会在表冠的环上连接锁链，用钩子挂在衣服上，以防掉落丢失等。

眼镜、太阳镜

圆眼镜
lloyd glasses

一种镜框较宽、镜片呈圆形的眼镜，是美国著名喜剧演员哈罗德·克莱顿·劳埃德（Harold Clayton Lloyd）经常在电影中佩戴的眼镜。一开始，切割镜片的技术并不成熟，所以所生产出的圆形镜片就直接被拿来做成了眼镜。圆眼镜一般适合脸部线条感强、轮廓分明、小脸的人士，同时很受艺术家和年长者的喜爱，著名音乐家约翰·温斯顿·列侬（John Winston Lennon）就是一名圆眼镜爱好者。

夹鼻眼镜
pince-nez

流行于十九世纪的眼镜，没有耳架，可夹住鼻子以提供支撑。

长柄眼镜
lorgnette

一种没有耳架、带有手柄的眼镜，需要用手托住才能使用。过去，在正式场合中戴眼镜是一种不文明的行为，所以人们在观看歌剧时会使用这种眼镜，也是一种常见的老花镜款式。

圆框眼镜
round glasses

镜片为圆形的眼镜或太阳镜，与圆眼镜基本相同。圆框眼镜复古感十足，可以让面部线条更显柔和，给人以非常特别的气质。小圆框眼镜会让人有一种知性、职业、艺术气息十足的感觉。

惠灵顿眼镜
Wellington glasses

上缘比下缘稍长的圆角眼镜或太阳镜，耳架位于镜框的最上端。曾在二十世纪五十年代十分流行，现在著名演员约翰尼·德普（Johnny Depp）使其再次流行起来。

列克星顿眼镜
Lexington glasses

指上缘比下缘稍长，整体呈方形，镜框上部较粗的眼镜或太阳镜。

半框眼镜
sirmont glasses

仅上半部分有框架，两镜片之间用金属搭桥连接的眼镜或太阳镜。因镜框可以修饰和强调眉毛，所以也叫眉框眼镜。

波士顿眼镜
Boston glasses

呈倒三角形的圆角眼镜或太阳镜，据说因曾在美国东部城市波士顿流行而被命名。其柔和圆润的线条，给人亲切、随和之感，同时它也是一款颇具复古感的眼镜，可使佩戴者看起来更加知性、稳重，镜框较粗的还有瘦脸效果。不过，这款眼镜十分挑人，适合的人非常适合，不适合的人戴起来则很不协调。著名个性派演员约翰尼·德普（Johnny Depp）就非常喜欢佩戴波士顿眼镜。

猫式眼镜
fox type glasses

指眼角上扬，容易让人联想到狐狸或猫的眼镜，小镜片知性，大镜片优雅性感，曾是玛丽莲·梦露（Marilyn Monroe）生前经常佩戴的眼镜。

椭圆眼镜
oval glasses

镜片为椭圆形的眼镜或太阳镜，温润的线条带给人柔和、亲切之感，粗框的椭圆眼镜非常受女性喜爱。小镜片、金属边框的椭圆眼镜则会带给人知性之感。

泪滴形眼镜
teardrop sunglasses

形如泪滴的眼镜或太阳镜。其中高端眼镜品牌美国雷朋（Ray-Ban）所生产的泪滴形眼镜最为经典，美国的麦克阿瑟（Douglas MacArthur）就曾带过这种眼镜。适合脸型长的人佩戴，也叫蛤蟆镜。

巴黎眼镜
Paris glasses

呈倒梯形的眼镜或太阳镜，比泪滴形眼睛的镜片更接近方形。

蝶形眼镜
butterfly glasses

镜片从内向外逐渐变宽的眼镜或太阳镜，因形似双翅展开的蝴蝶而得名。宽大的镜片将眼睛完全覆盖，可以有效地抵御紫外线，有很强的休闲度假感，非常受欢迎。

八边形眼镜
octagon glasses

指呈八边形的眼镜或太阳镜。八边形眼镜颇具复古感，并且十分百搭，适合任何脸型。

方形眼镜

square glasses

镜片呈长方形的眼镜或太阳镜。

无框眼镜

rimless glasses

没有镜框，镜片只用耳架固定的眼镜或太阳镜。耳架与镜片通过螺丝和镜片上打的孔进行连接。

下半框眼镜

under rim glasses

只有侧边和下缘镜框，没有上缘镜框的眼镜或太阳镜。该设计在老花镜中比较常见。

半月形眼镜

half moon glasses

镜片呈半月形、较小的眼镜。曾是一种读书专用眼镜，现在常见于老花镜的设计中。

一体式眼镜

single lens glasses

左右两片镜片连为一体，不通过镜框进行连接的眼镜或太阳镜。一体式眼镜可塑性非常强，可简约，可时尚，可运动，可奢华，可体现未来感，设计十分多样。

悬浮眼镜

floating glasses

镜框的两侧向后深深弯曲，镜框与镜片之间有较大空隙，使镜片看起来像是悬浮在空中的眼镜或太阳镜。

夹片式太阳镜

clip-on sunglasses

外侧带有可拆式偏光镜片的眼镜，一般可直接向上掀开。当作太阳镜使用时可将外侧偏光镜放下，想要更好的光线通透度时则可将其掀起。

折叠眼镜

folding glasses

为方便携带，可进行折叠的眼镜或太阳镜，一般可折成一个镜片的大小。

单片眼镜
monocle

以矫正单侧眼睛视力为目的制作的眼镜。没有固定的设计。有圆形框架，镜框上连接有链条，佩戴时须将镜框嵌入眼窝的类型；也有用耳朵和鼻子固定框架的类型。也叫单眼镜。

分体式老花镜
clic readers

镜框镜片之间的部分通过磁铁连接，套在脖子上方便摘戴的眼镜。由美国眼镜公司Exis Eyewear于2000年开发完成。多被用于制作需要频繁摘戴的老花镜，使用方便且可防丢失。

护目镜
goggles

在进行滑雪等运动或驾驶摩托车、汽车、飞机时戴的眼镜，具有防风、防尘的作用，佩戴时一般会紧贴面部。近年来，市面上还出现了一种专门用来遮挡花粉的护目镜。护目镜也可叫作"防风镜"。泳镜也属于护目镜的一种。

帽子

圆顶爵士帽
tremont hat

帽檐较窄，帽身从下至上逐渐变细的帽子。佩戴时帽顶呈圆形，不向内凹。

男用毡帽
Humburg hat

帽檐向外侧卷起，帽身周围有缎带装饰的帽子，帽顶中间向内凹陷，男士可搭配正装佩戴。

圆顶硬礼帽
bowler

一种毛毡帽，帽顶较硬，呈圆形，帽檐外卷，最初是男士用来搭配礼服的常用帽。十九世纪初诞生于英国，设计的初衷是利用硬式材质来保护头部，因由英国帽匠威廉·波乐（William Bowler）发明，所以又叫波乐帽。圆顶礼帽的美式叫法为德比帽（Derby Hat），在赛马场上十分常见。

软呢帽
soft hat

指用柔软的毡布做的帽子。英文全称是"soft felt hat"。多数情况下，软呢帽一般代指帽顶中央有折痕的折缝软呢帽或翻边软呢帽。意大利厂商博尔萨利诺（Borsalino）制造的软呢帽最为知名。因原本是男性用的帽子，所以佩戴软呢帽会给人一种很男性化的感觉。由于被十九世纪末上演的舞台剧女主人公Fedora佩戴过，所以英文称作fedora hat。帽身上一般缠有缎带装饰。

折缝软呢帽
center crease

帽顶中间带有折痕的帽子，山字形帽身，帽檐较窄，多用较宽的缎带装饰。

翻边软呢帽
snap brim hat

软呢帽的一种，帽檐下垂，边缘处有弹性，可自由弯曲改变形状。

望远镜帽
telescope hat

帽顶的边缘和中央部分隆起，像望远镜一样边缘内侧有环状凹陷的帽子。和猪肉派帽相似，但望远镜帽的帽身大多非圆筒形，或者帽檐比较宽大。

猪肉派帽
pork-pie hat

帽身较矮，帽顶平整，帽檐较窄且微微上卷的帽子。因形似英国传统菜肴猪肉派而得名。和望远镜帽相似，但猪肉派帽的帽顶更加平整，帽檐也比较小。

缎面礼帽
silk hat

男士正装礼帽，帽身呈圆筒状，帽顶水平，帽檐两侧轻微向上卷起，别名高顶礼帽。帽顶有折痕的也叫男用毡帽（p147）。

巴拿马草帽
panama hat

用多基利亚草（巴拿马草）的纤维或彩色麦秆编织而成的带檐草帽。巴拿马草帽柔软细腻，轻便结实，透气性好，是夏季度假胜地使用频率非常高的帽子。原产地为厄尔瓜多，因在巴拿马港出口而得名。

平顶硬草帽
boater

用麦秆制作的帽子，帽檐窄而平，圆筒形帽身，帽顶扁平，帽身周围一般用缎带或蝴蝶结装饰。这种结实的轻便帽最初是为船员或水手专门设计制作的。最初人们在制作帽子时会使用清漆或糨糊，做出的帽子十分坚硬，敲打时可发出类似"康康"的声音，又因被康康舞的舞者所佩戴，所以又名康康帽。法语写作"canotier"。

哈罗帽
Harrow hat

英国著名男子寄宿学校哈罗公学的制服帽。帽身较浅，是一种麦秆材质的草帽。

拼片圆顶帽
crew hat

帽身由6～8块布料拼接而成的圆顶帽，帽檐一般有多圈压线装饰。日本幼儿园、托儿所的孩童所戴的黄色帽子就是这种帽子。

军事风户外帽
fatigue hat

帽身由6块布料拼接而成的圆顶帽。带有整圈的帽檐，结实耐磨，曾是美国军队的军帽。fatigue意为疲劳。

水桶帽
bucket hat

从侧面看形如倒扣的水桶的带檐帽子。材质柔软，具有防水功能，带有帽绳，适合户外活动使用。与探险帽（adventure hat）类似。

郁金香帽
tulip hat

帽身和帽檐没有分界线、形如倒扣的郁金香的帽子。常用作婴幼儿的帽子。给人一种可爱的感觉。

日本学生帽
gakuseibou

日本男学生所佩戴的帽子。皮革或塑料材质的帽檐，附有帽绳，一般在正前方带有学校的校徽，多为黑色。帽顶为圆形的又叫作"圆帽"，为方形的又叫作"方帽"。

海员帽
marine cap

船员或欧洲的渔夫所戴的帽子，前侧带有小帽檐，帽顶柔软，与学生帽和警官帽非常相似。

M43 野战帽
M43 field cap

第二次世界大战时德军使用的野战用帽子。把前方的纽扣解开可以变成头套。

工程师帽
engineer cap

一种圆筒形工作帽。帽顶略有弧度，帽身有多处捏褶，只在前方有帽檐。

工作帽
work cap

一种帽身较浅的圆筒形帽子。只在前方有帽檐，主要在工作时使用。因为是为铁路建设工作者专门设计的帽子，所以也被称为"铁路帽（rail cap）"。与工程师帽相比，帽顶更加平整。

报童帽
casquette

狩猎帽的一种，帽身由数块布料拼接而成，前侧带有遮阳帽檐，因经常被送报员佩戴而得名。

狩猎帽（鸭舌帽）
hunting cap

帽顶平且前面带有帽舌，最初是猎人打猎时戴的帽子，因此称作"狩猎帽"。因其扁如鸭舌的帽檐，也称鸭舌帽。不同宽窄、大小的帽舌所呈现出的佩戴效果不同。十九世纪中期起源于英国，非常贴合头部，不容易脱落错位，人们在打高尔夫球时经常佩戴这种帽子。狩猎帽和夏洛克·福尔摩斯所戴的猎鹿帽（p152）有些相似。报童帽也属于狩猎帽的一种。

苏格兰无檐圆帽
tam-o'-shanter

帽顶带有帽球装饰的较大的贝雷帽，源自苏格兰传统民族服装。

贝雷帽
beret

一种圆形无檐软帽，一般由羊毛或羊毛毡制作而成，帽顶大多会有钮尖或流苏等装饰物。关于贝雷帽起源的说法很多，最常见的一种是，法国和西班牙交界处巴斯克地区的农民模仿僧侣的帽子制作了贝雷帽，因此称其为"巴斯克贝雷帽"。在帽口处有镶边的贝雷帽叫军用贝雷帽（army beret）。毕加索、罗丹（Rodin）、手冢治虫等众多艺术家都很喜欢佩戴贝雷帽。

法式贝雷帽
pancake beret

形似松饼，平且圆的贝雷帽的通称。有些产品甚至会把帽子直接做成松饼的颜色，并且会在帽子上装饰一个类似黄油块的饰品。

南美牛仔帽
gaucho hat

南美草原的牛仔和牧人所佩戴的一种帽子，帽身向上逐渐变小，帽檐宽大。

西部牛仔帽
cowboy hat

一种美国西部牛仔所戴的帽子，帽檐宽阔上翘，帽顶有折痕。起源于美国西部大开发时代，也叫牧人帽（cattleman hat）。

高顶牛仔帽
ten-gallon hat

西部帽的一种，帽檐宽阔上翘，帽顶呈圆形，是一款最为传统、最具代表性的牛仔帽，但实际上牛仔们并不怎么带这种帽子。

鲁本斯帽
Rubens hat

帽檐宽大、一侧翘起的帽子。源自画家彼得·保罗·鲁本斯（Peter Paul Rubens）的画作。

墨西哥阔边帽
sombrero

墨西哥传统民族帽子，帽顶较高，帽檐宽阔，一般由毛毡或麦秆制作而成，多带有刺绣、饰绳等装饰物。其英文名源自西班牙语sombra（意为影子）。

草帽
straw hat

用麦秆（或看起来像麦秆的其他植物或合成材料）编织而成的帽子的统称。帽身大多呈圆筒状，帽顶圆润，帽檐平整。

提洛尔帽
Tylolean hat

一种毛毡帽，帽檐较窄，前侧帽檐稍向下垂，后侧帽檐向上卷起，侧面一般有羽毛等装饰物。源自阿尔卑斯山脉东部提洛尔地区的农夫所戴的帽子。现代常被用作登山帽。

阿波罗棒球帽
Apollo cap

一种以美国国家航空与航天局（NASA）的工作人员所戴的工作帽为原型设计的帽子。帽檐较长，装饰有月桂树图案的刺绣。在国外，它通常作为消防、警察或保安公司的制服帽。

五片帽
jet cap

由前侧1块、帽顶2块、左右各1块共5片布料制作成的帽子。帽檐较宽，在左右2块拼片上一般带有透气口，常见于街头时尚装扮中。

伊顿帽
Eton cap

一种前侧带有小帽檐，与头部紧密贴合的圆形帽子，源自英国伊顿公学的制服帽。

单车帽
cycling cap

骑自行车时佩戴的一种较薄的帽子，帽檐上翻，以防止低头时遮挡视线。除单独佩戴外还可以戴在头盔里面做衬帽，防止头部的汗液流入眼睛，还可以防止头盔移位。

铁路工人帽
Stormy Kromer cap

创立于1903年的美国帽子品牌STORMY KROMER设计出品的代表性帽子之一。带有防寒用耳套，可以翻折，不用的时候可以用带子系在头顶。

猎鹿帽
deerstalker

狩猎帽的一种，两侧的大护耳可在头顶用缎带等固定，前后各有一帽舌，后侧的帽舌可以保护脖子不被树枝划伤。

海员防水帽
sou'wester

船员在乘船时所佩戴的一种具有防风、防雨功能的帽子。特点是后侧帽檐比前侧帽檐要宽。采用防水布料制作，帽身由6块布料拼接而成。也可以将前侧的帽檐卷起来使用。配有帽绳和耳罩，非常实用。

斗篷帽
cape hat

一种后脑部分带有遮布的帽子，因容易让人联想到斗篷而得名。

尼赫鲁帽
Nehru hat

印度前总理尼赫鲁经常佩戴的一种帽子，特点是帽顶扁平，帽身呈圆筒形。

普鲁士军帽
Krätzchen

拿破仑时期，普鲁士士兵佩戴的一种无帽檐圆帽。一般为毛毡材质，后来也被各国军队所采用。据说警官帽就是在普鲁士军帽上加上帽檐做成的。

水手帽
sailor hat

水兵所戴的帽子，佩戴时一般会像上图中一样，将帽檐全部向上翻起。如将帽檐展开，外形则类似拼片圆顶帽（p149）。水手帽别称娃娃帽（gob hat）。

船形帽
overseas cap

美国、俄罗斯等国家的军队向海外派兵时使用的软帽，其特点是没有帽檐，可以折叠，也叫国际帽。

侍者帽
bellboy cap

酒店里负责将客人领进房间、运送行李的行李员所佩戴的制服帽的统称。帽子整体呈圆筒状，帽顶平整，最具代表性的式样为红底的帽子上带有金色、黑色条纹装饰，无帽檐。也有带帽檐的款式，有些还会附有帽绳。英文名还写作"bellhop hat"。

浣熊皮帽
coonskin cap

一种用浣熊的皮毛制成的、带有尾巴的圆筒形帽子。曾被美国的大卫·克洛科特（Davy Crockett）佩戴，因此又称作"大卫·克洛科特帽"。

苏格兰针织帽
tam

一种棉质针织帽，特别是由红色、黄色、绿色、黑色四种颜色组成的帽子在雷鬼音乐爱好者间非常受欢迎。

哥萨克皮帽
Cossack cap

指俄罗斯哥萨克士兵佩戴的一种无檐皮帽，与带有护耳的雷锋帽外形十分相似。

雷锋帽
（苏联毛帽）
ushanka

一种用动物皮毛制成的、带有护耳的无檐帽。保暖性非常好，被俄罗斯军队用作军帽。它与没有护耳的哥萨克帽外形十分相似，也叫俄罗斯帽。

水手冬帽
watch cap

一种与头部紧密贴合的针织帽，海军士兵在放哨时戴的帽子，没有帽檐，可以最大限度地保证视野的开阔。

卷边（帽）
roll cap

多指边缘向外侧卷起的棉质针织帽，也可指这种设计本身。

弗里吉亚帽
Phrygian cap

一种圆锥形软帽。帽尖一般折向前方，主要为红色。在古罗马，被解放的奴隶佩戴弗里吉亚帽象征着摆脱奴役。法国大革命时期，弗里吉亚帽为革命的主要推动阶层（无套裤汉，p108）所使用，因此也被称为"自由帽（liberty cap）"。

苏格兰便帽
glengarry

一种无帽檐的羊毛毡软帽，是苏格兰高地的传统帽子，也是一种军用帽。

出游毛线帽
chullo

秘鲁、玻利维亚等安第斯地区的传统帽子。帽身带有民族风格的花纹，护耳下侧连接帽绳，帽顶上多有圆球形装饰。使用羊驼和驼马的毛制作而成，温暖质轻。也有帽顶比较长的。

幼童帽
biggin

一种与头部紧密贴合，形似头巾，通过绳、带在下颌打结固定的帽子，主要作为幼儿用帽。

飞行帽
flight cap

指在驾驶飞机或摩托车时所佩戴的一种护耳帽。飞行帽有很好的防寒、防风效果，通常搭配护目镜（p147）使用。现在市面上也有很多可爱、漂亮的女式飞行帽。

斗笠
coolie hat

一种外形似伞，帽檐宽大的圆锥形帽子，可遮光挡雨。帽顶与头顶之间留有空隙，透气性好。起源于中国古代，用竹篾和油纸或竹叶、棕叶编织而成。现在多为尼龙材质，可在钓鱼等室外活动中使用。

斗笠形渔夫帽
chillba hat

由斗笠改良而来，可折叠，多用比较柔软的布料制作而成。帽顶与头顶之间留有空隙，透气性好。美国KAVU公司生产的斗笠形渔夫帽最为知名。

马术帽
riding cap

一种骑马时佩戴的圆帽，如头盔般坚固，可在意外落马时起到保护头部的作用，表面多用天鹅绒或鹿皮（仿鹿皮）制作。

猎狐帽
fox hunting cap

狩猎狐狸时戴的帽子，马术帽就是由其发展而来。两种帽子看起来十分相似，但其实是两种不同的帽子。

半盔
half helmet

骑摩托车时戴的半球形头盔。容易穿脱、通气性好，非常方便使用。不过，能保护的只有头部，不能对下巴周围起到防护作用。可以与护目镜（p147）组合佩戴。

木髓盔帽
pith helmet

诞生于英国的头盔式遮阳帽。主要在非洲和印度等热带地区佩戴，可以保护头部不受阳光直射，透气、凉爽且轻便。也称探险帽，是人们印象中探险家的固定搭配。

法国军用平顶帽
Képi

法国警察、军队所使用的平顶帽，帽檐较小。作为法国陆军的制服帽于1830年问世。

空顶帽
sun visor

可以让眼睛免受阳光直射的防晒用帽，结构比较简单，由一条固定带和帽舌组成。常用于高尔夫、网球等运动，也叫太阳帽、遮阳帽。

罗宾汉帽
Robin Hood hat

一种源自中世纪英国的英雄罗宾汉的帽子。前侧帽檐低垂，从上至下逐渐变窄。两侧的帽檐向后卷，大多数都有羽毛装饰。

彼得·潘帽
Peter Pan hat

戏剧、小说、绘本、动画片《彼得·潘》（Peter Pan）中的主人公彼得·潘戴的帽子。帽子整体呈袋状或圆锥状，颜色为绿色，特征是上面有大鸟的羽毛。

三角帽
tricorne

左右两侧和后侧的帽檐竖立、从上方俯视呈三角形的帽子。于十八世纪流行于欧洲。因曾被海盗佩戴，又称作"海盗帽"。

双角帽
bicorne

一种两侧带有折角的帽子，因被拿破仑佩戴而被世人熟知，故又名拿破仑帽。可横向佩戴，也可前后纵向佩戴。又名二角帽、考克帽等。

小丑帽
clown hat

马戏团的小丑戴的帽子，以一种形似喇叭的圆锥形帽为主。

蒙古帽
Mongolian hat

蒙古传统民族帽子。一般在前侧或左右两侧垂有布帘（内里衬有毛皮），佩戴时可将布帘向上翻折。上图中为男性使用的尖顶蒙古帽，呈圆锥形。也叫将军帽。

学位帽
mortar board

帽顶由一块方形板构成的帽子，帽子正中缀有黑色流苏，沿帽檐自然下垂。十四世纪开始作为大学、研究所的制服帽。

主教冠
mitre

天主教的主教在祭祀时佩戴的冠冕。帽身呈圆筒形，前后各有一个山字形装饰，后部有两根长垂带，前后顶尖，中间深凹。

头盖帽（瓜皮帽）
calotte

一种紧密贴合头部的半圆形帽子。可作为头盔等的衬帽来使用。

头巾帽
turban

中东或印度部分男性使用的一种头饰。通过卷布的方式制成。

阿拉伯帽
kufiya

指阿拉伯半岛地区的
男性佩戴的一种帽子
或头部用品，由圆环
和布组成。圆环由山
羊的羊毛等制作而
成，叫作"伊卡尔"
或"噶卡尔"。戴法
多种多样，红白相间
的花纹最具代表性。

帕里帽
pagri

一种通过在草帽上缠
绕棉布制成的帽子，
多余的布料在帽子后
方自然下垂。它属于
头巾帽（p157）的一
种，有防晒的作用。

塔布什帽
tarboosh

一种无帽檐、圆筒形
的帽子，帽顶多带有
流苏，也叫土耳其
帽、菲斯帽。

夏普仑
chaperon

一种中世纪欧洲地区
佩戴的形似头巾的帽
子，帽顶垂有长布。

伯克帽
bork

奥斯曼帝国常备步兵
军团所戴的帽子。帽
子呈圆筒状，中间有
弯折。

厨师帽
chef hat

厨师在厨房工作时戴的白色筒状帽子。厨师帽
据说诞生于法国，一说是一位厨师为了弥补自
己的身高而制作的，一说是为了效仿客人所戴
的白色丝绸帽而制作的。高耸的帽顶，可以使
人在高温的厨房环境里不感闷热。厨师帽的高
度往往代表着厨师的经验和地位。因此，通过
帽子的高度可以很方便地找到厨师长。也有顶
部膨起的类型，看起来就像一朵蘑菇。

巴拉克拉法帽
balaclava

可以覆盖整个头部和
脖子的服饰用品（帽
子）。主要起防寒的
作用，种类多种多
样。有的仅在眼部开
口，有的则会把鼻子
和嘴也露出来。

鞋子

系带靴
lace-up boots

一种系鞋带穿着的靴子，可以将靴子很好地固定在脚上，交错的鞋带具有很好的装饰效果，不过这种靴子穿脱时会比较麻烦。

马丁鞋
Dr. Martens

由德国医生克劳斯·马丁（Klaus Martens）发明的鞋子以及创立的品牌。独创的空气气垫鞋底具有极好的缓冲效果，边缘缝以黄色线的系带靴是马丁鞋中最经典的款式。

奶奶靴
granny boots

系带靴的一种。鞋带交叉编织，长度至脚踝或脚踝上部，略带复古感的设计使人看起来更加优雅。

短脸靴（猴靴）
monkey boots

系带靴的一种。长长的鞋襟从靴筒延伸至脚趾，源自军用靴。名字的由来，一说是因高空作业的工人经常穿着，他们像猴子一样善于攀爬，故得此名；一说是因为鞋面看起来像猴脸。

工作靴
work boots

指在施工、作业时穿着的靴子，内里多为厚实的皮革。一般为系带式，适合与牛仔搭配，男女款都有。

沙漠靴
desert boots

一种鞋头较圆，长至脚踝的短靴。有2～3对鞋带孔，橡胶鞋底。采用鞋面外翻工艺*，将鞋面与鞋底用压线缝制加固，以防止在沙漠中行走时沙子进入鞋内。

*将鞋面外翻，然后用明线将鞋面与鞋底缝合在一起的制鞋方法。

马球靴
chukka boots

外形与沙漠靴相似，鞋头较圆，长至脚踝的短靴，有2～3对鞋带孔，鞋帮、鞋底大多采用皮制，适合搭配休闲服装。

系扣靴
button up boots

一种没有鞋带，采用纽扣来固定的靴子，十九世纪至二十世纪初曾在欧美非常流行。

松紧短靴
side gored boots

一种侧面有松紧带的靴子，穿脱十分方便，一般长度至脚踝。也叫切尔西靴（Chelsea boots）。

短马靴
jodhpur boots

诞生于二十世纪二十年代，靴筒用皮绳固定的骑马用半靴。在第二次世界大战中曾是飞行员的常用鞋。

技师靴
engineer boots

工人穿的安全靴，或者是模仿其设计的靴子。靴子内部嵌有安全护罩以保护双脚，为防止鞋带意外钩住东西造成摔倒，外部选用扣带固定，鞋底做加厚处理。

佩科斯半靴
Pecos boots

一种鞋头粗而圆，鞋底宽厚，没有绑带和鞋带，易于穿脱的半靴。源自美国南部佩科斯河流域的农耕用鞋。佩科斯半靴是美国红翼（RED WING）公司的专利产品。

装配靴
rigger boots

索具装配工人的工作靴，或以此为模型设计的靴子。靴子上没有金属配饰，穿脱时依靠可收纳的小袢辅助。做工作靴时，为提高安全性和保护性，鞋头一般会加工成硬质的。

马具靴
harness boots

一种高度及脚踝，四周带有金属环和皮带装饰的靴子。harness意为马具、保护带。马具靴也叫吊环靴（ring boots）。

西部靴
western boots

源自西部牛仔穿着的骑马靴，也可叫作"牛仔靴（cowboy boots）"。西部靴尺寸较长，靴口的左右两侧高于前后两侧，鞋头较尖，靴身带有装饰。

骑士靴
cavalier boots

源自十七世纪的骑士所穿着的靴子,靴口宽大，多有折边，也叫bucket top。

黑森靴

Hessian boots

指十八世纪德国西南部黑森州的军人所穿着的军用长筒靴。靴口处带有流苏装饰，据说威灵顿长筒靴就由其演化而来。

威灵顿长筒靴（雨靴）

wellington boots

一种皮革或橡胶材质的长筒靴，也叫作"雨靴"。由英国的威灵顿公爵（Duke of Wellington）发明。法国艾高（AIGLE）和英国猎人（HUNTER）公司生产的雨靴很有名气。

羊皮靴

mouton boots

指用羊的毛皮制作的靴子。

月球靴

moon boots

二十世纪七十年代,意大利泰尼卡（TECNICA）公司销售的系带雪地靴。圆润厚实的L形轮廓，以及靴身上醒目的"MOON BOOT"标志极具特色。

海豹皮靴

mukluks

生活在北极极寒地区的人所穿的一种软靴。由海豹或驯鹿的毛皮制作而成，也可指以此为原型设计制作的雪地靴。毛皮的使用面积和靴子的长度均没有特别规定。

哈弗尔鞋

haferl shoes

长度至踝关节以下，在脚背斜上方系有鞋带，鞋尖略带棱角的皮鞋。源自巴伐利亚的传统工作鞋。为了防止在高山地区滑倒，鞋底带有防滑垫。

僧侣鞋（孟克鞋）

monk shoes

一种鞋头简约，鞋背较高，用扣带固定的鞋子，源自修道士所穿着的鞋履。僧侣鞋不是正式用鞋，但十分百搭，无论是西装还是休闲服装都可以搭配。

牛津皮鞋

Oxford shoes

所有鞋带式短靴、皮鞋的统称。因十七世纪初，最早由英国牛津大学的学生穿着而得名。

香槟鞋
spectator shoes

指二十世纪二十年代在社交场所观看体育赛事时,男士所穿的一种鞋。配色一般为黑白相间或茶色白色相间。spectator意为观众。

布鲁彻尔鞋
bluchers

主流的系带式皮鞋之一。脚踝下方左右两块皮料从脚后跟一直延伸至脚背,并用鞋带系起来,因最初由普鲁士的布吕歇尔元帅(Gebhard Leberecht von Blücher)改良成型而得名。

巴尔莫勒鞋
（结带皮鞋）
balmorals

一种鞋带式皮鞋,鞋口处呈V字形,十九世纪中期,由英国的阿尔伯特亲王在巴尔莫勒尔堡首次设计诞生,并由此得名。

布洛克鞋
（拷花皮鞋）
brogues

指鞋面带有梅达里昂雕花(p168),由皮块拼接,拼接线为锯齿状的鞋子,鞋头处的拼接线叫作"翼梢(p168)"。

马鞍鞋
saddle shoes

指鞋背部分所用材料的颜色和材质与鞋帮不同的鞋子。因其拼接出来的款式和造型形似马鞍而得名,系带式。这是一款起源于英国历史悠久的鞋子。

带穗三接头鞋
kiltie tongues

一种三接头结构的鞋子,鞋舌纵向剪成锯齿状,上面带有装饰性系带,是常见的高尔夫用鞋。kiltie tongue意为流苏状鞋舌。

白皮鞋
white bucks

鞋面为白色,鞋底为红砖色的皮鞋。原本使用的是公鹿的皮革,使之表面起毛后成为白皮革(buckskin),现在多用牛皮。红砖色鞋底则是为了当网球场的红土弄脏鞋底时不会过于明显。

甲板鞋
deck shoes

指在游艇或甲板上穿着的鞋。鞋底刻有波浪形花纹,防滑性好,多采用具有防水性的油性皮革制作。

莫卡辛软皮鞋
moccasins

一种将U字形皮革采用莫卡辛制鞋法制作的懒人鞋（p165）。在莫卡辛制鞋法中，鞋身的侧面和鞋底是一整块皮子（最初为鹿皮），将这块皮与外底缝合，穿起来非常舒适。

鹿皮鞋
bit moccasins

懒人鞋的一种。在鞋背的装饰带上嵌了仿照马具嚼子（bit）制作的金属装饰，鞋面呈U字形，鞋底采用莫卡辛制鞋法缝制。以制造皮包和马具起家的意大利古驰（GUCCI）公司的产品最为有名。

袋鼠鞋
wallabies

一种系带式鞋子。采用大U字形皮革缝制而成。袋鼠鞋是老牌英国品牌其乐（Clarks）公司，于1966年推出的一款经典产品。

随从鞋
gillies

跳苏格兰乡村舞蹈时穿着的一种鞋子。最大的特征是鞋带处凸凹不平，呈波浪状，无鞋舌，系带。最初是一种农耕或狩猎用鞋，鞋带有时会绑至脚踝。

乐福鞋
loafer shoes

一款没有鞋带的皮鞋，懒人鞋的一种，款式多样。如图所示，鞋背处有半月形缺口。可以放一枚硬币的，叫作"便士乐福鞋（penny loafers）"或"硬币乐福鞋（coin loafers）"；带有流苏装饰的，叫作"流苏乐福鞋（tassel loafers）"。

流苏乐福鞋
tassel loafer shoes

指鞋背处带有流苏穗饰（p133）的乐福鞋。在美国，这是一款在律师中非常流行的鞋子。tassel即流苏、穗状装饰物之意，loafer意为懒汉、游手好闲的人。

尖头皮鞋
winkle pickers

一种鞋头处为尖形的鞋子。二十世纪五十年代开始，被英国的摇滚乐迷穿着，现在多被朋克摇滚歌手穿着。

地球负跟鞋
earth shoes

这种鞋子最主要的特点是采用了前高后低的负跟设计。其设计灵感来源于一位瑜伽大师，穿上后可以使体态挺拔，达到瑜伽练习中"莲花座"的效果。有矫正身姿，缓解关节负重的作用。

波兰那鞋
poulaines

一种起源于波兰的鞋子，鞋头尖长而卷翘，形似小丑鞋。中世纪至文艺复兴时期，流行于西欧，实用性较低，是贵族阶级的身份象征。

史波克鞋
Spock shoes

曾作为医院的室内用鞋。鞋背与鞋跟处的皮革呈V字形交叉，易于穿脱，是一种懒人鞋。鞋头一般比较尖。也叫医生鞋（doctor shoes）。

歌剧鞋
opera shoes

模仿男士在欣赏歌剧或晚上聚会时所穿着的平底鞋设计的鞋子，现在大多为女鞋。一般为黑色缎面或漆皮材质，鞋头多装饰有缎带蝴蝶结。

巴纳德鞋
bunad shoes

搭配挪威传统民族服装巴纳德（p107）穿着的黑色鞋子。特征是鞋背处带有压花银色大环扣。

阿尔伯特拖鞋
Albert slippers

十八世纪英国贵族专用的室内鞋，或者以此为原型制作的鞋。鞋背处带有名字缩写、动植物、家族纹章等刺绣装饰。因经常被维多利亚女王的丈夫阿尔伯特亲王穿着而得名。

玛丽·珍鞋
Mary Jane shoes

一种低跟，光面，圆鞋头，脚踝搭扣绑带的鞋子，大多为浅口鞋。因漫画《布斯特·布朗》（Buster Brown）中一个名为"玛丽·珍"的女孩穿着而得名。

T字带鞋
T-strap shoes

指鞋背处的扣带呈T字形的鞋子，具体又可细分为T字带凉鞋、T字带浅口鞋、T字带高跟鞋等。

平底鞋
flat shoes

一种鞋跟很小或没有鞋跟，鞋底较平坦的鞋子。穿脱方便，因没有鞋跟，所以即使长时间穿着也不易感到疲劳。

芭蕾舞鞋
ballet shoes

特指芭蕾舞专用舞鞋，或模仿其制作的鞋子。是平底鞋的一种，多用柔软的材质制作。

球鞋（胶底鞋）
sneakers

指橡胶鞋底，由布或皮革制成的运动鞋。内里一般采用吸汗性能较好的材质制作，鞋帮多用鞋带固定，布制的还叫作"帆布鞋（canvas shoes）"。橡胶鞋底可增加运动时的摩擦力。

老爹鞋
dad shoes

指厚底运动鞋，造型极具特色，于2018年左右开始流行。

篮球鞋
basketball shoes

篮球竞技专用鞋。抓地力好，高帮设计，可以更好地缓冲跳跃时产生的冲击力，减少对脚踝及周边组织的伤害。

袜子鞋
socks sneakers

鞋面整体采用针织材质一体成形的鞋子。犹如袜子一般，穿着舒适，可以使脚踝看起来更加纤细。于2018年问世。

懒人鞋
slip-on shoes

所有没有绑带、鞋带等固定的鞋子的统称。穿着方便，自然舒适，只需将脚蹬进鞋中即可，鞋帮两侧一般会有松紧带。

帆布轻便鞋
espadrille（法国）

帆布轻便鞋
alpargata（西班牙）

一种常见于旅游度假区的夏季用鞋。最大的特征是鞋底由麻绳编织而成，鞋帮多为帆布。在法国也是一种夏季室内用鞋。源自法国和西班牙的海员、海港工人、海兵等穿着的草鞋式凉鞋。在西班牙，传统的系带款式比较常见；在法国，则多为休闲的无系带款。

功夫鞋（布鞋）
kung fu shoes

中国传统平底布鞋。轻便舒适，便于运动，因经常被功夫主题的电影主人公穿着而得名。传统功夫鞋的鞋底由多层布料缝制而成，鞋底的针脚有防滑的作用。现在则是橡胶底居多。

罗马凉鞋
bone sandals

一种由多根绑带交叉固定的凉鞋。源自古罗马角斗士（gladiator）穿着的军靴。也叫角斗士鞋（gladiator sandals）。

罗马军靴
caligas

指古罗马的士兵或角斗士穿着的凉鞋。由多根皮带编织而成，稳定性好，不易错位，是罗马凉鞋的原型。

廓尔喀凉鞋
Gurkha sandals

一种皮制凉鞋。鞋帮由皮带编织而成，透气性好，稳定性好。源自廓尔喀士兵穿着的凉鞋。

墨西哥平底凉鞋
huarache sandals

墨西哥传统皮绳编织凉鞋。平底，皮带从侧面向脚背处交叉编织，多为手工制作。日常穿着和休闲度假穿着均可。

墨西哥皮凉鞋
caites

一种墨西哥及周边地区常见的凉鞋。麻制鞋底，皮革制鞋帮。

赫本凉鞋
Hep sandals

指鞋头处敞开，足跟没有绑带等固定的穆勒式凉鞋，鞋底为坡跟（p169）。Hep为Hepburn的缩写，因奥黛丽·赫本（Audrey Hepburn）曾在电影中穿着而得名。

木底凉鞋
sabot sandals

一种脚尖和脚背被包裹，足跟部分裸露的凉鞋。鞋底用木头或厚实的软木制作，鞋帮为皮革或布面。sabot意为木鞋，原本是指一种用较轻的木料做的木鞋。

卡骆驰鞋
crocs shoes
- - - - - - - - - - - -
美国卡骆驰（CROCS）公司于2002年开始发售的鞋履。其中，以洞洞鞋最为知名。采用柔软轻质的树脂材料制作，轻便易穿，透气性好，深受人们喜爱。

室内凉鞋
house sandals
- - - - - - - - - - - -
一种由PVC材质一体成型的便宜耐穿的凉鞋。广泛用于家庭、公共场所、医院等处。

甘地凉鞋
Gandhi sandals
- - - - - - - - - - - -
原本是指一种在木头鞋底上有一凸起，通过拇趾和二趾夹住穿着的凉鞋。也可指夹柱较简单的凉鞋。目前没有明确的证据表明圣雄甘地穿过这种凉鞋。

赤脚凉鞋
barefoot sandals
- - - - - - - - - - - -
一种从脚趾间穿过，挂在脚踝上的装饰性物品，并非真的鞋子，一般与凉鞋搭配使用，可使脚部看起来更显华美。也可指脚部面积裸露极大的凉鞋。

环趾凉鞋
thumb loop sandals
- - - - - - - - - - - -
一种拇趾部分为环状扣的凉鞋。稳固性好，多为平底。固定拇趾的环叫拇趾环。

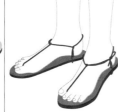

墨西哥单绳凉鞋
huarache barefoot sandals
- - - - - - - - - - - -
一种只用简单的绳子固定于脚背和脚踝的平底凉鞋。多为手工制作，也是一种跑步用凉鞋。

沙滩凉鞋
beach sandals
- - - - - - - - - - - -
一种专门在沙滩上赤脚穿着的凉鞋。平底，人字形皮带。

夹趾凉鞋
thong sandals
- - - - - - - - - - - -
拇趾和二趾之间夹有绳带的凉鞋。沙滩鞋也属于夹趾凉鞋的一种，二者基本相同。设计多种多样，图中仅为其中一例。

竹皮屐
seqta

日本传统鞋履。通过在草履的内侧添加动物皮，在脚跟处添加金属制作而成。相比草履，更加防水耐磨。走路时会发出"咔嗒咔嗒"的响声。

木屐
geta

日本传统鞋履。通过在厚木板上添加木屐带制作而成。鞋底称为"台"，鞋底下方的凸起称为"齿"。

渔夫凉鞋
gyosan

人字形皮带与鞋底一体成型，耐磨防滑，树脂材质凉鞋的统称。外形与沙滩凉鞋十分相似。源自日本的渔民。

巴布什拖鞋
babouches

摩洛哥的传统鞋子。皮革材质，一般将鞋跟直接翻折到鞋底穿着。形似拖鞋，鞋面通常为柔软的羊皮或缎面，装饰以精巧的绣花或流苏。

拖鞋
slippers

直接将双脚滑入、滑出即可完成穿脱的平底鞋。穿脱方便，大多没有鞋跟，主要作室内用鞋。

地下足袋
jikatabi

日本传统鞋履。通过在布袜上添加橡胶底制作而成，多用于室外劳动作业。柔软度好，拇趾与其他脚趾分开成两部分，活动更方便，脚尖更容易发力。

护腿
overgaiters

一种套在鞋子上方的防护罩，可防止雨、雪、泥泞弄脏裤脚，具有一定的保暖性。下部用绑带固定，是一种常见的登山护具。英文常简写为"gaiters"。

梅达里昂雕花
medallion

指皮鞋鞋头周围的小洞（镂空）装饰。设计初衷是更好地释放鞋子里的潮气，常见于布洛克鞋（p162）。

翼梢
wing tip

指皮鞋鞋头处的W形拼接线，因形似鸟的翅膀而得名。这种设计一般会和梅达里昂雕花一同使用。

增高鞋
elevator shoes

在鞋子内侧的鞋跟部位做垫高处理的鞋子，可以使腿看起来更加修长。

松糕底（鞋）
platform shoes

鞋底添加了防水台，鞋掌和鞋跟都比较厚的鞋子，一般指厚底的平底鞋。platform即讲台、平台之意。

坡跟（鞋）
wedge sole

鞋跟部分为楔形斜坡状的高跟鞋。wedge意为楔形。

空气气垫鞋底
air cushion sole

由德国医生克劳斯·马丁发明的鞋底。鞋底有很多小间隔，有效提升了鞋底的弹性和缓冲性能。常被用于马丁鞋（p159）。

波浪鞋底
traction tread sole

波浪形花纹并排排列的橡胶鞋底。由美国代表性工作靴厂商红翼公司首次使用。轻巧耐用，走路时不易发出声音，常被用在狩猎时穿着的鞋子中。

凹凸鞋底
rugged sole

像钉胎一样凹凸不平的橡胶鞋底。为提升户外用鞋和军用鞋的防滑效果而专门设计。rugged意为崎岖的、凹凸不平的。意大利伐柏拉姆公司（vibram）生产的凹凸鞋底又叫作"vibram sole"。

链条鞋底
chain tread sole

印有链条纹路的橡胶鞋底，抓地力好，柔软耐磨。由美国里昂比恩（L.L.Bean）公司开发并用于制作狩猎靴，从此成名。

豆豆鞋底
dainite sole

表面带有多个凸起的鞋底。由英国Harboro Rubber公司开发设计。dainite是由短语"day and night"化用而来的商品名称，意指制造商不分昼夜地生产鞋底。正式名为"studded rubber sole（颗粒橡胶鞋底）"。

包

流浪包（新月包）
hobo bag

一种月牙形的肩包。名称源自流浪汉的行囊。现在那些皮质柔软松垮、呈新月状的包都可以称为"流浪包"。hobo即求职中的流浪汉之意。

手包
clutch bag

一种没有提手的手拿包。不过宴会上使用的手包有时会带有金属装饰链。

信封包
envelope bag

带有翻盖的长方形包。外形像方正扁平的信封，手拿或者另附肩带。envelope即信封之意。

奥摩尼埃尔
aumônière

带有装饰的小型手提包，多用丝绸或皮革制作。源自中世纪人们挂在腰间的小布袋——放在衣服里面的布袋演变为口袋，放在外面的则演变为现代的手提袋。

手风琴包
accordion bag

底部和侧边部分呈层叠状，能够调节厚度的包。因可以像手风琴一样伸缩而得名。

法式书包
lycée sac

带有提手的长方形双肩背包，因曾被法国高女中生用作书包而得名。lycée在法语中意指公立高中。

长形书包
satchel bag

英国传统学生书包，也可指以此为基础改良的商务用包或旅行包。有的带有肩带，可以斜挎在肩上。电影《哈利·波特》（*Harry Potter*）的主人公使用的就是这种书包。

日式双肩书包
ranndoseru

日本小学生上学时用的书包，用来装教科书和笔记本。

医生包
doctor's bag

顾名思义，原本是医生外出看诊时用来携带药品和医疗器械的手拎包。多为皮质，包口有金属材质镶边，非常结实耐用，也是常见的通勤包、旅行包。

飞行员旅行包
pilot case

飞行员携带航空图和飞行日志等在飞行中使用的包。容量较大，呈箱形，开口在上部。经久耐用，收纳性好，功能性强，在商务人士中也很受欢迎。别名航空箱。

公文包
briefcase

一种较薄的方形包。商务箱包的一种，主要用来存放文件。大多为皮革材质，长度在40厘米左右。

菱格包
quilting bag

在表里之间用海绵、羽毛等填充后，再用绗缝（p195）手法制作的包。现在，这种压线更多是一种装饰。多为方形。

相机包
gadget bag

一种功能性用包。包上附有很多口袋，内部隔断较多，方便摄影师分类盛装配件，打猎时也经常使用。多带有肩带，可肩背。

造型包（托特包）
stylist bag

造型师、形象设计师用来携带工作用具、服装、小物件的大包。设计简单，容量大，可手提、肩背，使用非常方便。

西装袋
garment bag

一种可以将衣服连同衣架一起收纳在内的袋子。便于携带衣物。出差或旅行时会经常用到，可以有效防止衣服起褶。garment即衣服之意。

滚筒包
barrel bag

所有外形像酒桶的圆柱形手提包的统称。容量非常大，通常作为运动包或旅行包。barrel即酒桶之意。

陶碗包
terrine bag

底部扁平的半圆形包，包口较大，多用拉链固定，结实耐用。因形似法国用来制作鹅肝酱的烹饪器具而得名。

麦迪逊包
Madison bag

一种塑料材质的学生用包。1968年至1978年由日本爱思（ace.）公司发售，在当时掀起了使用热潮，销售数量高达2000万，当然其中也掺杂了很多仿制品。

马鞍包
saddle bag

安装在马鞍、自行车或摩托车座椅上的包，或类似这种形状的包。法国迪奥（Dior）公司生产的马鞍包最为有名。

挂包
pannier bag

安装在自行车、摩托车等后座的包，或者类似的背包。源自挂在马背上运送行李的背筐（pannier）。一般成对出现，也有单个的。

单肩包
sling-bag

通过一根肩带斜挎于肩上的背包。左右两肩均可使用，可以背在后背，也可以挂于胸前。当包挂在胸前时，不用把包摘下，就可以拿取其中的物品，十分方便。

邮差包
messenger bag

一种斜挎在背后或腰间的单肩背包，包口宽大，可以将文件平放在内。它以邮差使用的包为原型设计而成。即便是十分拥堵的街道，邮差们背着这种背包也可以骑着自行车自由穿行。

烟草包
medicine bag

原本指人们用来随身携带烟草、草药等的袋子。现在指悬挂在腰上的小包，多为皮革制品。

镁粉袋
chalk bag

攀岩、登山时挂在腰上，用来盛放防滑粉（镁粉）的小袋子，也可以用来放置随身小物件。

腰包
waist bag

一种带有腰带、可固
定在腰间的包，体积
较小。常用皮革、合
成纤维、印花牛仔布
等面料制作。固定在
腰间的设计可以解放
双手，让活动更加自
如。运动、旅游、日
常工作均可使用。

水桶包
bucket bag

一种通过抽绳来开合
包口、形似水桶的
包。

筒形包
duffel bag

细长的圆筒形单肩背
包，用绳、带等束口。
一般为军用或负重用
包，多用皮革或帆布
等较为结实的材质制
作而成。

行李袋
luggage bag

用帆布或麻布等结实
的布料制作的圆筒形
布包。源自军队、船
员等使用的杂物袋，
有单肩竖款和手提横
款两种，横款多用作
运动包。

大行李箱
trunk

大型长方体箱包的统
称。主要指旅行用
箱。最初为木制，边
角处一般会添加皮革
或金属部件加固，箱
体绑有皮带，可防止
搬运时箱口打开，十
分结实耐用。

拉杆包（箱）
trolley bag

带有拉杆和滚轮的购
物袋或行李箱，可以
手提或拖动。拉杆部
分具有伸缩功能，以
方便人们行走时拖着
箱子，减轻负担。

背囊
backpack

可以用来背负行李的
袋子或包。一般为布
制或皮革制的长方形
包，颜色以卡其色和
迷彩图案为主。

抽绳束口双肩包
knapsack

双肩背包的一种。多
为布制，通过抽绳束
口。

双肩背包
rucksack

背在双肩上的背包的统称。根据大小、用途可细分为一日双肩包、登山背包、运动双肩包、束口双肩包等。

一日双肩包
dayback

双肩背包的一种，比普通背包略小，因能装下一天内所使用的物品而得名。

登山背包
sack

双肩背包的一种，容量较大，常于登山等需要携带大量行李时使用。sack通常意指麻袋、袋子。

冰镐扣
piolet holder

背包上用于固定冰镐的部件。上面带有两个平行的竖孔，多为皮革材质。现在主要起装饰的作用。

买菜包
marché bag

购物时，可以承装大量物品的购物包。可肩背，可手提，款式多种多样。marché 在法语中为市场之意。

环保袋
eco bag

为减少一次性塑料购物袋的使用，购物者自带的包。没有特定的形状和款式，可折叠，收纳力强，轻便易携带。

购物袋
carrier bag

顾名思义，即购物时所使用的袋子。袋身上一般会印有店铺的名称、标志等，不同品牌的购物袋，设计也不同。用来装商品的小纸袋也叫作"购物袋"。

食品打包袋（盒）
doggy bag

特指可以帮客人将剩下的饭菜打包带走的袋子或容器。与专门用来外带食物的容器、袋子不是同一种。doggy意为小狗的、小狗用，最初是指一种为小狗打包剩菜的袋子。

方格纹（布）
gingham check

由白色或其他浅色打底，外加横竖同宽的单色条纹组成的方格形花纹，也是一款最基础、最简洁的格子花纹。gingham意指平织棉布，在过去还可指代条形花纹。

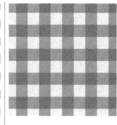

色织格子（布）
apron check

一种十分简洁的平织格子，与方格纹（布）基本相同，源自十六世纪英国理发店使用的围布图案。

同色系格子（布）
tone-on-tone check

使用相同色系、不同明亮度的颜色组成的格子。配色沉着稳重，使用广泛。

布法罗方格（布）
buffalo check

一种以红黑配色为主的大方格图案，常见于厚实的羊毛衬衫、外套。黄蓝配色的布法罗方格也较常见。

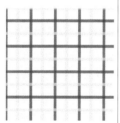

塔特萨尔花格（布）
tattersall check

由两种颜色的线交替组成的格纹图案，来自伦敦的塔特萨尔。

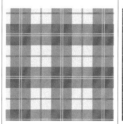

套格花纹（布）
overcheck

在较小的格子上重叠大格纹形成的花纹。格子明暗度的改变可增加休闲感。

苏格兰格纹（布）
tartan check

来自苏格兰高原地区的彩色格子图案。横竖同宽。颜色以红色、黑色、绿色、黄色为主。过去，人们的身份和地位不同，使用的颜色也不同。

马德拉斯格纹（布）
madras check

以黄色、橙色、绿色等鲜艳的色彩组成的格子花纹。最初是以植物染色法制成的一种棉布。在现代，格子的宽度和颜色更加丰富，款式也更加多样。

豪斯格纹（布）
house check

一种品牌独创的颇具英式古典风情的方格花纹，种类繁多，与苏格兰格纹相似但不相同。在苏格兰小屋（The Scotch House）、博柏利（BURBERRY）、雅格狮丹（Aquascutum）等众多奢侈品牌中比较常见。

阿盖尔菱形格纹（布）
argyle plaid

以斜线交叉的菱格组成的格纹或编织物，来自苏格兰阿盖尔的坎贝尔斯家族。这是一款十分经典的格子花纹，历史悠久，不易受流行趋势影响，在各种制服中较常见。

渐变色格纹（布）
ombré check

颜色深浅逐渐发生变化，或与其他颜色相互渗透、交叉所形成的格子花纹。ombré在法语中为浓淡、阴影之意。

对角格纹（布）
diagonal check

所有倾斜编织格子花纹的统称，倾斜角度通常为45°。diagonal即斜线、对角线之意。

斜格纹（布）
bias check

即倾斜编织的格子花纹，也可称作"对角格纹"。bias意为斜、偏。

小丑格（布）
harlequin check

主要用于制作小丑服的菱形格子花纹。

花篮格纹（布）
basket check

由纵横条纹相互交错形成的一种形如花篮的格子花纹。

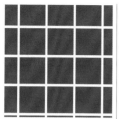

窗棂格纹（布）
windowpane

以大面积底色加上细直线做出的格纹。方正简单，因形似窗棂而得名。它是英国传统图案之一，颇具复古感，清爽且高雅，常见于衬衫和裙装设计中。与表格式花纹基本相同。

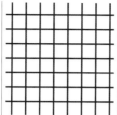

表格式花纹（布）
graph check

由细线组成的细格纹图案，因形似方格纸、表格而得名。复古感强烈，一般为双色，结构简单，易于搭配。也叫作"线格（line check）"，与窗棂格纹基本相同。

细格纹（布）
pin check

指非常细小的格子图案，也可指用两种颜色的线织出的十分细密的格子花纹。一般由两种颜色的线条纵横交错组成。

牧羊人格纹（布）
shepherd check

由黑、白两种颜色组成的格子图案，最大的特点是黑白交叉的部分用斜线进行了填充。因最早被苏格兰的牧羊人使用而得名。

千鸟格（布）
houndstooth check

以猎犬的獠牙为原型设计的图案排列形成的花纹，花纹与底色的形状相同。千鸟格是起源于英国的一款十分经典的花纹，因容易让人联想到千鸟齐飞的场景而得名。最初千鸟格由细线纺织而成，但随着知名度的提高，现在采用印刷形式制作的也比较多。小型图案复古，大型图案时尚。多为黑白配色，目前棕色等其他颜色与白色组合的千鸟格也在逐渐变多。也叫犬牙纹。

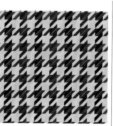

射击俱乐部格纹（布）
gun club check

由两种以上的颜色组成的格子花纹，因起源于英国的狩猎俱乐部而得名。主要用于制作复古款式的外套或裤子。

格伦格纹（布）
glen check

由千鸟格和发丝条纹（p185）等组合形成的花纹。加入了蓝色套格花纹的格伦格纹，又称威尔士格纹（The Prince of Wales plaid），复古且绅士，是威尔士亲王的最爱。

黑白格纹（布）
block check

由黑白两色浓淡交替组成的花纹。黑白格纹简约有气质，同时又颇具复古感，是一款非常经典的花纹。

棋盘格纹（布）
checkerboard pattern

由两种颜色交替组成的正方形格纹，是一款历史十分悠久的花纹。最具代表性的配色为黑与白和藏青与白两种，赛车终点线所使用的旗帜就是这种花纹。

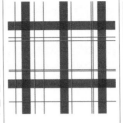

翁格子（布）
okinagoshi

在粗线条组成的格子中加入多条细线格子形成的图案。翁格子在日本是一种寓意很好的花纹，其中粗线代表老人，细线代表子孙，寓意子孙满堂。

味噌漉格纹（布）
misokoshigoshi

在粗线组成的格子中，围有等距的细线格子，形成类似滤网的图案。因形似溶化味噌的厨具而得名，可以看作是翁格子的一种，也叫味噌漉缟。

业平格纹（布）
narihirakoshi

在菱形格纹中加入十字图案形成的花纹。小花纹的一种，因被日本平安时代的贵族在原业平所喜爱而得名。

松皮菱（布）
matsukawabishi

在较大的菱形图案上下两端，重叠放入较小的菱形所形成的图案。小花纹的一种，因形似剥下的松树皮而得名，也叫中太菱。

菊菱（布）
kikubishi

一种菊花形的小花纹。曾是日本江户时代的藩主加贺前田家族的专用纹样。在日本，菊花图案多代表皇室与贵族，给人一种庄严高贵之感。

武田菱（布）
takedabishi

由四个小菱形组成一个较大的菱形花纹。小花纹的一种。这种把菱形分割的形式叫作"割菱"。武田菱的特征是小菱形的间距较小。曾是日本江户时代甲斐武田家族的专用纹样。

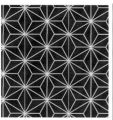

麻之叶（布）
asanoha

在一个正六边形中，带有六个顶端聚集于一点的小菱形的几何图案，因形似亚麻的叶子而得名。亚麻生长速度快且柔韧结实，所以麻之叶是一种寓意很好的花纹，寓意婴儿的平安出生和茁壮成长。

鳞模样（布）
urokomoyo

以鱼鳞为原型的等腰三角形按照规律排列形成的花纹。是一种十分古老的花纹图案，可见于日本的古坟壁画或陶器。

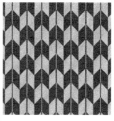

箭羽纹（布）
yagasuri

由箭翎图案排列形成的花纹，是十分古老的纹样，在日本和服中较常见。因射出去的箭不会再回来，所以在日本寓意婚姻长久。

七宝（布）
shippo

将圆形按照规律连续重叠所形成的花纹，看起来像是圆形和星形的不断重复。可以在图案的间隙再加入其他图案，得到花型更为丰富的图案。

龟甲（布）
kikko

将六边形按照规律排列形成的花纹，因形似龟甲而得名。乌龟象征长寿，所以龟甲纹是一种具有吉祥寓意的花纹。也叫蜂巢纹。

组龟甲（布）
kumikikko

一种形似龟甲的网纹图案，与龟甲（布）一样寓意长寿。

毗沙门龟甲（布）
bishamonkikko

将正六边形在每条边的中点位置加以重叠形成的图案，因曾被用于毗沙门天王（佛教四天王之一）的盔甲而得名。

青海波（布）
seigaiha

由多层大小不一的半圆按照规律排列形成的图案，形似波浪。据说起源于波斯萨珊王朝，经由中国传至日本，是日本古代宫廷音乐《青海波》演出服上的纹样。

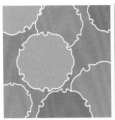

雪轮（布）
yukiwa

指圆形边缘有六处凹陷的图案，仿佛雪花的结晶或雪融化的样子。在没有显微镜的时代，人们就已经发现雪花是六边形的了，人们曾称之为六花。也叫雪华纹。

巴（布）
tomoe

在圆形中带有勾玉花纹的图案按照规律排列形成的一种纹样，常见于日本的大鼓、砖瓦或家徽。

观世水（布）
kanzeimizu

一种漩涡状水波纹图案，寓意变化和无限可能。源自日本能乐世家观山家，常见于扇面或书本的封面。

芝翫缟（布）
sikanjima

四条平行的竖条纹为一组，组间有一条椭圆形半环链条纹的花纹。可见于日式浴衣和手巾等。名字源自日本著名歌舞伎演员中村歌右门三代芝翫的服装。

立涌（布）
tatewaku

波浪线按照规律纵向排列，并在间隙加入云朵、花、波浪等花纹。是日本自平安时代以来，极具代表性的官用纹样*之一。

吉原系（布）
yoshiwaratsunagi

四角缺失的正方形在对角处交叉排列所形成的花纹。常见于日本的传统服饰和门帘。

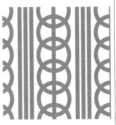

曲轮系（布）
kuruwatsunagi

将圆环连接成串后形成的花纹。可见于日式浴衣和手巾等。

分铜系（布）
bunndoutsunagi

将左右两侧向内凹陷的圆形图案按照规律排列后形成的花纹。因形似日本古代的秤砣（分铜）而得名。分铜系寓意将金银财宝铸成秤砣后堆放起来，是象征财富的吉祥图案。

* 贵族服饰上所使用的纹样。

钉拔（布）
kuginuki

参照拔出钉子时的金属垫圈的形状制作的图案。大正方形中间叠放一个小正方形，然后等距倾斜排列而成，是一种很常见的日本古典纹样。日文发音与去除苦难相近，故寓意吉祥、吉利。

钉拔系（布）
kuginukitsunagi

将拔出钉子时的垫圈形状纵向连接成串后形成的日本传统纹样。常见于建筑工人的短上衣。大正方形中间叠放一个小正方形，倾斜放置后纵向连接成串，并在中间加入线条。在日本很常见。

工字系（布）
koujitsunagi

倾斜的工字样图案按照一定规律排列形成的花纹。常见于和服布料的底纹（布料纺织时形成的纹路）。有延年益寿的寓意。

桧垣（布）
higaki

仿佛将圆柏的薄片进行编织后形成的一种十分古典的花纹，可见于和服带子。

纱绫形（布）
sayagata

指将卍字拉长、拆分，然后按照一定规律排列形成的图案。寓意长长久久，是日本女性在参加喜事时穿着的礼服中使用频率较高一种花纹。

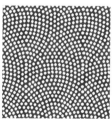

鲛小纹（布）
samekomon

小圆点进行圆弧状连续排列所形成的花纹，小花纹的一种，常见于日本和服。鲛小纹的最大特点是远观似纯色布料，如果加入有光泽感的染料，布料就会闪闪发光，在阳光下十分夺目、漂亮。

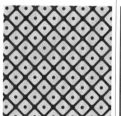

鹿子（布）
kanoko

一种扎染花纹，因形似鹿背上的斑点而得名。这种布料表面凹凸不平，透气性好，触感轻盈。通过纺织或编织工艺制作的类似花纹也叫鹿子。

井桁（布）
igeta

将井字形图案按照规律排列所形成的花纹，常见于碎花布料，换作菱形图案也称作"井桁"。

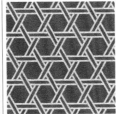

御召十（布）
omeshijyu

由圆点和十字交错排列形成的花纹，小花纹的一种，是日本幕府时代德川家族的专用纹样。

笼目（布）
kagome

六边形格子状花纹，看起来像是竹篮。因形似六芒星，所以被认为具有辟邪的作用。

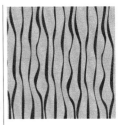

网目纹（布）
amimemon

模仿捕鱼时使用的渔网制作的花纹。容易让人联想到丰收，是一种很吉利的图案。常见于陶器、瓷器和日式手巾。与鱼、虾等组合形成的图案深受日本渔业从业者的喜爱。

曲线条纹（布）...

曲线条纹（布）
yorokejima

由弯曲的线条排列形成的纵条纹，可通过印染、纺织等工艺来制作。

子母条纹（布）
komochijima

在粗条纹旁边，平行加入细条纹，然后将组合无限重复形成的条纹的统称。粗条纹为母，细条纹为子。仅在一侧有细条纹的，叫作"单子母条纹"（左图）；两侧都有细条纹的，叫作"双子母条纹"或"孝顺条纹"（中图）；在两条粗条纹中间添加细条纹的，叫作"内子母条纹"或"亲子条纹"（右图）。子母条纹与同色粗细条纹（p186）属于同一类。

扎染（布）
tie-dye

一种染色工艺，先将布的一部分用绳、线等缠绕打结，再进行染色，然后将线拆除。扎染花纹变化多样，素雅质朴，其呈现的独特艺术效果是现代机械印染工艺难以实现的。

刺子绣（布）
sashiko

在布料上，通过刺绣的方式，用线绣出几何图案的缝制技法，目的是加固布料，提高保暖性。布料与绣线的颜色可随意搭配，其中，在蓝色布料上绣白色图案是主流。

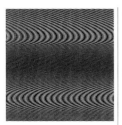

水波纹（布）
moire

一些图案或线条按照一定规律不断排列、重叠时，因其周期性偏移所呈现出的条纹，也叫干扰纹。因形似木纹，有时也叫木纹。

雷纹（布）
thunder pattern

由直线段组成的连续旋涡状图案。在中国是一种代表雷电的花纹，被认为具有辟邪的作用。

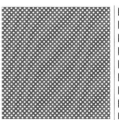

针尖波点（布）
pin dot

指如针尖般大小的小圆点图案。如果圆点再稍大一些，则叫作"波尔卡波点"。这种花纹远看如纯色，颇具高级感，常用于各种男女式衬衫的设计中。

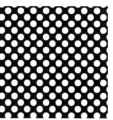

鸟眼波点（布）
birds eye

白色的小圆点按照一定规律和间距排列所形成的花纹，因形似鸟眼而得名。它给人以沉着稳重之感，常用于男式衬衫等的设计中。

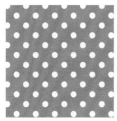

波尔卡波点（布）
polka dot

大小介于针尖波点和大波点之间的波点花纹。

大波点（布）
coin dot

一种相对较大的圆点，大小如硬币。比大波点稍小一点的叫波尔卡波点。

环形波点（布）
ring dot

形似圆环的波点。

散波点（布）
random dot

圆点大小不一，排列无规律的花纹，与花洒波点、泡泡波点（p184）同属不规则波点，但较二者圆点更小。

五彩波点（布）
confetti dot

由多种不同颜色的圆点组成的花纹。confetti意为五彩纸屑、糖果。

花洒波点（布）
shower dot

圆点大小不一、排列无规律的花纹，因看起来如喷洒出的水滴而得名。与泡泡波点同属于不规则波点，但花洒波点的圆点相对小一些。

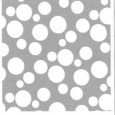

泡泡波点（布）
bubble dot

形如缓缓上升的气泡，圆点大小不一、排列无规律的花纹。与花洒波点类似，但圆点更大一些。

星星印花（布）
star print

由星星图案印刷而成的花纹，星星的大小、颜色、排列一般没有固定规律。星星印花是一款比较经典的花纹，不易受流行趋势影响，又因星星象征幸运，所以深受人们喜爱。

十字印花（布）
cross print

由十字或加号印刷而成的花纹，多为单色。因瑞士国旗也有类似的十字图案，所以又叫瑞士十字花。

骷髅花纹（布）
skull

一种以骷髅头为原型的图案或设计。寓示着危险与死亡，是饰品、服装、文身中比较常用的图案。skull意为颅骨、头骨。

点状细条纹（布）
pinhead stripe

一种点线纵向排列的细条纹。

针尖细条纹（布）
pin stripe

如针尖般纤细的条纹，是条纹中最低调的花色。

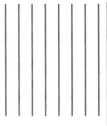

铅笔细条纹（布）
pencil stripe

线条较细，线条间有一定间距的条纹，是一款比较经典的西装常用条纹。比针尖细条纹（p184）粗，比粉笔中条纹细，因似铅笔画线而得名。

粉笔中条纹（布）
chalk stripe

在明度和色彩饱和度较低的暗黑色、藏青色、灰色底色上，加入比较模糊的白色细条所形成的花纹。因看起来像是用粉笔在黑板上画线而得名。

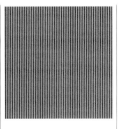

发丝条纹（布）
hairline stripe

线条如发丝般纤细，间距较小的条纹，远看如纯色，近看才能看到条纹的纹理。发丝条纹古典细腻，是颇具代表性的条纹之一。

双条纹（布）
double stripe

两条细线为一组，以一定间距不断重复所形成的纵向条纹。因看起来很像轨道，所以间距较宽时也称作"轨道条纹（rail road stripe）"。

三线条纹（布）
triple stripe

三条细线为一组，以一定间距不断重复所形成的纵向条纹。

糖果条纹（布）
candy stripe

由条宽约1～3毫米的黄色、蓝色、绿色等色彩鲜艳的彩条组成的等距条纹。可以是某种颜色与白色的组合，也可以是多种颜色的组合，因似传统的糖果包装纸而得名。

伦敦条纹（布）
London stripe

在白底上加入条宽约5毫米的蓝色或红色等距条纹。这种条纹高雅时尚，有清洁感，多被做成牧师衬衫（p54）等。

孟加拉条纹（布）
Bengal stripe

起源于孟加拉地区的纵向条纹，色彩鲜艳，比糖果条纹略宽。孟加拉条纹衬衫也是比较经典的条纹商务衬衫。

交错条纹（布）
alternate stripe

由两种不同颜色和宽度的条纹纵向排列而成的花纹。线条间距固定，两种颜色多为同色系，最为常见的是深浅蓝交错条纹。

同色粗细条纹（布）
thick and thin stripe

相同颜色、不同粗细的色条交替形成的纵向条纹。

苏格兰条纹（布）
tartan stripe

由苏格兰传统花纹苏格兰格纹（p175）变形而来的条纹，线条粗细不一。与苏格兰格纹的区别是苏格兰条纹仅在横向上有色彩的变化。

同色条纹（布）
self stripe

用同一颜色的纱线，通过变换纺织技法制作出的条纹。用这种布料制作的西装，沉稳不张扬，成熟有气质。也叫编织条纹（woven stripe）。

阴阳条纹（布）
shadow stripe

用同一颜色的纱线，通过改变交织方向形成的条纹。从一定角度近看才能看到若隐若现的纹理，有光泽感，远看如素色，高雅有气质。

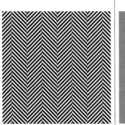

人字斜纹（布）
herringbone

左右斜纹交替排列形成的纵向条纹，因看似人字而得名。这是十分常见的鞋底印花。

阶梯式条纹（布）
cascade stripe

由宽度不断变窄的条纹按照规律排列形成的花纹。

渐变色条纹（布）
ombré stripe

由颜色逐渐变淡的条纹按照规律排列形成的花纹。ombré 为法语浓淡、阴影之意。

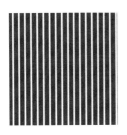

山核桃条纹（布）
hickory stripe

蓝白或棕白条纹的牛仔布料，因纹理形似山核桃树的树皮而得名。其特点是结实耐脏，最早用来制作铁路工作者的工作服，现在常用于制作工作服、背带裤（p113）、画家裤（p62）等。有时也用来制作上衣和包等，使用十分广泛。牛仔是一款历史悠久的布料，复古休闲，是美式休闲装扮的必备要素。

帐篷条纹（布）
awning stripe

由白色等亮度较高的颜色另加一种彩色组成的等距条纹，是遮阳伞和帐篷经常使用的一种花纹。awning意为遮雨篷、遮阳篷。

赛船条纹（布）
regatta stripe

一种较宽的竖条纹。源自英国大学划船比赛中穿着的赛服，复古且不失运动感。

俱乐部多色条纹（布）
club stripe

由2～3种比较有视觉冲击力的颜色组成的特定条纹。一般作为俱乐部或团体的象征。多用于制作领带、外套、小饰品等。

粗条纹（布）
bold stripe

线条极粗的帐篷条纹。线条之间的对比非常强烈。

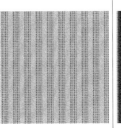

束状条纹（布）
cluster stripe

多根纱线为一组，按照固定间距排列形成的条纹。

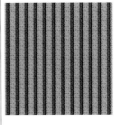

起绒凸条纹（布）
raised stripe

用特殊编织方法织出的具有凹凸感的条纹。

缎带条纹（布）
ribbon stripe

由明暗度对比较强烈的两种颜色组成的条纹，常见于各种缎带、丝带。也可以通过在较细的带子上压印彩色的线条来呈现类似的效果。

斜条纹（布）
diagonal stripe

由斜线组成的条纹的统称，这里特指倾斜角度为45°的条纹。还可以表示倾斜编织的针织衫等。

军团条纹（布）
regimental stripe

模仿英国军旗设计的斜条纹，主要由藏青色、深红色和绿色组成，常用于制作领带等。一般向左倾斜的条纹叫作"英式斜条"，向右倾斜的条纹叫作"美式斜条"。

乐普条纹（布）
repp stripe

向右倾斜的条纹，可以看作是军团条纹的镜像翻转，使用了这种花纹的领带叫作"乐普领带"，是美国独具代表性的传统花纹。

斑马纹（布）
zebra stripe

由蜿蜒起伏、粗细不均的黑白条纹组成，因形似斑马的毛皮而得名。斑马纹对比强烈，设计性强，存在感强，在服装搭配中需要注意使用面积。

横条纹（布）
horizontal stripe

即横向的条纹。

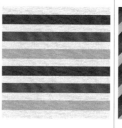

多色彩条纹（布）
multiple stripe

通过多种颜色、多种条宽组合而成的条纹。这类条纹可以设计出非常丰富的多层次效果。

宽人字条纹（布）
chevron stripe

一种呈连续人字形的条纹，chevron在法语中是军人、警察制服上表示军衔的V字形标志。

波希米亚花纹（布）
Bohemian
- - - - - - - - - - - - - - -
波希米亚地区民族服装所用的花纹。极具吉卜赛风情，给人以自由奔放之感。可见于弗拉明戈歌舞的演出服。

部落风印花（布）
tribal print

萨摩亚群岛和非洲各部落常见的民族花纹。每个部落都有自己独特的设计，其中最具代表性的要数居住于赤道附近的萨摩亚群岛和太平洋群岛所使用的萨摩亚民族花纹。它一般由直线和抽象几何图案组合而成，花纹中大多会加入动植物元素，地域性强。多为单色，偶尔也有非常鲜艳的配色。同时，红花纹还带有浓烈的宗教色彩，除用于服装，还可以用于物品装饰和文身等。

马拉喀什花纹（布）
Marrakech

- - - - - - - - - - - - - - -
源自摩洛哥城市马拉喀什的花纹，由抽象画的圆形和花朵按照规律排列形成。常用于瓷砖印花。

鱼子酱压纹
caviar skin

- - - - - - - - - - - - - - -
常用在包、钱包等皮革制品上的压花。可以使制品呈现独特的光泽和质感，划伤隐形，因看上去像鱼子酱而得名。

鸵鸟皮
ostrich

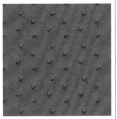

- - - - - - - - - - - - - - -
即鸵鸟的皮，也可指用鸵鸟皮制作的包、钱包、腰带等物品。表面的毛孔独具特色，皮质厚实，经久耐用，不易划伤，是一种高级皮制品。缺点是怕水。

蜥蜴皮
lizard

- - - - - - - - - - - - - - -
即蜥蜴的皮，或模仿蜥蜴的表皮制作的皮革。大小整齐的鳞状花纹是其最大特征，是一种十分结实耐用的高级皮革。多用于制作包、腰带、钱包等。

动物纹
animal print

- - - - - - - - - - - - - - -
模仿动物的斑纹设计的花纹。以哺乳动物和爬行动物为主，比较为人们所熟知的是豹纹、斑马纹、蛇皮纹和鳄鱼纹等。

大理石纹
marble pattern

模仿大理石纹路设计的花纹。看起来像是将不同颜色揉在了一起，具有流动感。可见于玻璃球、巧克力、蛋糕等的设计中。

飞溅纹
dripping

指颜料滴落或飞溅所形成的花纹或这种绘画手法。美国抽象表现主义绘画大师杰克逊·波洛克（Jackson Pollock）就曾使用这种技法创作了很多作品。现代时装中也常有使用。

星空印花
cosmic print

以星空、宇宙为主题的花纹的统称。

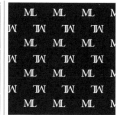

组合字母印花
monogram

将两个以上的字母组合起来设计的原创图案。最常见的就是将人名或物品名的首字母制作成商标。其中，路易·威登（Louis Vuitton）的L和V，以及香奈儿（CHANEL）的两个重叠字母C，就是比较有名的范例。

视觉花纹
optical pattern

利用几何图形制作，能够引起错觉的花纹。可以根据设计者的意图，在视觉上改变物体的大小或扭曲程度。optical意为视觉的、光学的。

蔓草花纹
foliage scroll

一款看似藤蔓植物的茎相互缠绕的花纹。据说源自古希腊的一种蔓草，蔓草绵延不绝，象征繁荣、长寿，是一种寓意吉祥的图案。

大马士革花纹
damask

模仿大马士革花纹设计的图案，多以植物、果实、花朵为元素。使用色彩较少，一般为2～3种。是欧洲室内装饰常用的经典花纹。

阿拉伯花纹
arabesque

源自清真寺墙壁上装饰的花纹，由蔓草与星星等几何图案交织组合而成。

植物印花
botanical print

所有以植物为原型设计的花纹的统称。与花朵图案相比，植物印花更侧重于使用树叶、茎、果实等，看起来更加沉着、雅致、有气质。botanical意为植物的、植物学的。

热带印花
tropical print

以大片的花瓣、茂盛的枝叶、色彩鲜艳的植物为原型设计的图案。容易让人联想到生长在热带丛林的植物和温暖地区的度假村。

佩斯利花纹
paisley

一种来源于波斯和印度克什米尔地区，图案致密、颜色丰富的传统花纹。花纹元素包含松果、菩提树叶、柏树、杧果、石榴、椰树叶等，寓意永恒的生命。色彩鲜艳，被广泛运用于服装、地毯、手帕、美甲等设计中。原本需要非常高超的纺织技术才可制出，现代则通过印刷工艺可以简单地实现。佩斯利也可代指印有这种花纹的纺织品。

奇马约花纹（布）
Chimayo

由对称的多个菱形组合而成的美式传统花纹。用这种花纹做出的纺织品也是位于美国新墨西哥州奇马约村的传统工艺品。

装饰性花纹
ornament pattern

起到配饰、装饰作用的花纹。图案以蓟、睡莲、贝类居多，多用于家装饰物和奖状等。

洛可可式花纹
rococo

起源于法国1730年至1970年路易十五时期的艺术风格。以巴洛克式为基础，优美细致。错综的玫瑰花图案是最常见的一种洛可可式印花。

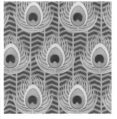

孔雀花纹
peacock pattern

以孔雀的羽毛为原型设计的花纹。有的为展开的孔雀羽毛设计，带有圆形部分；有的不带圆形部分，后者常被用作美甲图案。

哥白林花纹
Gobelin

源自法国棉织画的传统花纹或纺织制品。多为花朵主题或佩斯利风，现代与此类似的花纹都可称作"哥白林花纹"。哥白林原本指的是一种以人物和风景为主题的挂毯。

费尔岛提花
Fair Isle

源自英国苏格兰费尔岛的传统花纹，距今已有400多年的历史。它集凯尔特文化和北欧文化于一体，颜色多样，图案致密复杂。常用的图案有巴斯克百合、摩尔勇士的弓箭等。多用于制作毛衣和袜子。

北欧风图案
Nordic pattern

北欧的传统花纹。常用的元素为以点绘形式制作的雪花结晶、驯鹿、冷杉、心形、几何图案等。多用于北欧风针织衫、毛衣和手套等设计中。

斯堪的纳维亚花纹
Scandinavian pattern

以白色的雪花结晶、木材纹理、花朵为元素的花纹。斯堪的纳维亚包含丹麦、瑞典、挪威三个国家，但整个北欧地区，与之类似的花纹均可叫作"斯堪的纳维亚花纹"。

挪威点花
Lusekofte

北欧的一种点绘图案，北欧风图案的一种，是挪威的传统花纹。起初只有黑白两色的设计，现在的配色已非常丰富。

伊卡特花纹
ikat

伊卡特是印度尼西亚和马来西亚的一种以天然染料制作的传统染织制品。其中以印度尼西亚爪哇出产的纱最为有名。伊卡特花纹所使用元素一般为几何图案或动植物。

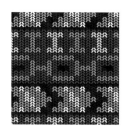

提花
jacquard

提花并非特指某一种花纹或图案，由提花织布机纺织而成的任意纹样都被称作"提花"。雅尔卡提花机是一款可以织出各种复杂图案的自动机器，由法国发明家雅卡尔（Joseph Marie Jacquard）发明。雅尔卡提花机不会出现人为的错误，使纺织品的生产在速度、质量、数量等方面都有了很大的提升。

迷彩图案
camouflage pattern

军队为防止被敌人发现所使用的花纹。最初仅用于车辆、军服、战斗服中，后逐渐延伸到现代时装中。

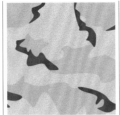

沙漠迷彩
desert camouflage

指在沙漠中行动时，军队为防止被敌人发现所使用的花纹。

麻花针
cable stich

指可以将毛衣织出麻绳状花纹的编织方法。这种织法可以增加毛衣的厚度和立体感，从而提升保暖效果。

阿伦花样
Aran

针织衫常用花纹。源自爱尔兰阿兰群岛渔民捕鱼时穿着的毛衣，以捕鱼所用的绳索、安全绳为原型编织出的纹样代表着对渔民的祝福。

正针
knit

棒针编织中，横向编织时的基本针法之一。指将毛线圈从近端拉向远端的一种织法。与反针交替进行编织，即为平纹编织。

反针
purl

棒针编织中，横向编织时的基本针法之一。指将毛线圈从近端拉向远端的一种织法，也是一种编发手法。

平纹编织
plain

棒针编织中，横向编织基本针法之一。由正针、反针层层交替编织而成，手法简单，是围巾的常用织法。

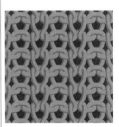

罗纹针
rib

由正针和反针交替编织而成的针法。横向上具有弹性，不易卷边，易于缝制和剪裁，常用于制作毛衣的袖口和紧身毛衣等。

多臂提花
dobby weave

用多臂提花机制作的纺织品。除纺线外，一般会另加别的线来编织花纹或图案。

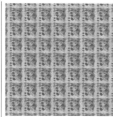

蜂窝针（华夫格）
honeycomb weave

将经纱和纬纱悬空编织，织出的格子凹凸不平的针法或纺织品，因形似蜂窝而得名。弹性大，比较厚实，触感独特，吸水性好，不粘皮肤，常用于制作床单、被罩、毛巾等。

斜纹编织
twill

一种常见的牛仔布料纺织技法，经纱和纬纱的交织点在织物表面呈现一定角度的倾斜。特点是不容易起皱，在尼龙布和华达呢中也比较常见。

牛仔布（丹宁布）
denim

由靛蓝色（彩色）经纱和无色（白色）进行斜纹编织制成的一种质地厚实的布料，多用于制作牛仔衣或牛仔裤。

灯芯绒
corduroy

表面呈纵线绒条的纺织物，多为棉制品，因绒条像一根根灯草芯而得名。质地厚实，保暖性好，多用于制作冬季衣物。也叫天鹅绒。

青年布
chambray

由有色经纱和无色纬纱用平纹编织而成的棉织物，也可指使用该布料制作的产品。面料轻薄不易变形，多用于薄衬衫和连衣裙等。

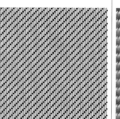

粗棉布（劳动布）
dungaree

由无色经纱和有色纬纱进行斜纹编织制成的布料，也可指使用该布料制作的产品。特点是质地紧密、坚固耐穿。

罗缎
grosgrain

一种纬纱比经纱粗，因而显示出棱纹的平纹织物，经纱的密度一般是纬纱密度的3～5倍。布面紧实，十分耐用，常用于制作缎带。

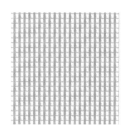

泡泡纱
seersucker

通过调整织线的松紧程度，将凹凸的纵向线和平坦的横向线交错编织而成的织物。透气凉爽，不粘皮肤，适合用来制作夏季衣物。可以变换织线的颜色，做成条纹或格纹布料。

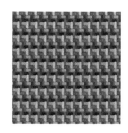

粗花呢
tweed

一种粗纺毛织物，原产自苏格兰特威德地区（Tweed）。以斜纹为基本组织，面料质地紧密、厚实，没有弹性，经久耐用。用其生产的大衣、夹克、裙子等，造型独特，气质典雅。

缎子（沙丁布）
satin

经纱和纬纱的交叉点比较分散，有一定间距的纺织手法。布料特点是光泽度高，垂感好，触感柔软。

绗缝
quilting

在正面和背面两层布之间夹上棉花、羽毛、布料等填充物后，在其中一面压线缝制的处理手法。这样里面的棉花等不易结团，常用于制作寝具和防寒衣物，也有很高的装饰性。

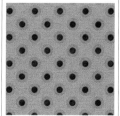

扣眼刺绣
eyelet embroidery

用一种装饰性小孔按照规律排列所形成的布料，有透视效果，多加入刺绣镶边，装饰性强。

网纱
mesh

服饰中常用的网状编织物，网眼一般呈规则多边形，通过编织、纺织的手法制作而成。网眼较大的与蕾丝有同等的透视效果。

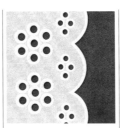

六角网眼刺绣蕾丝花边
tulle lace

由丝线、棉线、尼龙线等制成的六角形或菱形网眼蕾丝。边缘处用刺绣装饰，轻薄雅致，通透感好，常用于婚纱和礼服设计中。

盘带花边
batten lace

将丝带状的布条沿着纸板缝合，然后用线将空隙编织起来所形成的花边。十九世纪在欧洲很流行，名称来源于德国的巴滕贝格（Battenberg）。

网眼花边
eyelet lace

通过在布料上开小孔、织边、卷边缝合等来实现的刺绣技法。因外观与蕾丝比较像，所以有时候也叫网眼蕾丝。

钩针花边
crochet lace

指钩针编织而成的花边。

结绳网（花边）
macramé lace

由绳、线通过打结的方式制作而成的网状织物，常见于桌布、腰带等。

快来试试把这些部件自由组合，创造只属于你的独特时尚吧！

配色

色相环
colour circle

色相是色彩的首要特征，是区别不同色彩的重要依据。色相因光波波长的不同而产生，为了能够系统地辨识相互之间的关系，把色相的颜色依序排列成环状，即为色相环。例如红与绿、蓝与黄等互补色会出现在相对的位置上。

色相环标注：品红、紫、红、蓝紫、橙、蓝、黄、蓝绿、黄绿、绿

大地色
earth color

以土壤、树干等褐色为中心的色系，其中以米色和卡其色最具代表性。从二十世纪七十年代开始逐渐流行，普遍应用于纺织服装和化妆品等领域。

酸味色
acid color

指容易让人联想到橘子、柠檬、不成熟的果实等酸味水果的颜色。黄绿色的柑橘类颜色最具代表性。

原始色
ecru

浅灰黄、米黄色、米白色等没有进行漂白加工的本色或初始颜色。ecru在法语中为未加工之意。

中性色
neutral color

黑、白、灰三种颜色，也可指色彩饱和度极低的肉色或象牙色。这类颜色的特点是易于搭配且不容易过时。

淡色
pale color

指亮度和色彩饱和度都比较低的颜色。pale意为浅的、淡的。

沙色
sand color

一种亮度高、色彩饱和度低的颜色，因容易让人联想到沙子而得名，可细分为岩石灰、沙米色等。

单色调
monotone

由不同浓淡程度的同一种颜色或几种颜色组合形成的色彩调性，带给人强烈的都市感。以黑、白、灰为主，同一色相的例如蓝、水蓝、白也可叫作"单色调"。

渐变色
ombré

由色彩相同，但亮度逐渐变化的颜色组成的配色形式。

双色
bicolor

由两种颜色组成的配色形式。可以是小面积搭配，也可以运用在较大的范围内。

同色系
tone-on-tone

由相同色系，但明暗度（色调）不同的几种颜色组成的配色形式。需要注意的是，这种配色看起来会比较普通，几乎没什么特点。但另一方面，同色系搭配可带给人一种沉着、稳重之感。

同色调
tone-in-tone

由色调相似，但色系不同的几种颜色组成的配色形式。虽然色系不同，但明暗度相同，所以看起来比较协调。

主色调
dominant tone

由相同色调、不同色系的颜色组成的配色形式。色彩变化多，色调不同，所表达出的感觉也不同。

主颜色
dominant color

指由色系相近，色调不同的颜色组成的配色形式。比较有统一性，可以加强某种颜色给人的独特感觉。

浊色
tonal colour

指主要由浊色系颜色组合形成的配色形式。给人以朴素、沉着之感。

单色
camajeu

指由色调相似、色系相同或相似的颜色组成的配色形式。这种配色整体感强烈，但又不至于太过单调。

伪单色
faux camajeu

与单色配色十分相似，相比之下其色差的变化会更大一些。伪单色配色同样很有整体性，平衡感也不错。

互补色
complementary

由两个互补关系的颜色组成的配色形式。

分散互补色
split complementary

由一种特定的颜色与其互补色两侧的两种颜色组成的配色形式。分散互补色的概念由瑞士艺术家约翰内斯·伊顿（Johannes Itten）提出。配色既有统一性，又不失跳跃感。

等间隔三色
triad

指由位于色相环三等分位置上的三个颜色组成的配色形式。

三色配色
（三色旗）
tricolour

由对比强烈的三种颜色组成的配色形式。三色旗也是法国国旗的别称，其中，蓝色代表自由，白色代表平等，红色代表博爱。

拉斯特法里色
Rastafarian color

由红色、黄色、绿色、黑色四种颜色组成的配色形式，给人一种开朗、活泼之感，常见于雷鬼音乐的表演中，透着对非洲故土的浓浓思念之情。人们用红色代表血，黄色代表太阳，绿色代表草木，黑色代表黑人战士。

A

阿波罗棒球帽 152
阿尔伯特拖鞋 164
阿尔斯特大衣 94
阿尔斯特领 22
阿富汗式围法 29
阿盖尔菱形格纹（布）176
阿拉伯花纹 190
阿拉伯帽 158
阿拉伯长袍（男）115
阿拉丁长裤 68
阿鲁巴长袍 98
阿伦花样 193
阿米什 108
阿斯科特领带 28
阿斯科特领巾 32
埃尔德雷奇结 30
埃及项圈 138
艾森豪威尔夹克 85
爱德华风格 105
爱德华领 17
按扣式袖扣 136
暗裥袋 100
暗扣领 15
暗门襟 126
凹凸鞋底 169
奥摩尼埃尔 170

B

BB 夹 141
八边形手表 142
八边形眼镜 145
巴（布）180
巴布什拖鞋 168
巴伯（风雨衣）86
巴尔玛肯大衣 95
巴尔玛肯领 16
巴尔莫勒鞋（结带皮鞋）162
巴基赤古里 110
巴拉克拉法帽 158
巴黎眼镜 145
巴里摩尔领 14
巴拿马草帽 148
巴纳德 107
巴纳德鞋 164
巴斯特·布朗领 13
芭蕾舞鞋 165

白衬衫 54
白领结燕尾服 104
白皮鞋 162
白手套 120
百慕大式短裤 70
百叶袖 42
摆裥 127
斑马纹（布）188
半插肩袖 38
半长裤 70
半框眼镜 144
半盔 156
半平角泳裤 124
半身夹克 84
半温莎结 30
半月形眼镜 146
半正式礼服领 20
半指手套 121
绑带式 33
绑腿 123
绑腿裤 66
棒球夹克 87
棒球领 24
包布纽扣 133
包盖结 32
包头巾 140
宝弹裤 66
宝塔袖 43
保龄球衫 53
保罗领 17
保罗衫 52
保温潜水服 124
报童帽 150
北欧风图案 192
贝壳腰带 74
贝雷帽 151
背带 76
背带裤（裙）113
背带裙（裤）113
背扣 129
背囊 173
背心 52
笔袋（水滴兜）100
彼得·潘领 13
彼得·潘帽 156
秘鲁毛衣 57
秘鲁民族服装 109
臂带 134

臂缝 42
臂钏 139
臂环袖 39
编绳腰带 74
蝙蝠袖 42
变形校服 106
便装短外套 82
标准领 13
标准形 33
表格式花纹（布）177
冰岛民族服装 107
冰镐扣 174
波尔卡波点（布）183
波兰那鞋 164
波浪鞋底 169
波列罗短上衣 60
波列罗夹克 84
波列罗开衫 60
波士顿眼镜 145
波希米亚纹（布）189
波形领 22
钵卷 140
伯克帽 158
驳头针 138
勃兰登堡 130
脖套 29
不对称窝 32
布布装 96
布法罗方格（布）175
布里奥 115
布鲁彻尔鞋 162
布洛克鞋（拷花皮鞋）162
部落风印花（布）189

C

CPO 夹克（美国海军士
　官夹克）85
裁角袖口 48
踩脚裤 64
草帽 152
侧缝带 126
侧缝直插袋 99
侧开领 24
层列袖 45
插肩袖 38
常春藤衬衫 54
长柄眼镜 144
长衬衫 54

长方领 16
长角领 14
长款学兰服 83
长马甲 78
长袍大衣 93
长毛绒大衣 93
长形书包 170
长袖口 49
敞肩 36
敞领衫 52
超长袖 44
车票袋 100
晨间礼服 81，102
晨间礼服（全身）104
晨衣 114
衬衫袖 38
尺袋 101
赤脚凉鞋 167
冲浪短裤 124
冲浪服 124
冲浪衫 52
重叠 V 字领 10
抽纱绣 133
抽绳领 11
抽绳束口双肩包 173
抽褶 131
抽褶肩 37
出游毛线帽 155
厨师服 60
厨师领巾 29
厨师帽 158
船袜 122
船形领 9
船形帽 153
串口 127
窗棂格纹（布）177
垂班得领 25
垂耳领 24
垂式袖口 50
垂坠领 12
刺子绣（布）182
丛林裤 62
粗花呢 195
粗棉布（劳动布）194
粗条纹（布）187
村姑袖 44

D

D 形环 133
搭扣 134
搭扣 / 皮带扣 74
达尔玛提卡 97
达西基 53
打褶肩 37
大波点（布） 183
大地色 197
大蝴蝶结 28
大肩 37
大理石纹 190
大马士革花纹 190
大行李箱 173
大袖笼 36
大袖笼紧口袖 44
大衣翻袖 47
大樽领 8
带链手镯 139
带穗三接头鞋 162
袋鼠兜 101
袋鼠鞋 163
袋形裤 64
袋状袖 42
丹奇风衣 85
丹奇夹克 85
丹奇领 24
单车帽 152
单肩包 172
单肩领 12
单角折法（一点式
　折法） 101
单片眼镜 147
单色 199
单色调 198
单式袖口 46
淡色 197
蛋糕袖 40
德尔曼袖 41
灯笼裤 67
灯笼袖 41
灯芯绒 194
登山背包 174
登山外套 89
等间隔三色 199
低敞领 16
低裆裤 68

低挂式腰带 75
低胸领 10
低腰牛仔裤 63
底领 126
地球负跟鞋 163
地下足袋 168
蒂罗尔夹克 83
蒂皮特披巾 29
点状细条纹（布） 184
雕花腰带 74
吊带皮短裤 71
吊裆裤 68
吊祥 126
吊袜带 122
钓鱼马甲 79
蝶形（宽大形） 33
蝶形眼镜 145
丁字裤 72
钉拔（布） 181
钉拔系（布） 181
董事套装 103，104
动物纹 189
斗笠 155
斗笠形渔夫帽 155
斗篷风衣 91
斗篷结 31
斗篷帽 153
斗篷型育克 129
斗篷袖 42
豆豆鞋底 169
杜管裤 66
短衬裤 70
短夹克 87
短尖领 13
短款学兰服 83
短脸靴（猴靴） 159
短马靴 160
短上衣 87
短手套 120
短袜 122
缎带条纹（布） 188
缎面驳头 126
缎面礼帽 148
缎子（沙丁布） 195
对角格纹（布） 176
多宝裤 65
多宝衫 55
多臂提花 194

多层领 10
多蒂腰布 69
多色彩条纹（布） 188

E

ECWCS 防寒外套 89
俄式衬衫 57
耳骨夹 138
耳罩 141

F

发带 140
发箍 141
发丝条纹（布） 185
伐木工衬衫 56
法被 98
法国军用平顶帽 156
法兰绒衬衫 55
法式贝雷帽 151
法式马甲 77
法式书包 170
法庭领带 28
帆布轻便鞋 165
帆船袋 100
翻边软呢帽 148
翻边袖 40
翻领扣眼 127
反针 193
范·韦克结 31
方格纹（布） 175
方领 10
方头领带 26
方形袖笼 36
方形眼镜 146
防尘外套 91
防风护胸布 128
防风马甲 79
防寒训练服 89
防水连靴裤 114
飞溅纹 190
飞脚服 112
飞行夹克 88
飞行裤 65
飞行帽 155
飞行手表 143
飞行员衬衫 54
飞行员夹克 88
飞行员旅行包 171

斐济民族服装 109
费尔岛提花 192
分散互补色 199
分散式折法 101
分体式老花镜 147
分铜系（布） 180
粉笔中条纹（布） 185
蜂窝针（华夫格） 194
弗里吉亚帽 155
浮潜外套 89
腹挂 60

G

GI 腰带 75
盖肩袖 40
盖式口袋 99
甘地凉鞋 167
橄榄球衫 56
高背背带裤 113
高顶牛仔帽 151
高尔夫短夹克 88
高肩 37
高领 8，24
高竖领 24
戈尔迪之结 32
哥白林花纹 192
哥萨克夹克 85
哥萨克皮帽 154
歌剧鞋 164
格伦格纹（布） 177
根付 135
根西毛衣 58
工程夹克 85
工程师帽 150
工装衬衫领 14
工装裤 62
工装外套 87
工字系（布） 181
工作帽 150
工作靴 159
公文包 171
功夫鞋（布鞋） 166
钩形背衩 127
钩针花边 196
购物袋 174
古尔达 115
古尔达衬衫 55
固定式袖扣 136

瓜亚贝拉衬衫 53
挂包 172
挂浆胸饰（衬衫） 125
观赛大衣 92
观世水（布） 180
龟甲（布） 179
贵格会领 18
桂冠 140
桧垣（布） 181
绲边 129
绲边小袖口 50
滚筒包 171
帼 96
裹襟式大衣 94

H

哈德逊湾外套 90
哈弗尔鞋 161
哈雷迪犹太教教服 110
哈罗帽 149
哈马领 16
哈士奇夹克 85
海豹皮靴 161
海盗裤 68
海盗衫 55
海员防水帽 153
海员帽 150
汉服 110
绗缝 195
豪斯格纹（布） 176
合体袖口 49
合掌结 31，32
和服袖 38
荷兰领 17
荷叶边 131
荷叶边领 19
荷叶边袖口 48
赫本凉鞋 166
黑白格纹（布） 178
黑色西装 103
黑森靴 161
亨利领 8
横条纹（布） 188
厚呢大衣 95
候场保暖大衣 92
弧线翻领 21
胡普兰长衫 97
蝴蝶结 17

蝴蝶领结 27
互补色 199
护腹带 72
护目镜 147
护腿 168
护腿套裤 66
护腿袜套 122
花瓣袖 40
花瓣袖口 48
花边领饰 28
花插 138
花篮格纹（布） 176
花洒波点（布） 184
花式马甲 77
花式针迹接缝 133
滑雪裤 64
画家裤 62
怀表 143
怀表袋 101
踝袜 122
环保袋 174
环带领 23
环带袖 39
环形波点（布） 183
环趾凉鞋 167
浣熊皮帽 154
绘画手套 121
惠灵顿眼镜 144
活结领带 26
活袖口 48
火枪手服装 110

J

基督公学领带 28
基督公学制服 105
吉拉巴长袍 96
吉利衫 55
吉普恩大衣 97
吉原系（布） 180
及膝泳裤 124
计时半（怀）表 142
系带领 11
系带袖口 49
系带靴 159
系扣靴 159
技师靴 160
祭披 98
加拿大皇家骑警制服 107

加拿大外套 90
夹鼻眼镜 144
夹克骑马装 83
夹片式太阳镜 146
夹式 33
夹趾凉鞋 167
嘉利吉衬衫 53
甲板服 86
甲板裤 66
甲板鞋 162
贾拉比亚长袍 114
假衬衫 125
假高领 9
假领 19
驾车短外套 86
驾驶手套 120
尖头领结 27
尖头皮鞋 163
尖头形（钻石菱形） 33
尖袖 45
肩带交叉式背带裤 113
肩带袖 39
肩祥 130
肩周插片 39
茧形大衣 94
柬埔寨民族服装 109
剪边裤 69
简礼服 103
裆 128
剑带 76
渐变色 198
渐变色格纹（布） 176
渐变色条纹（布） 186
箭羽纹（布） 179
缰绳式背带 76
交叉结 30
交叉式围巾 29
交错条纹（布） 186
胶布大衣 92
鲛小纹（布） 181
脚链 139
脚祥 123
脚踏车裤 71
教士服 98
教士长袍腰带 75
阶梯式条纹（布） 186
诘襟立领校服 106
结绳网（花边） 196

金属弹力腰带 75
金属孔眼 133
襟饰领带 27
紧身裤 64
紧身连裤袜 64
紧身连体裤 123
紧身连体衣 123
紧身牛仔裤 64
紧身袖 44
警察夹克 85
经典款马甲 80
井桁（布） 181
颈巾 28
究斯特科尔大衣 97
酒桶形手表 142
救生马甲 79
菊菱（布） 178
俱乐部多色条纹（布） 187
卷边 131
卷边（帽） 154
卷折袖 41
军大衣 92
军官服领 23
军事风户外帽 149
军团条纹（布） 188
军医衫 57
军用毛衣 57
军用手表 143
军装绶带 130

K

卡夫坦长衫 114
卡拉西里斯 115
卡骆驰鞋 167
卡玛尼奥拉短上衣 84
卡玛马甲 77
卡普里裤 70
卡舒贝民族服装 107
裈 111
开衩式西服袖口 46
开衩式长袖 42
开放式袖口 46
开关领 16
开襟领 10
开襟毛衣 59
开口袋 99
开领 15
凯恩潘詹纱笼 69

凯伊琴厚毛衣 59
铠甲罩袍 98
坎迪斯宽袍 97
考尔袖 41
柯达弟亚 92
可调节袖口 48
克拉巴特领巾 28
克拉科夫民族服装 107
肯特服 96
空顶帽 156
空气气垫鞋底 169
孔雀花纹 191
扣带袖口 51
扣眼刺绣 195
骷髅花纹（布）184
库亚维民族服装 107
袴 71
垮裤 64
宽角领 13
宽立领 24
宽领带 26
宽人字条纹（布）188
宽松长裤 61
宽松针织衫 58
宽腿裤 61
宽折边袖口 46
廓尔喀短裤 71
廓尔喀凉鞋 166

L

L形翻领 21
拉夫领（飞边）19
拉夫袖口 50
拉杆包（箱）173
拉链袖口 46
拉斯特法里色 199
喇叭裤 63
喇叭形袖口 49
篮球鞋 165
懒人裤 61
懒人鞋 165
劳保手套 120
老爹鞋 165
乐福鞋 163
乐普条纹（布）188
雷锋帽（苏联毛帽）154
雷纹（布）183
泪滴形眼镜 145

离袖 36
礼服 104
鲤口衫 73
立领 16
立涌（布）180
连帽斗篷 90
连帽防寒夹克 89
连帽披风 91
连帽衫 57
连身衣（跳伞服）113
连体服 113
连体裤 113
连指手套 120
连袖 39
链式袖扣 137
链条鞋底 169
两用裤 69
两用领 22
亮片 132
猎狐帽 156
列克星顿眼镜 144
猎鹿帽 152
鳞模样（布）179
菱格包 171
零钱袋 99
领带 26
领带别针 136
领带夹 136
领带链 136
领夹 137
领角夹 137
领卷 126
领扣带 128
领链 137
领祥 127
领章 130
领针 137
流浪包（新月包）170
流苏 131
流苏乐福鞋 163
流苏穗饰 133
流苏袖口 50
六尺裤（兜裆布）73
六角网眼刺绣蕾丝花边 196
笼基 69
笼目（布）182
镂空 129
镂通表 143

漏斗领 9
鲁本斯帽 151
鹿皮鞋 163
鹿子（布）181
露颈领 8
伦巴舞蹈服 109
伦敦塔卫兵制服 106
伦敦条纹（布）185
罗宾汉帽 156
罗缎 194
罗马结 19
罗马军靴 166
罗马凉鞋 166
罗纹袖口 50
罗纹针 193
洛登大衣 95
洛可可式花纹 191
洛皮毛衣 57
落肩袖 37
铝扣 135

M

M43 野战帽 150
MA-1 飞行夹克 88
M 形领嘴领 22
麻花针 193
麻之叶（布）179
马鞍包 172
马鞍鞋 162
马鞍袖 38
马德拉斯格纹（布）175
马丁靴 159
马尔代夫民族服装 109
马甲式开衫 78
马具靴 160
马裤 67
马拉喀什花纹（布）189
马球大衣 94
马球靴 159
马术帽 156
马坦普西头巾 140
玛丽·珍鞋 164
买菜包 174
麦迪逊包 172
麦基诺短大衣 86
蔓草花纹 190
猫式眼镜 145
毛边 131

毛呢栓扣大衣 93
毛式领 23
铆钉 132
铆钉手套 120
铆钉腰带 75
帽檐 134
帽针 138
梅达里昂雕花 168
梅罗文加结 31
梅斯晚礼服 82
美容衫 60
美式袖 36
美洲原住民传统服装 108
镁粉袋 172
门厅侍者制服 105
蒙哥马利领 20
蒙古帽 157
蒙古袍 114
蒙奇紧身短夹克 88
孟加拉条纹（布）185
迷彩图案 193
面包裤 62
蘑菇褶 132
莫卡辛软皮鞋 163
莫雷尔结 31
墨西哥单绳凉鞋 167
墨西哥阔边帽 151
墨西哥皮凉鞋 166
墨西哥平底凉鞋 166
木底凉鞋 166
木屐 168
木髓盔帽 156
木制 33
苜蓿叶领 21
牧场大衣 90
牧人衬衫 57
牧人裤 67
牧师衬衫 54
牧师领 23
牧羊人格纹（布）177

N

拿破仑大衣 96
拿破仑夹克 82
拿破仑领 22
拿骚短裤 70
奶奶靴 159
男士紧身短外套 84

男士内裤 72
男用毡帽 147
南美牛仔帽 151
内工字褶 132
内口袋 100
尼赫鲁夹克 83
尼赫鲁马甲 78
尼赫鲁帽 153
鸟眼波点（布） 183
牛津布袋裤 61
牛津皮鞋 161
牛仔布（丹宁布） 194
牛仔夹克 87
牛仔结 32
牛仔裤 63
纽波特制服外套 82
纽扣领 14
纽扣袖口 49
钮环扣 134
弄蝶领 18
暖手口袋 101
挪威点花 192
诺福克夹克 83

P
帕里帽 158
排扣牛仔裤 63
排褶 132
排褶衬衫 54
盘带花边 196
盘扣 134
庞乔斗篷（南美披风） 91
泡泡波点（布） 184
泡泡纱 195
泡泡袖 40
佩科斯半靴 160
佩斯利花纹 191
配靴宽脚裤 63
蓬蓬袖 41
披风 91
披风大衣 95
披风袖 41
披肩毛衣 59
皮草袖口 47
皮坎肩 77
皮手套 120
毗沙门龟甲（布） 179
拼片圆顶帽 149

平驳领 20
平底鞋 164
平顶硬草帽 149
平角裤 72
平角泳裤 124
平结 30, 32
平纹编织 193
平直领结 27
平直形（棒形） 33
瓶颈领 8
坡跟（鞋） 169
破洞牛仔裤 63
破损牛仔裤 63
普卡贝壳项链 138
普鲁士军帽 153

Q
七宝（布） 179
七分裤 70
奇马约花纹（布） 191
骑兵衬衣 56
骑马裤 67
骑士袖口 47
骑士靴 160
骑行夹克 89
棋盘格纹（布） 178
起绒凸条纹（布） 187
气球袖 41
掐腰（外套） 127
千鸟格（布） 177
铅笔裤 61
铅笔细条纹（布） 185
前翻领 21
前开领 11
前圆后连袖 39
钱包链 137
潜水表 142
嵌线挖袋 99
嵌芯丝带袖口 51
枪垫 128
枪手领 25
枪手袖 45
戗驳领 20
翘肩 37
切领 11
切斯特大衣 93
青果领 20
青海波（布） 179

青年布 194
轻便制服外套 82
轻便制服校服 106
轻皮短外套 93
清教徒领 18
丘卡大衣 97
球鞋（胶底鞋） 165
球形裤 62
曲轮系（布） 180
曲线条纹（布） 182
曲线腰带 75
缺角青果领 20

R
热带印花 191
人字斜纹（布） 186
忍冬纹饰 135
忍者装 112
日本（秋）裤 65
日本学生帽 149
日式双肩书包 170
榕树服 96
软呢帽 148

S
撒丁岛民族服装 107
萨米民族服装 107
赛船条纹（布） 187
三角领 20
三角帽 157
三角泳裤 124
三角折法（三点式
　　折法） 101
三色配色（三色旗） 199
三线条纹（布） 185
三一结 30
伞形袖 43
散波点（布） 183
桑博 69
丧服 104
色相环 197
色织格子（布） 175
僧服 112
僧侣鞋（孟克鞋） 161
僧袍 97
沙漠迷彩 193
沙漠靴 159
沙色 197

沙滩凉鞋 167
莎丽裤 68
纱绫形（布） 181
鲨鱼夹 141
山伏 112
山核桃条纹（布） 187
扇贝曲牙边 133
射击俱乐部格纹（布） 177
射击手套 121
摄影师外套 90
深U领 9
深色西装 105
深色西装（普通礼服） 103
深袖 38
深袖口 49
绳结袖扣 137
绳饰袖口 51
诗人领 16
十八世纪西欧贵族服饰 110
十五世纪宫廷服饰 110
十字领结 27
十字围巾领 24
十字印花（布） 184
食品打包袋（盒） 174
史波克鞋 164
侍者夹克 82
侍者帽 154
饰带 130
饰耳领 15
饰扣 137
饰腰带 76
视觉花纹 190
室内凉鞋 167
手包 170
手打式 33
手风琴包 170
手甲 121
手链 139
手帕袖 40
手镯 139
手镯袖 44
狩猎夹克 90
狩猎马甲 79
狩猎帽（鸭舌帽） 150
狩猎衫 53
狩猎腰带 75
狩衣 111
书生服 111

束带袖口 50
束缚裤 65
束脚裤 62
束脚运动裤 65
束状条纹（布）187
数字式电子手表 142
栓扣（牛角扣）134
双层裤 69
双层领 18
双层袖口 47
双耳壶形裤 61
双环结 30
双环扣腰带 74
双肩背包 174
双角帽 157
双酒窝 31
双排孔腰带 74
双排扣厚毛短大衣 90
双排扣礼服大衣 93
双排扣西装领 22
双嵌线挖袋 99
双色 198
双条纹（布）185
双头领带 26
双膝裤 66
双重袖 43
水波纹（布）183
水晶裙 132
水平领 13
水手冬帽 154
水手裤 62
水手领 19
水手领夹克 86
水手领衫 55
水手帽 153
水桶包 173
水桶帽 149
睡莲纹饰 135
丝光卡其裤 61
丝巾环 32
斯宾赛夹克 82
斯堪的纳维亚花纹 192
四分短裤 70
松糕底（鞋）169
松紧短靴 160
松紧裤 65
松紧袖口 50
松皮菱（布）178

苏格兰便帽 155
苏格兰短裙 71
苏格兰格纹（布）175
苏格兰民族服装 106
苏格兰条纹（布）186
苏格兰无檐圆帽 150
苏格兰针织帽 154
酸味色 197
随从鞋 163
隧道领 22
索脚短裤 67
锁孔领 11
锁链领 15

T

T形翻领 21
T恤衫 52
T字带鞋 164
T字袖扣 136
塔布什帽 158
塔特萨尔格（布）175
泰国渔夫裤 68
泰洛肯风衣 96
弹力打底裤 64
汤匙领 9
糖果条纹（布）185
陶碗包 172
套格花纹（布）175
梯形领 10
提花 192
提洛尔帽 152
天使袖 40
条纹海军衫 56
条纹西裤 61
贴袋 99
铁锤环 129
铁路工人帽 152
铁手套（防护手套）121
铁手套袖口 47
通信战术马甲 79
同色粗细条纹（布）186
同色调 198
同色条纹（布）186
同色系 198
同色系格子（布）175
桶形包 173
筒形大衣 94
头盖帽（瓜皮帽）157

头巾帽 157
凸纹挂浆胸饰 125
图阿雷格民族服装 109
托加长袍 97
拖鞋 168
鸵鸟皮 189
椭圆眼镜 145

U

U字领 9
U字领马甲 80

V

V形翻领 18
V形青果领 21
V字领 10

W

袜子鞋 165
外接式折边袖口 47
晚礼服衬衫 55
晚礼服披风 91
王冠 140
网目纹（布）182
网球背心 78
网球开衫 59
网球毛衣 59
网球袖口 49
网纱 195
网眼花边 196
望远镜帽 148
危地马拉民族服装 109
威灵顿长筒靴（雨靴）161
围兜式育克 125
围巾圈 29
维多利亚大衣 93
伪单色 199
味噌滤格纹（布）178
温莎结 30
纹付羽织裤（三花纹、
　单花纹）102
纹付羽织裤 111
纹付羽织裤（五花纹）103
吻扣 51
翁格子（布）178
无跟筒袜 122
无结 31
无框眼镜 146

无领 20
无领西装外套 82
无水洗牛仔裤 63
无套裤汉 108
无尾晚礼服 81，102，104
无指手套 120
五彩波点（布）184
五角领 10
五片帽 152
五趾袜 122
武田菱（布）178
武装带 76

X

西部衬衫 56
西部牛仔夹克 86
西部牛仔帽 151
西部靴 160
西部腰带 75
西欧男装史 116
西装袋 171
西装三件套 105
西装外套 81
希顿 115
希腊总统卫队制服 108
希腊白短裙 71
希玛纯 115
蜥蜴皮 189
嬉皮士马甲 78
细格纹（布）177
下巴罩布 128
下半框眼镜 146
夏普仑 158
夏威夷衫 53
闲提 71
线环领带 27
相机包 171
香槟鞋 162
箱式直筒大衣 93
箱形褶袋 100
箱形挖袋 100
箱形褶裥（外工字褶）132
镶边大衣 92
镶边领 18
项圈 138
削肩立领 12
消防服 86
小丑格（布）176

205

小丑裤 66
小丑领 19
小丑帽 157
小斗篷 90
小翻领 21
小钩 134
小结 30
小型领 14
小圆领 11
楔形袖 38
斜格纹（布） 176
斜肩袖 12
斜角领 18
斜角领带 26
斜条纹（布） 188
斜纹编织 194
鞋带箍 135
谢德兰毛衣 58
信封包 170
星空印花 190
星星印花（布） 184
行李袋 173
省 127
幸运编绳 139
胸花 138
胸饰 125
袖标 43
袖带 128
袖箍 134
袖口手镯 139
袖扣 136
袖饰 49
袖套 121
袖章 129
虚无僧 112
悬垂袖 42
悬浮眼镜 146
学兰服 83
学位帽 157
雪轮（布） 180
雪茄夹克 81
训练手套 121

Y
鸭嘴夹 141
烟草包 172
烟袋 100
燕尾服 81，102

羊皮靴 161
羊腿袖 44
腰包 173
腰带 74
腰封 76
腰头搭袢 129
业平格纹（布） 178
一日双肩包 174
一体式眼镜 146
一字夹 141
一字领带夹 136
一字形法 101
伊顿公学制服 105
伊顿夹克 83
伊顿领 14
伊顿帽 152
伊卡特花纹 192
衣冠束带 111
衣领式围巾 29
医生包 171
医生袖口 51
医用短袖衫 52
意式防尘外套 92
意式领 16
意式三扣领 15
意式双扣领 14
翼领 17
翼梢 168
翼形袖口 47
翼形肩 36
阴阳条纹（布） 186
隐藏结 31
隐藏式纽扣领 15
印章戒指 137
英国近卫步兵制服 106
英式马甲 77
硬高领 17
邮差包 172
油布雨衣 92
有盖斜袋 99
有领马甲 77
有袖斗篷大衣 95
幼童帽 155
鱼子酱压纹 189
鱼嘴领 21
渔夫凉鞋 168
渔夫套头衫 58
羽冠 140

羽绒服 87
羽绒马甲 78
羽织 98
羽织裤 111
羽织裤（普通礼服·丧服） 103
羽制 33
郁金香帽 149
育克式连肩袖 39
浴衣 114
御召十（布） 182
鸢尾花饰 135
原始色 197
圆顶爵士帽 147
圆顶硬礼帽 147
圆角领 13，23
圆角袖口 48
圆框眼镜 144
圆领 8
圆头形（直圆形） 33
圆形手表 142
圆袖 38
圆眼镜 144
圆锥袖口 48
猿股 72
月球靴 161
月牙形口袋 100
月牙袖 43
越野跑马甲 79
越中裤（兜裆布） 73
运动短裤 72
运动紧身连体裤 123

Z
造型包（托特包） 171
增高鞋 169
扎染（布） 182
窄开领 14
窄领带 26
战地夹克 86
战斗夹克 87
战斗套装 106
战壕风衣 95
战壕夹克 84
掌镯 139
帐篷条纹（布） 187
帐篷形大衣 95
罩式领 12

罩衣 94
遮阴袋 73
折边袖口 46
折叠眼镜 146
折缝软呢帽 148
褶边 131
褶边衬衫 55
褶边立领 17
褶边胸饰（多排） 125
褶边袖饰 43
褶片胸饰（衬衫） 125
褶皱领 12
针尖波点（布） 183
针尖细纹（布） 184
针孔领 15
针织背心 78
针织领带 27
枕形手表 142
阵羽织 98
震颤派毛衣 58
正方形手表 142
正礼服 102
正（准）礼服 102
正针 193
芝罘缟（布） 180
直领 17
直升机裤 65
直筒袖口 46
植物印花 191
制服 105
智能手表 143
中山装 84
中式领 23
中世纪的丘尼卡和曼特 110
中心箱褶 126
中性色 197
中央背衩 127
中央窝 32
中长裤 70
钟形袖 43
钟形袖口 50
棕叶纹饰 135
肘部补丁 128
朱巴大衣（藏袍） 96
朱丽叶袖 45
猪肉派帽 148
竹皮屐 168
主斗牛士夹克 84

主教法衣 111
主教冠 157
主教袖 44
主色调 198
主颜色 198
装配靴 160
装饰性花纹 191
锥形裤 62
准礼服 103
浊色 198
着流 114
着装要求 102
子母条纹（布） 182
自然折法 101
字母毛衣 57
足袋 123
组龟甲（布） 179
组合字母印花 190
钻石领 11
樽领（保罗领） 8
佐阿夫女式长裤 68
佐阿夫制服 109
佐特套装 108
作务衣 112

审定专家

福地宏子

日本杉野服饰大学讲师。

2002年毕业于日本杉野女子大学（现为日本杉野服饰大学）服装设计专业。

2002年起任职于日本杉野服饰大学，并兼任日本杉野学园裙装制作学院、日本和洋女子大学等多所学校的外聘讲师。图书服装类插画家和相关学术研讨会的组织者。

数井靖子

日本杉野服饰大学讲师。

2005年毕业于日本杉野女子大学（现为日本杉野服饰大学）创意布料设计专业。

2005年起任职于日本杉野服饰大学专科学院及高中。

参考图书：

《服装图鉴　改订版》日本文化出版局

《速查时尚·服装用语辞典》日本natsume社出版

《FASHION　世界服饰大图鉴》日本河出书房新社

《Gentleman: A Timeless Fashion》德国Könemann出版社

《英国男子制服选集》日本新纪元社

《新版服饰大辞典》日本织研新闻社

《英日服饰用语辞典》日本研究社

图书在版编目（CIP）数据

男子服饰图鉴：1300种服装、鞋帽、包包、配饰、
纹样、配色详解 /（日）沟口康彦著；冯利敏译. -- 海
口：南海出版公司，2024.5
　　ISBN 978-7-5735-0894-2

　　Ⅰ.①男… Ⅱ.①沟… ②冯… Ⅲ.①男服—服装设
计—图集 Ⅳ.①TS941.718-64

中国国家版本馆CIP数据核字(2024)第061214号

著作权合同登记号　图字：30-2023-003
TITLE：〔MEN'S MODARINA NO FASHION PARTS ZUKAN〕
BY：〔Yasuhiko Mizoguchi〕
Copyright © FishTail, 2021
All rights reserved.
Original Japanese edition published by Maar-sha Publishing Co., LTD.
This Simplified Chinese language edition is published by arrangement with
Maar-sha Publishing Co., LTD., Tokyo in care of Tuttle-Mori Agency, Inc., Tokyo
through Pace Agency Ltd., Jiangsu Province.

本书由日本Maar社授权北京书中缘图书有限公司出品并由南海出版公司在中国
范围内独家出版本书中文简体字版本。

NANZI FUSHI TUJIAN: 1300 ZHONG FUZHUANG、XIEMAO、BAOBAO、PEISHI、WENYANG、PEISE XIANGJIE

男子服饰图鉴：1300种服装、鞋帽、包包、配饰、纹样、配色详解

策划制作：北京书锦缘咨询有限公司
总 策 划：陈　庆
策　　划：肖文静

作　　者：〔日〕沟口康彦
译　　者：冯利敏
责任编辑：聂　敏
排版设计：刘岩松
出版发行：南海出版公司　电话：（0898）66568511（出版）　（0898）65350227（发行）
社　　址：海南省海口市海秀中路51号星华大厦五楼　邮编：570206
电子信箱：nhpublishing@163.com
经　　销：新华书店
印　　刷：和谐彩艺印刷科技（北京）有限公司
开　　本：889毫米×1194毫米　1/32
印　　张：6.5
字　　数：354千
版　　次：2024年5月第1版　2024年5月第1次印刷
书　　号：ISBN 978-7-5735-0894-2
定　　价：88.00元

图书在版编目（CIP）数据

量子保密通信网络及应用 / 王健全等编著. -- 北京：
人民邮电出版社，2019.1（2021.1重印）
ISBN 978-7-115-49615-7

Ⅰ. ①量… Ⅱ. ①王… Ⅲ. ①量子力学－保密通信－
通信网 Ⅳ. ①TN918

中国版本图书馆CIP数据核字(2018)第252237号

内 容 提 要

本书基于以第二次量子革命为代表的量子信息技术，介绍了量子信息的发展、量子保密通信原理、量子保密通信网络的架构和运营管理技术、量子保密通信在实际工程中的应用等，同时给出了量子保密通信的发展现状和未来发展方向。全书内容翔实，为读者打造了一个不一样的量子世界。

本书适合在校的本科高年级学生、硕/博士使用，同时还可以作为相关从业人员的参考书。

◆ 编　著　王健全　马彰超　孙　雷　胡昌玮　李新中
责任编辑　李　静
责任印制　彭志环

◆ 人民邮电出版社出版发行　　北京市丰台区成寿寺路 11 号
邮编　100164　　电子邮件　315@ptpress.com.cn
网址　http://www.ptpress.com.cn
北京捷迅佳彩印刷有限公司印刷

◆ 开本：880×1230　1/32
印张：7　　　　　　　　　　2019 年 1 月第 1 版
字数：129 千字　　　　　　2021 年 1 月北京第 4 次印刷

定价：88.00 元
读者服务热线：(010)81055493　印装质量热线：(010)81055316
反盗版热线：(010)81055315

量子保密通信网络及应用

网络及应用

王健全　马彰超　孙雷　胡昌玮　李新中　编著

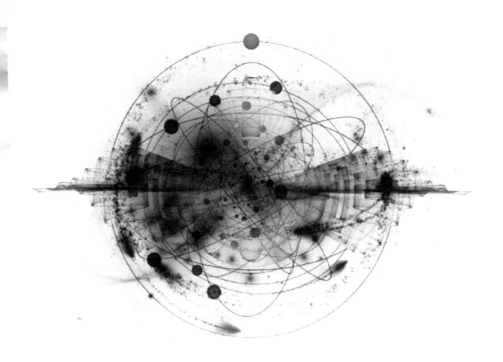

人民邮电出版社

北京

前言

　　随着网络技术和智能终端技术的高速发展，信息化已经深刻地影响着人们社会生活、生产的方方面面，人们已经离不开网络和信息化。网络和信息化给人们带来便捷、高效的同时，也带来了安全性风险。近年来，各种网络安全事件频繁爆发，以 2016 年美国 Mirai 病毒 DDoS 攻击、伊朗核设施瘫痪、乌克兰断电等事件为代表，网络安全威胁的规模之大、破坏力之强、影响之深远令人咋舌。在信息化高度发达的今天，网络空间安全作为构建未来信息化社会的基石，已上升至国家战略层面。

　　在网络安全的众多关键环节中，信息的保密性是非常重要的一个环节，信息保密的主要手段有两个方面：一是及时发现窃听，保护信息不被窃取；二是加密信息，保障信息被窃取后也无法被读出。但是，目前的信息传递技术无法发现信息被窃听，也不能保障信息安全。2015 年，仅在洛杉矶就发现 16 种针对光缆的攻击方式，即使是对于海底光缆，目前也已存在成熟的窃听技术。此外，在当前广泛使用的加密机制方面，还存在原理上的安全难题。

信息加密技术分为对称密码加密体系与非对称密码加密体系两种。其中，对称密码加密体系加解密速度快，但是密钥分发的高效性和安全性存在问题；非对称密码加密体系虽然解决了密钥分发问题，但是对于大数据量的加密存在效率低下的问题。正因为上述原因，两者常结合起来应用，非对称密码加密体系用于协商密钥，所协商得到的密钥提供给对称密码加密体系用于通信数据的加解密，这样既解决了对称密码加密体系密钥分发的问题，也解决了非对称密码加密体系加密数据量大、效率低的问题。此外，非对称密码加密体系还被广泛用于认证、签名等其他场合。

需要说明的是，非对称密码加密体系的安全原理依赖于某些数学问题，如大数分解、离散对数求解等计算单向性质的假设。也就是说，基于这些数学问题的正向计算（相当于加密过程）很容易，而逆向计算（相当于解密过程）却是极其复杂的。由此，窃听破解的计算量将远远大于加密的运算量，即使窃听者的计算能力远远强于加密者，也不能在数据所需的保密期限内完成破译。目前，非对称密码加密体系所依赖的复杂数学问题无法给出可证明的计算单向性；而且，随着计算科学和技术的发展，人类的计算能力的提升速度和潜力已远远超过了人们最初的想象，非对称密码加密体系对于信息安全的保障能力也不像预先估计的那么可靠。特别是量子计算概念，在原理上直接粉碎了大数分解、离散对数求解问题的计算单向性假设。量子计算机的发展，如同非对称密码加密体系安全性上方高悬的"达摩克利斯之剑"，随时威胁着采用非对称密码加密体系保护下的信息系统的安全。

近年来，量子计算机的研制进展迅速。以惠普、谷歌、IBM、英特尔、微软等巨头为代表的企业纷纷投入巨资参与到量子计算机的研发中。随着产业投入力度的持续加大，量子计算机的研制进展已呈现你追我赶的态势。业界预测，能够破解当前公钥密码体制的大型量子计算机有望在 15 ～ 25 年研制成功。这对于包括现有的 HTTPS、软件版本更新、VPN、安全邮件，以及互联网、物联网、电子支付、云计算等建立在非对称密码加密体系基础上的信息安全将构成破坏性的威胁。

在这样的背景下，量子安全的概念应运而生。量子安全是能够抵御量子计算攻击的安全新高度，也是下一代通信系统必须满足的安全要求。量子安全有两种路线。一种路线是延续公钥密码体制的理念，寻找可以抵御量子计算破解的新型数学问题，在此基础上构建新的公钥密码体制，即后量子密码学（Post-Quantum Cryptography，PQC）算法。近几年，这一方向得到了广泛的研究，目前学术界已经提出一些候选方案，但在成熟度、算法性能，尤其是安全性方面还存在较大的不确定性。另一种路线是量子保密通信，正所谓"解铃还须系铃人"，量子技术在挑战现有安全体系的同时，也为我们准备了一条构建新安全体系的道路。基于量子态不可分割和不可复制等物理定律保障安全的量子密钥分发（Quantum Key Distribution，QKD）技术，结合对称加密技术构成的量子保密通信技术方案，是目前唯一可理论证明的量子安全体系，能够即时发现被窃听的行为和事件，实现高安全、高性能的加密通信服务。

量子保密通信是量子信息领域率先实用化的关键技术之一，近年来从协议设计、技术研发、网络部署到实际应用都取得了长足的进步。但是对比已经高度成熟和不断发展、完善的传统通信，量子保密通信还处于刚刚起步阶段，其产业链还远不成熟，仍然面临方方面面的挑战，需要从量子技术、组网管理、应用拓展等方面进行系统深入的研究和发展。

本书主要从工程角度，系统地介绍了量子保密通信的工作原理、关键技术、组网架构、应用场景等，并对产业发展的现状进行分析，给出了量子保密通信的未来发展展望。

全书共分为7章：第1章阐述从经典密码到量子密码的基本概念、量子安全问题的重要性及其应对策略；第2章介绍量子密钥分发技术的原理和基本协议；第3章介绍量子密钥分发涉及的量子光源、量子探测、量子随机数、点对点QKD、网络QKD、安全攻防等关键技术；第4章系统阐述量子保密通信网络的现状、架构及其与ICT应用的结合；第5章介绍量子保密通信的应用场景、国内外的应用案例和面向移动通信的应用拓展；第 6 章总结量子保密通信技术在国内外的产业发展现状、标准化进展和产业链概述；第 7 章阐述量子保密通信未来的技术发展趋势和方向，以及面向未来对量子互联网的展望。

本书基本概念论述准确，深度适中，既紧扣量子保密通信的基本内容，又力求反映量子信息学研究的新成果、新进展、新的研究手段和方法，以达到拓宽基础、开阔视野、加强读者科学素养之目的。

本书由王健全博士统稿，马彰超博士、孙雷博士主要负责编写工作，胡昌玮、李新中两位高工参与了编写和修改。本书在编写过程中，得到了国科量子通信网络有限公司的秦灏博士、解冰博士、冯冲及北京邮电大学的赵永利、喻松两位教授的帮助，在此向他们表示由衷的感谢！

由于量子保密通信领域每年都会有大量新的研究成果涌现，加上作者水平有限，因此书中难免会有不当之处，敬请广大读者批评指正。

作者

2018 年 6 月

目录

第1章 概述 ……………………………………………… 0

1.1 从经典密码到量子密码的基础概念 ……………… 3

1.2 量子计算机对密码学的影响 …………………… 11

  1.2.1 量子计算机的基本概念 ………………… 12

  1.2.2 量子计算机带来的密码安全威胁 ……… 14

1.3 量子安全问题的重要性及其应对 ……………… 16

  1.3.1 量子安全问题的影响范围 ……………… 17

  1.3.2 量子安全问题的紧迫性 ………………… 20

  1.3.3 量子安全问题的应对措施 ……………… 23

参考文献 ………………………………………………… 29

第2章 量子密钥分发（QKD）原理 ………………… 32

2.1 QKD 的基本原理 ……………………………… 34

2.2 QKD 的工作机制 ……………………………… 38

2.3 QKD 的主要协议 ……………………………………42

2.3.1 QKD 协议概述 …………………………………42

2.3.2 基于 BB84 的 QKD 协议 ……………………44

2.3.3 基于量子纠缠的 QKD 协议 …………………48

2.3.4 基于连续变量的 QKD 协议 …………………51

参考文献 ……………………………………………………53

第3章 量子密钥分发关键技术 …………………………56

3.1 量子信号源 ……………………………………………58

3.1.1 单光子信号源 …………………………………58

3.1.2 EPR 光子对 ……………………………………59

3.1.3 衰减激光源和诱骗态 QKD ……………………60

3.2 量子信号探测器 ………………………………………62

3.2.1 单光子探测器 …………………………………62

3.2.2 光学零拍探测器 ………………………………65

3.3 量子随机数发生器 ……………………………………66

3.4 点对点 QKD 技术 ……………………………………68

3.4.1 基于光纤信道的 QKD …………………………68

3.4.2 基于自由空间信道的 QKD ……………………69

3.5 网络 QKD 技术 ………………………………………70

3.5.1 在现有光纤网络中部署 QKD 面临的挑战 ……71

3.5.2 基于无源光器件的网络 QKD 技术 ……………73

3.5.3 基于可信中继的网络 QKD 技术 ·············· 75

3.5.4 基于量子中继器的网络 QKD 技术 ·············· 76

3.6 实际 QKD 系统的安全防护 ·············· 77

3.6.1 安全证明假设 ·············· 78

3.6.2 量子黑客攻击和防御 ·············· 80

3.6.3 自测 QKD ·············· 84

参考文献 ·············· 86

第4章 量子保密通信网络 ·············· 94

4.1 QKD 网络的演进 ·············· 97

4.1.1 美国 DARPA QKD 网络 ·············· 97

4.1.2 欧洲 SECOQC 网络 ·············· 100

4.1.3 日本东京 QKD 网络 ·············· 102

4.1.4 中国星地一体广域 QKD 网络 ·············· 105

4.1.5 软件定义的 QKD 网络 ·············· 106

4.2 QKD 网络需求和架构设计 ·············· 109

4.2.1 网络设计需求 ·············· 109

4.2.2 网络架构设计方案 ·············· 112

4.2.3 主要网元及功能实体 ·············· 115

4.2.4 主要网络接口 ·············· 117

4.2.5 网络主要功能 ·············· 118

4.3 QKD 网络的应用服务接口 ·············· 119

4.3.1　QKD 应用接口简介 ·················· 119

4.3.2　QKD 应用接口 ···················· 122

参考文献 ······························· 126

第5章　量子保密通信应用 ··················· 128

5.1　量子保密通信应用场景 ················· 131

5.1.1　QKD 与 ICT 结合的应用场景 ········· 131

5.1.2　QKD 在典型行业的应用场景 ········· 135

5.2　量子保密通信应用案例 ················· 144

5.2.1　量子通信在金融领域的应用 ········· 144

5.2.2　量子通信在政务领域的应用 ········· 145

5.2.3　量子通信在数据中心 / 云领域的应用 ····· 145

5.2.4　量子通信在医疗卫生领域的应用 ······· 146

5.2.5　量子通信在国家基础设施领域的应用 ····· 146

5.3　量子保密通信应用的移动化扩展 ·········· 147

5.3.1　QKD 与经典密码学的问题分析 ········ 148

5.3.2　QKD 与经典密码学结合的移动化应用方案 ·· 152

5.3.3　QKD 移动化应用的展望 ············ 155

参考文献 ······························· 156

第6章　量子保密通信产业发展 ················· 158

6.1　量子保密通信国内外发展概况 ·········· 161

6.1.1 世界量子通信领域主要国家发展情况 ······ 163

6.1.2 中国量子通信发展情况 ·············· 172

6.2 量子保密通信的标准化进展 ············ 181

6.2.1 ETSI 标准化进展 ············· 182

6.2.2 CCSA 标准化进展 ············ 184

6.2.3 ISO/IEC 标准化进展 ·········· 187

6.2.4 IEEE 标准化进展 ············· 188

6.2.5 CSA 工作进展 ·············· 188

6.3 量子保密通信的商用化进展 ············ 189

6.3.1 QKD 核心器件与设备制造 ······· 190

6.3.2 QKD 网络建设与运营 ·········· 193

6.3.3 QKD 安全服务与行业应用 ······· 195

参考文献 ····································· 197

第7章 量子保密通信网络的总结与展望 ············· 198

7.1 QKD 网络的挑战及发展方向 ··········· 201

7.1.1 QKD 物理层协议的增强 ········ 201

7.1.2 QKD 网络层技术的增强 ········ 202

7.1.3 QKD 应用层的融合发展 ········ 204

7.2 量子通信网络及应用的未来展望 ········· 205

参考文献 ····································· 209

第 1 章　概述

1.1　从经典密码到量子密码的基础概念

1.2　量子计算机对密码学的影响

1.3　量子安全问题的重要性及其应对

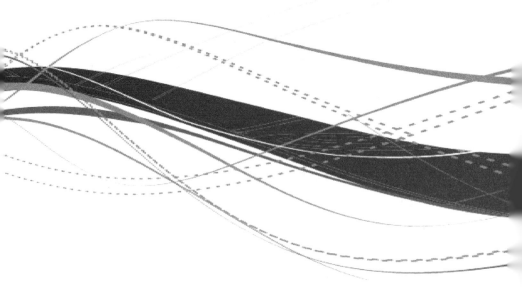

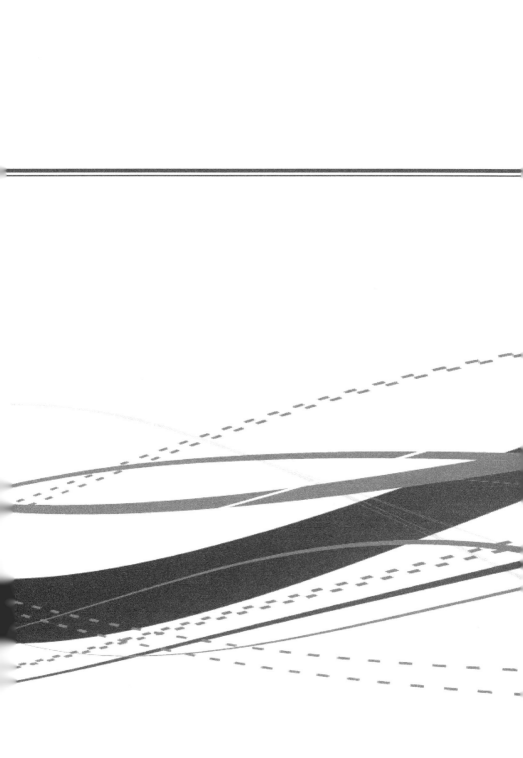

20 世纪 90 年代以来，人类开始进入第二次量子革命时代，量子调控技术的巨大进步使得人类可以对光子、原子等微观粒子进行主动的精确操控，从而能够以一种全新的方式利用量子规律，促进量子通信、量子计算、量子测量等量子信息科学的发展。量子通信作为量子信息科学的重要分支，是利用量子态作为信息载体并进行传递的新型通信技术，其在量子保密通信、量子云计算、分布式量子测量、未来量子互联网的构建等方面具有广阔的应用前景。

现阶段，量子通信的典型应用形式包括量子密钥分发（Quantum Key Distribution，QKD）、量子隐形传态（Quantum Teleportation）等。QKD 是基于量子不可克隆原理和量子不可分割特性，利用光量子进行随机数的传递，以实现理论上无条件安全的密钥分发。作为新一次量子革命中率先实用化的代表性技术，QKD 为信息安全领域带来了有望实现长期安全性保障的可行方案，近年来受到了各方广泛的关注。本书所探讨的量子保密通信正是基于 QKD 技术，并结合经典对称密码算法等技术，以实现增强的保密通信功能。

量子保密通信与密码学和信息通信技术均有千丝万缕的联系。本章首先从密码学的历史演进出发，介绍从经典密码到量子密码的基本概念。另外，量子计算的迅速发展不仅对传统密码学提出新的挑战，也为基于量子物理的新型量子密码技术的发展提供了契机。因此，本章还将探讨量子计算引发的安全问题及其应对的方法，包括量子安全问题的影响范围、紧迫性及其应对措施和方案等，希望对当前量子保密通信发展所处的背景给出全面的介绍。

1.1　从经典密码到量子密码的基础概念

密码学是研究如何隐秘地传递信息的学科，其基本功能包括保护消息或敏感数据的机密性、完整性和真实性：机密性保证只有合法的授权方才能访问数据；完整性用于防止数据经过不可靠的公共信道时被篡改；真实性（或称不可抵赖性）则是用于确保通信方的身份与其声明的一致性。通常，采用加密技术可使敏感数据的机密性得到保证；采用数据校验技术可发现原始数据的任意变化以保证数据的完整性；采用数字签名技术则可识别数据的真实来源。以密码学在医疗数据中的应用为例：机密性主要体现在保护个人健康相关的隐私数据不被泄露；数据的完整性也是很重要的，因为一旦医疗数据被遗漏或篡改，将可能导致不正确的治疗手段从而造成严重的后果；数据的真实性则在出现医疗事故进行责任界定时将发挥重要作用。

密码学拥有数千年的历史，在数字时代之前，密码学主要用于军事、政务、外交等具有高度保密性要求的通信中，其重要性不言而喻。在信息化高度发达的今天，密码学技术的使用几乎无处不在，特别是在互联网中应用极广，对于保护我们日益数字化的世界是至关重要的。如果没有安全的密码技术，信息就可能被任意窃取或伪造，其后果不堪设想。

例如，历史上著名的珍珠港事件的策划者的结局正是败于密码的破译。

有人设计密码，就有人破译密码，密码学正是在密码设计者和破解者的智慧较量中形成的一门艺术，它在人类历史中扮演着重要的角色。现在，随着互联网和电子商务越来越流行，密码学更是成为我们日常生活中不可或缺的一部分，例如当前的各种在线交易，正是通过设计精良的密码协议，来保证个人信息的安全。

而密码学的发展也正是由这些人类史上极具聪明才智的密码设计者和破译者之间无休止的竞争的推动下前进的，具体见表1-1，每当现有的密码被破译，密码设计者们就会重新开发出更强大的密码来保证通信安全，这又会刺激着密码破译者们不断尝试新的攻击方式。

表 1-1　密码学的演进历史

密码技术	发明时期	是否被攻破
单表替代密码（Monoalphabetic cipher）	约公元前 50 年由凯撒（J.Caesar）发明	约 850 年由金迪（Al-Kindi）提出破译方法
命名密码法（Nomenclators）	1400 ～ 1800 年	已可破译
多表代换密码（或称 Vigenère 维吉尼亚密码）	1553 ～ 1900 年	1863 年由卡西斯基（F.W.Kasiski）提出破译方法
......		
一次性密码本（One-time-pad）	1917 年由弗纳姆（G.Vernam）发明	1949 年由香农（C.Shannon）证明其理论无条件安全性
机电式多表代换加密机（Enigma、Purple 等）	1920 ～ 1970 年	已可破译
......		
数据加密标准（Data Encryption Standard，DES）	1977 ～ 2005 年	1998 年在 EFF 基金会资助下实现 56h 内被破解
公钥密码学（RSA、ECC）	1977 年发明基于大数分解问题的 RSA 算法 1985 年发明 ECC（Elliptic curve cryptography）算法	1994 年由肖尔（P.Shor）证明量子计算机可快速求解大数分解和椭圆曲线离散对数问题
高级加密标准（Advanced Encryption Standard，AES）	2001 年—	尚未被破解
量子密码学	1984 年发明，正在发展中	可证明理论无条件安全性
后量子公钥密码学	正在发展中	尚未被破解

密码学的终极目标是开发"绝对安全"的密码方案。这种密码可在假设窃听者拥有无限强的计算能力时，仍然无法被破译，即具有所谓的无条件安全性。这样的终极密码是否存在呢？令人惊讶的是，早在 1917 年 Gilbert Vernam 发明一次性密码本（One-time Pad，OTP）时，就已经实现了该目标。信息论的创立者香农（Claude Shannon，1916 ～ 2001年）在 1949 年证明了 OTP 密码具有无条件安全性，或称信息理论安全性（Information-Theoretic Security，ITS）。

作为一种加密算法，OTP 类似于其他现代密码系统，同样使用密钥来进行加密和解密，加密算法本身是公开的，其安全性由密钥的安全性来保证。如图 1-1 所示，OTP 算法的实现需要满足三个条件，分别是密钥必须随机产生、密钥不能重复使用、密钥需与明文等长。其无条件安全性并不难以理解，因为与明文等长的同一密钥加密的密文只出现一次，这使得在无法获知明文的情况下，任何算法即使穷举也无法破译出该密钥；另外，密钥使用一次后即被丢弃，因此即使破译者得到了部分密钥也无法用于破译其他密文。

图 1-1 OTP 密码原理

苏联曾长期使用 OTP 加密方式，提供了几乎完美的安全保障，唯一不足的是大量密码本的印刷和分发在实际操作中难度很大。原则上牢不可破的 OTP，一旦发送方和接收方用尽了预先共享的安全密钥，其安全通信将不得不中断，直到再次获取新的密钥。这就是众所周知的密钥分发难题，它涉及经典物理中两个不可实现的任务：一是如何生成真正完全随机的密钥；二是如何在不安全的公共信道上无条件安全地分发密钥。

首先，正如爱因斯坦在其著名的"上帝不会掷骰子"论断中所暗示的，经典物理学具有确定性的本质，它使得在经典的物理过程中不可能存在真正的随机数。然而，真正的随机数对于密码学是至关重要的。

其次，在经典密码学中，并不存在可以在不安全的公开信道中无条件安全地分发密钥的可行方案。其根本原因在于经典物理学中的信息均是可被复制的，目前不论是光纤（包括海底光缆）还是无线电，其窃听技术均已十分成熟。因此发送方和接收方无法确定密钥在公开信道中传递时是否被复制。当时唯一可行的方法是通过可信的"信使"来传递密钥。这种麻烦的分发方式大大限制了 OTP 的使用范围。

如后文即将提到的，随着量子信息技术的发展，人们发现量子物理学可以为这些问题提供答案：真正的随机数可以通过基本的量子物理过程生成，通过量子通信技术则可实现在公共信道上无法被窃听的密钥分发。

但在实际的现代密码系统中，人们采用更简单易行的、基于数学算法的方法来解决密钥分发的问题。这些方法将信息理论安全要求放松为基于计算复杂度的安全性，即假设敌手拥有的计算能力在有限的前提下无法将密码破解。

首先，为了减少随机密钥量的消耗以简化密钥分发过程，大多数现代加密系统中使用短密钥来加密很长的消息，例如DES、AES等算法。一种典型的应用场景是在手机SIM卡中预置长期不变的128位根密钥，用于控制SIM卡整个生命周期中的数据加解密。这种方案要求信息的发送方用于加密和接收方用于解密的密钥完全相同，这通常称为对称密钥密码学，如图1-2所示。

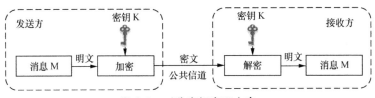

图1-2　对称密钥密码方案

对称密码虽然大大减少了随机密钥的消耗，但没有解决密钥分发的问题。在公钥密码学出现之前，仅能通过人工预置的方式分发密钥。为了充分解决密钥分发问题，1977年罗纳德·李维斯特（Ronald Rivest），阿迪·萨莫尔（Adi Shamir）和伦纳德·阿德曼（Leonard Adleman）发明了著名的RSA

方案。RSA 是一种非对称的密钥算法，即加密和解密采用两个密钥，使用其中一个密钥加密的信息，仅能通过唯一对应的另一个密钥进行解密。这两个密钥由特殊的数学问题产生，已知其中一个密钥很难计算出另一个密钥，例如 RSA 算法建立在两个大质数的积易于得到而难于分解的问题之上。这样，消息接收方可将其中一个密钥作为"私钥"保存起来，将另一个密钥作为"公钥"通过公共信道广播给消息发送方。发送方即可用接收方的公钥对消息加密发送，然后接收方通过其私钥解密。

公钥密码算法克服了密钥分发问题，但由于其运算量大，加密效率较低，通常用于加密传递（或称分发）对称密码的密钥。这种"利用公钥算法分发对称密钥，然后基于对称密钥进行加解密"的混合方案在当今的密码系统中得到广泛应用，其原理如图 1-3 所示。

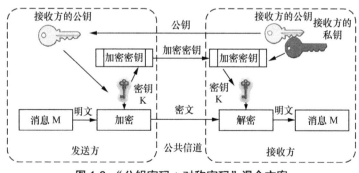

图 1-3 "公钥密码 + 对称密码"混合方案

公钥密码学的安全性依赖于一定的数学假设，例如 RSA 的安全性基于当时很难找到对大整数的素数因子进行分解的有效方法。然而，其无法排除未来有人能找到这样的方法。1994 年，皮特·肖尔（Peter Shor）即证明了通过量子计算机可高效求解质因子分解问题和离散对数问题。因此，只要第一台大型量子计算机开机，当前大多数密码系统就可能在一夜之间崩溃。

虽然大规模量子计算机的实现可能还有数十年的时间，但它对当今信息安全的潜在威胁不容忽视。对于窃听者而言，他可以将当前发生的通信流量记录下来，直到量子计算机成功的那一天再解密这些信息。这对那些需要长期保密的信息，例如军事通信和健康记录等，已经构成了现实的威胁。

有趣的是，当人们意识到可以使用量子计算机破解公钥密码体制的十年前，就已经找到了可以应对这种攻击的解决方案，即 QKD。基于量子物理的基本原理，QKD 提供了一种理论上无条件安全的密钥分发方式，即使通过不安全的信道分发密钥也无法被窃听。QKD 生成的安全密钥可以进一步应用于 OTP 方案或其他加密算法，以提高信息安全性。

近年来，QKD 的实用化取得了长足的进步。另外，受到 QKD 无条件安全性的鼓舞，研究人员还开发了其他基于量子物理的密码学方案，包括量子签名、量子比特承诺和量子不经意传输等，希望构建系统的量子密码学。但目前来看，这些新的量子密码学组件还不够成熟可用。

另外，量子算法带来的冲击也促进了经典密码学的进一步演进。现有的量子算法相对于传统密码算法的"指数"加速性并不是对所有数学问题都成立。随着 Shor 算法的出现，国内外密码学家已对基于格、编码、多元多项式等新问题的密码方案开展了大量研究，期望设计出可对抗量子计算攻击的新型公钥算法，这些研究称为后量子密码学。

可以看到，量子信息科学的发展对密码学带来的深远影响正在逐步显现，围绕量子计算机这超越经典运算能力的超强攻击手段，密码学领域又掀起了新一轮的矛与盾的对抗。

1.2 量子计算机对密码学的影响

量子计算是量子信息科学的重要分支，其不仅能够破解密码，还在生物制药、优化问题、数据检索等众多场景拥有广泛的应用前景。近年来，量子计算机的发展已呈加速之势，以谷歌、IBM、微软、Intel 等巨头为代表的企业纷纷投入巨资研发。随着产业界持续加大力度投入，量子计算领域的激烈竞争如图 1-4 所示。业界预期能够破解当前公钥密码体制的大型量子计算机有望在 10 ～ 20 年研制成功，这将给基于计算复杂度的经典密码学带来严峻的挑战。本节介绍量子计算机的基本概念，并对量子计算带来的密码学影响进行分析。

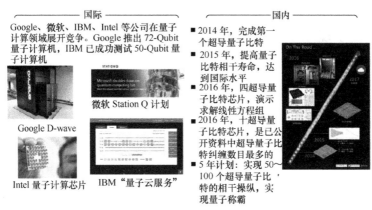

图 1-4　量子计算领域的激烈竞争

1.2.1　量子计算机的基本概念

根据摩尔定律，计算机集成电路每隔 18 ～ 24 个月性能将提升一倍，单位面积上可容纳的元器件数目将增加一倍。为促进计算能力持续增强，就需要在计算机芯片上装载更多的晶体管，这要求晶体管尺寸尽可能小。然而，一旦技术发展到能将晶体管缩小到单个原子级别的大小时，就会遇到天然的物理瓶颈，其遵从的物理定律已经不再是宏观物理定律，而是进入到量子物理学范畴，晶体管尺寸很难再有任何的改进空间。那么能否突破经典物理学极限，实现效率更高、能力更强的新型计算机来取代晶体管计算机呢？从物理学角度来看，当前人们观察和理解宏观世界所遵循的物理定律，即所谓的经典物理学，指导并约束着现有计算机的运作方式和计算能力。然而，经典物理学在宏观层面所描述的物质在微观层面需要利用量子力学物理定律来描述。在过去数十年的时间里，研究人员已经发现利用对微观物质进行操控的量子调控技术，基于新型材料可以设计出全新的量子计算机，其硬件外观和运行方式完全不同于当前所用的经典计算机。这种遵循量子力学定律的量子计算机所采用的计算方式也是人们按照正常经验所难以理解的。在经典计算机中，信息存储的基本单位被称作比特（bit），一比特可保存二进制数字 0 或 1。在量子计算机中，信息存储的基本单位可同时保存 0 和 1 值，这被称为两种状态的叠加，我们可将这些由叠加量子态表征的比特称为量子比特（Qubit）。量子比特所同时代表的 0 或 1 是不确定的，但通过测量量子比特的状态则可以使其选择性成为或称为"坍缩"到 0 或 1 的确定结果。更加有趣的是，如果以同样的方式制备同样长度的多个量子比特序列，对其进行测量后则会得到完全不同的结果，实际上由 N 个量子比特组成的序列可同时表征 2^N 种不同的结果。这种特性使得量子计算机可以实现传统计算机无法做到的快速并行计算。如图 1-5 所示，这里给出不同量子比特位的量子计算机（假设所有量子比特可同时纠缠）的理论运算能力与经典计算机的比较。以 64 位量子计算机工作在主频 1GHz 为例，其理论上的数据处理速度约为目前世界上最快的"太湖之光"超级计算机（每秒 9.3 亿亿次）的 1500 亿倍。

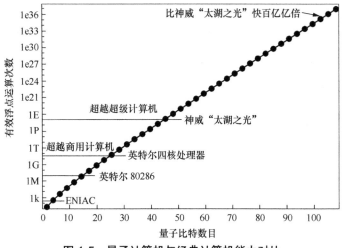

图 1-5　量子计算机与经典计算机能力对比

正因为由这些量子力学特性带来的量子计算机全新工作方式，量子计算机在解决一些特定问题时具有很大的优势，例如在数据搜索和质因数分解等数学问题的求解上可以远快于当前最好的计算机。

从量子计算机的实现上来看，目前存在多种不同的物理实现方式，包括核自旋、超导约瑟夫森结、离子阱、腔量子电动力学等。当前各种实现方式的研究成熟度略有不同，但都具备一定的竞争力。

1.2.2　量子计算机带来的密码安全威胁

量子计算机能够以特定的计算方式有效解决一些经典计算机无法解决的数学问题，例如大整数质因子分解问题和离散对数问题。这种对量子计算机运算操作方法，即所谓"量子算法"的研究和分析，已成为一个热点领域（美国国家标准与技术研究院（National Institute of Standards and Technology，NIST）已收录 60 种量子算法）。目前最著名的量子算法是 Shor 算法和 Grover 算法，它们已经能够威胁到当前广泛应用的密码体系。

由于现有商用密码系统均是基于算法复杂度与当前计算能力的不匹配来保证其安全性，而 Shor 算法可以将经典计算机难以解决的大整数分解问题和离散对数问题，转换为可在多项式时间求解的问题。这使得量子计算机可利用公钥高效地计算得到私钥，从而对现有的大部分公钥算法构成实质性威胁。

Grover 算法则能够加速数据搜索过程，其将在数据量大小为 N 的数据库中搜索一个指定数据的计算复杂度降低为 $O(\sqrt{N})$，从而降低了对称密钥算法的安全性。例如，对于 AES-128 算法，其 128 位长度的密钥具有 2^{128} 种可能性，采用 Grover 算法则仅需搜索 2^{64} 种可能性，相当于将 AES-128 的破解复杂度降低为 AES-64 的级别。

针对现有密码算法受到量子计算影响的程度，美国国家标准与技术研究院、欧洲电信标准协会（European Telecommunications Standards Institute，ETSI）等组织进行了一些评估，其结论见表 1-2。

表 1-2　量子计算机对经典密码的影响

密码学算法	类型	目的	受到量子 计算机的影响
AES	对称密钥	加密	需增加密钥长度
SHA-2, SHA-3	—	哈希散列函数	需增加输出长度
RSA	公钥	数字签名, 密钥分发	不再安全
ECDSA, ECDH (Elliptic Curve Cryptography)	公钥	数字签名, 密钥分发	不再安全
DSA (Finite Field Cryptography)	公钥	数字签名, 密钥分发	不再安全

1.3　量子安全问题的重要性及其应对

　　量子计算带来的潜在安全威胁已经引起了全球的广泛重视。美国国家安全局（National Security Agency，NSA）2016年1月发布《关于量子计算攻击的答疑以及新的政府密码使用指南》，NIST 于 2015 年起多次召开关于 PQC 的国际研讨会，并于 2016 年 12 月正式启动"后量子公钥密码"标准化项目，面向全球征集 PQC 候选算法；ETSI 于 2013 年以来每年都举行国际量子安全研讨会（Quantum Safe Workshop），积极研究应对量子计算带来的安全威胁。

可以看到，如何应对量子安全问题，设计能够抵御量子计算攻击的量子安全密码技术，已成为下一代信息通信系统必须考虑的问题。本节将分析量子安全问题的影响范围、启动应对措施的合理时间和可能的技术解决方案等重点问题。

1.3.1 量子安全问题的影响范围

正如 1.2.2 节所述，对于现有的加密算法及相应的安全协议而言，有些容易受到量子计算的攻击，也有一部分在当前看来仍是量子安全的，但需注意这些安全性分析结论是根据当前已知的量子算法得到的。从全球来看，量子计算的研究正处于逐步加速的阶段。这些目前认为量子安全的密码或安全协议，随着量子算法研究的深入，在将来也可能被新的量子算法攻破。目前，已知对于量子计算机攻击处于高危状态的安全协议或密码系统包括如下。

① 建立在大整数因子分解和离散对数问题计算复杂度之上的公钥密码算法，如 RSA、DSA、Diffie-Hellman、ECDH、ECDSA 及其他变种。需要指出的是，目前几乎所有重要的安全产品和协议在公钥密码学部分都在使用这几类算法。

② 基于上述公钥密码算法的任何安全协议。

③ 基于上述安全协议的任何产品或安全系统。

如图 1-6 所示，传统公钥算法（例如 RSA、ECC 等）被广泛用于各类安全协议和应用服务，因此量子安全问题的影响范围极广。这里将受到影响的典型安全服务列举如下。

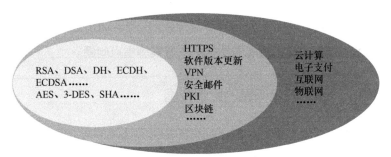

RSA、DSA、DH、ECDH、
ECDSA……
AES、3-DES、SHA……

HTTPS
软件版本更新
VPN
安全邮件
PKI
区块链
……

云计算
电子支付
互联网
物联网
……

图 1-6　量子安全问题的影响范围

公钥基础设施（Public·Key Infrastructure，PKI）： PKI 的构建依赖于第三方可信的认证授权机构（Certificate Authority，CA），用于证明特定密钥所归属人或单位的合法性。由第三方 CA 事先确认各方的身份并为其签发证书，以保证互联网上通信双方的身份是真实可信的。例如，对于网站安全认证服务，首先需要由合法的 CA 将其签名的根证书（包含 CA 的公钥）发送给 Web 浏览器开发商，将其预置在浏览器软件中，然后分发给 PC 和移动终端用户。那些希望获得认证服务的公司需要从注册商处购买可以被内嵌在浏览器中的 CA 根证书解析的 SSL 证书，这样 PC 或移动终端用户就通过安全套接层（Secure Socket Layer，SSL）协议安全地访问该公司网站，无须担心仿冒。目前，大部分商用 CA 签发的证书仍然是基于 RSA 算法生成的。

安全的软件发布及升级：这通常是基于公钥数字签名技术来实现的，首先对重要文件的摘要信息进行数字签名，将签名结果附加在原始信息上一并传输及存储。例如，当手机操作系统进行软件更新时就通常包含其数字签名，以供手机在安装前验证更新来源的真实性，确保手机所运行的操作系统软件来自其合法的手机制造商，在传输前或传输过程中没有被篡改。例如，苹果和微软就向开发人员发放包含 RSA 公钥的代码签名证书。

联合身份认证（Federated Authorization）：这是一种"单点登录"方法，允许用户只需要在某个网站输入一次登录凭证，即可被授予访问许多其他网站的权限，而无需将登录凭证泄露给其他网站。

公共信道密钥交换：这是在公共信道上建立安全连接的常用方法，通常需要通信双方利用公钥在公开信道进行信息交互，从而协商产生双方一致的私有共享密钥。密钥交换和协商协议是当前互联网上广泛使用的各类网络安全协议的基础，包括 SSL/TLS(Transport Layer Secure)、SSH(Secure Shell)、IPSec(Internet Protocol Security) 等协议，而这些协议目前几乎完全依赖于 RSA、Diffie-Hellman、ECC 密码。

安全电子邮件（例如 S/MIME）：其在政务、企业网中广泛应用，用于保证电子邮件的机密性和真实性，该功能在要求高安全级别的机构中通常是强制性要求。大多数 S/MIME 协议都使用基于 RSA 公钥密码的证书。

虚拟专用网络（VPN，例如 IPSec）：企业通常利用 VPN 为其远程移动办公的职员提供公司内网接入及办公应用等功能。许多跨国企业的境外工作人员需要使用 VPN 来建立国际的网络加密隧道，在基于 IPSec 的 VPN 中通常使用基于 RSA 或 ECC 密码的 IKE(Internet Key Exchange) 协议来建立网络安全通道。

安全网站浏览（SSL/TLS）：目前，越来越多的网站都涉及支付及私人信息的情况，这就需要根据监管要求启动 SSL/TLS 协议，以保证其网页浏览的安全性。目前几乎所有 SSL/TLS 证书都基于 RSA 或 ECC 密码。

1.3.2　量子安全问题的紧迫性

虽然理论上量子计算能够对现有密码系统造成威胁，但毕竟可用于破解密码的实用化量子计算机目前仍未出现，且距离该目标仍有相当长的距离。那么在大规模量子计算机实现之前，是否可以选择忽视量子安全问题所带来的风险呢？

答案显然是否定的。对于信息安全行业的从业人员，必须具备前瞻性的思维，否则信息安全系统将出现颠覆性的危机。如何应对量子安全问题，何时应启动应对措施，这不仅仅涉及需要多久才能研发成功量子计算机，同时还需考虑具体应用的安全性要求，以及现有网络基础设施迁移到新的量子安全密码所需的代价和时间。这里用一个简单的公式来分析量子安全问题的紧迫性，首先假设：

- $X=$ 具体应用所要求的信息保密年限（年）
- $Y=$ 当前信息安全设施迁移到新的量子安全密码方案所需的时间（年）
- $Z=$ 建成可破解密码的大型量子计算机所需时间（年）

如果"$X+Y>Z$"的话，意味着该应用有部分信息将无法达到其保密年限要求。在图 1-7 所示的 MIN（$X+Y-Z$，Y）年内，攻击者完全可以通过监听在公共信道上传输的信息并存储下来，然后等若干年后量子计算机实现时提前解密这些信息。从技术上来看，当前飞速发展的大数据技术为海量网络数据的存储和分析提供了可行性。例如，世界最大的数据中心，隶属美国国家安全局的犹他数据中心的容量估计为 4 ～ 12 Exabyte（10^{18} 字节），允许长期存储大量网络加密数据。

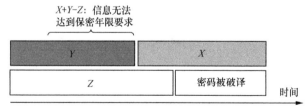

图 1-7　量子安全威胁生效时间分析

在这个公式中，X 的取值取决于具体应用的安全性要求，例如信用卡通常要求 $X=5$ 年。实际上，还有很多应用需要保障长期的机密性。例如：医疗数据的保密年限，通常要求大于患者的寿命时长；个人的基因组数据，需要更长的保密时间；金融、政务等高度机密的数据则往往要求更严格的保密期限，有些甚至需要无限期的保护。

关于大型量子计算机的构建时间 Z，在 2015 年 NIST 关于后量子时代的网络空间安全研讨会上，有专家给出预测在 2026 年前实现的概率为 1/7，在 2031 年前实现的概率为 1/2。剑桥大学西蒙·本杰明（Simon Benjamin）教授给出似乎更精确的预测，他认为构建可容错的量子计算机已不存在理论上的困难，但有效破解 RSA 算法需要约 600 万量子比特，在投资充足的情况下（约 300 亿美元）需 6～12 年即可实现，否则在现有投资水平下则需 15～25 年；另外，他还认为一旦非容错的量子计算机理论取得突破，则仅需数千量子比特即可破解 RSA 算法，粗略估计在投资充足情况下 5～7 年即可实现，否则需要 8～12 年。

关于现有系统向量子安全方案升级所需的时间 Y，需要针对不同的迁移路线分别考虑。NIST 目标是重新设计新型的后量子公钥算法（PQC），其标准发布的预计时间在 2023—2025 年。而新的密码算法标准推向市场，通常还需要多年的时间才能完成应用整体的迁移，这样 Y 将很可能在 10 年以上。另外，采用量子密钥分发替代基于公钥的密钥交换也是可选的方案之一，但其对网络和设备的特殊要求，使得目前仅能适用于一些特殊业务场景，难以面向互联网提供广泛的服务。

可见，目前 ICT 应用所面临的量子计算安全挑战已十分严峻。对于一些保密年限要求较长的信息系统，应该立即考虑启用抗量子计算机攻击的保密通信技术。

1.3.3　量子安全问题的应对措施

针对量子计算带来的安全问题，目前业界考虑的应对措施主要包括基于现有密码的加强、研发新型的后量子公钥密码和基于量子物理的量子密钥分发技术三类，下面分别介绍。

1. 现有密码的加强

目前已知一些现有的密码技术是可以保证量子安全的，即那些无需任何关于对手计算能力的前提假设、具有信息理论安全性的密码。例如，OTP 对于任意强大的窃听者都具有完美的无条件安全性；Wegman-Carter 鉴权算法也具有抵抗量子计算攻击的能力。

对于更实用的对称密钥密码算法，也被认为可以在一定程度上抵御量子计算的攻击。这是由于目前可用于破解对称密钥算法的 Grover 量子算法，在搜索密钥空间时相比经典搜索算法仅能提供平方加速能力（如 1.2.2 节所述）。这意味着一旦量子计算机强大到可以破解 N 位密钥长度的对称密码时，只需要将密钥的长度扩大到原来的两倍，量子计算机的破解难度就会上升至与经典计算机类似的水平。例如 AES-128 对于当前的经典计算机来说难以破解，而 AES-256 对于量子计算机来说同样也很难破解。

这种应对量子计算攻击的思路对于散列算法（Hash Algorithm，或称哈希算法）同样适用。量子 Grover 算法对于散列算法的攻击方法是通过遍历所有散列值的可能性来发现散列值之间的冲突或其预映像（Pre-Image，即输入的原始信息）。因此，当量子计算机能够破解 N 位散列值的散列算法时，可以将散列算法的输出值长度增加一倍即可应对。

在美国国家安全局 2016 年发布的《关于量子计算攻击的答疑以及新的政府密码使用指南》中，明确指出未来量子计算机的实现将威胁当前所有广泛使用的密码算法，并重新定义了其国家商用安全算法集合，详见表 1-3。根据上述原理，其在对称密码方面，弃用了原有的 AES-128 和 SHA-256 算法，使用更长密钥的 AES-256 和更长输出的 SHA-384 算法，以应对将来可能出现的量子计算的攻击。在公钥密码方面，由于目前还没有很好的量子安全解决方案，其仅是增加了原有 RSA 和 ECC 算法的密钥长度，并提请 NIST 尽快建立后量子时代的公钥算法密码标准。

可以看到，增强的对称密钥密码算法仍是在后量子时代保证网络安全的重要手段。然而，如何在通信双方之间建立共享的对称密钥，即如何安全地分发密钥则面临更严峻的量子安全挑战。下面将分别介绍两种可能的选项，即基于计算复杂度的

PQC 和基于物理定律的 QKD。

表 1-3 美国商用安全算法集合

算法	用途
RSA 3072-bit 或更多	密钥建立，数字签名
Diffie-Hellman (DH) 3072-bit 或更多	密钥建立
ECDH with NIST P-384	密钥建立
ECDSA with NIST P-384	数字签名
SHA-384	数据完整性
AES-256	数据机密性

2. 后量子公钥密码学（PQC）

Shor 算法能够破解公钥密码主要是针对两个特定的计算问题——整数因子分解和离散对数问题，找到了远超越经典计算机的量子计算方案。事实上对于某些数学问题，Shor 量子算法相对于传统算法并没有明显的优势。

目前认为可抵抗量子算法攻击的数学问题主要来源于格理论、编码理论、多元多项式理论等数学领域的研究。其中每一类计算问题都提供了可用于构建公钥密码系统的全新框架。但是，以这些新方法为基础构建量子安全的公钥密码也还面临一些新的挑战，例如与传统公钥算法相比，它们往往需要更长的密钥和数字签名。但就性能而言，已经有一些量子安全的新算法可以与目前广泛使用的 RSA 或 ECC 公钥算法相比拟，甚至还要更快。

如前所述，当前的互联网及很多其他系统所使用的安全协议及产品，对于公钥密码学的依赖程度很高。采用基于新的数学问题的公钥算法来应对量子安全问题，无疑是一种对现行密码体制影响较小、易于现有网络安全基础实施迁移的解决方案。

目前，国际上 PQC 技术仍处于研究及标准化初期。NIST 于 2015 年起针对后量子时代的密码技术开展了大量预研工作，其分析大规模量子计算机很可能在未来 20 年左右出现，一旦研制成功，将能够破解当前大多数公钥密码体制，严重威胁互联网及其他领域的数字通信安全。而从历史上来看，当前的公钥密码基础设施从标准研制到全面部署也历时 20 年。因此，其认为必须尽快开展下一代抗量子攻击密码体制的标准化工作，并于 2016 年年底正式启动 PQC 项目，目标制定可抵抗已知量子算法攻击的新型公钥算法标准，其工作计划如下。

① 2016 年 12 月：面向公众征集 PQC 提案（量子安全的公钥加密、密钥协商、数字签名方案）。

② 2017 年 11 月 30 日：PQC 提案征集截止。

③ 历时 3 ～ 5 年的方案评估期。

④ 评估完成的 2 年后发布标准草案（即 2023—2025 年）。

目前 NIST 已征集到来自全球密码学家提出的 69 种算法，正在开展紧锣密鼓的安全性评估工作。但可以看到，用于破解密码的量子算法也在不断演进，如何保证可抵御现有 Shor 算法的 PQC 不被随时可能出现的新型量子算法攻破，亦成为密码学界面临的难题。

3. 量子密钥分发（QKD）

量子密码学的研究源于班尼特（Bennett）和布拉萨尔（Brassard）的开创性工作。不同于经典密码学，量子密码学的安全性保障并不来自于数学算法的计算复杂度，而是建立在量子物理学的基本定律之上。这些物理定律可以认为是永久有效的，使得 QKD 能够提供独特的长期安全性保障，这是量子密码学的重要特征和优势。

所谓的长期安全性理念，来自信息论的鼻祖香农（C. Shannon）1949 年提出的信息理论安全模型，其证明在 OTP 加密下，即使对方的算力无限强，也无法从密文中窃取任何信息，这使得窃听者的存在毫无意义。通过 OTP 加密与信息理论安全的密钥交换的组合，即构成了可实现长期安全性的密码方案，而这正是 QKD 发挥其独特优势的地方。无论从理论还是实践来看，QKD 都是迄今为止实现长期安全性密钥交换的最佳选择。虽然在 QKD 之外，也还存在一些理论上可实现信息论安全的密钥交换方式，例如基于有限存储、基于噪声信道或基于受限访问模型的密钥交换，但显然基于量子物理原理的 QKD 具有最强的理论安全性保障。另外，从实践上来看，基于 QKD 的保密通信技术已经在美国、奥地利、中国、日本、瑞士、英国等国家得到了广泛的试验部署和应用验证。

事实上，基于 OTP + QKD 的长期安全性保密通信方案距离广泛应用仍然还有很长的路要走。首先，OTP 加密要求密钥与明文数据等长且只能使用一次，这要求 QKD 产生的密钥速率必须与经典通信的信息速率相当，显然目前 QKD 的成码率无法满足除语音之外的大多数业务进行 OTP 加密的需求。此外，QKD 点对点传输的最远距离在实验室可达约 400km，在实际工程应用则仅 100km 左右。更远距离的密钥分发就必须采用可信中继技术，而这又为系统带来了额外的安全隐患。但是可以看到，QKD 技术仍然在快速发展，未来点对点 QKD 可以实现更高的速率、更远的传输距离；另外，基于量子纠缠实现量子态存储和转发的量子中继器也正在加速研制之中，已经不存在理论上的瓶颈。

在 QKD 的性能瓶颈真正解决之前，人们还可以采用 QKD 与对称密钥算法混合使用的过渡方案，实际上这种混合方案已经在 QKD 试验及商用系统中广泛应用。通过 QKD 代替公钥算法来保证对称密钥的安全分发，然后再通过对称密钥算法来保护大量信息传输的机密性，即可同时兼顾传输性能和安全需求。这种混合解决方案也是当前对抗量子计算攻击的可选方案之一。

作为人类首次利用量子物理手段来实现保密通信的创新实践，QKD 的发展不仅面临着来自技术性能的挑战，还有成本经济性、应用需求、商业模式等多方面的挑战，但同时也得到了产业界和学术界的大力支持。在设备层面，QKD 的性能增强、小型化、甚至芯片化已在不断迭代升级；在组网层面，基于可信中继的 QKD 网络也在不断地扩展完善；在标准层面，欧洲和中国正在加速制定相应的技术协议和安全认证标准；在应用层面，QKD 在一些需要长期安全性保障的领域，例如金融、政务、医疗等方面的商业应用已在逐步成形。可以看到，QKD 技术呈现出蓬勃发展的势头，随着技术和产品的不断发展成熟，一旦成功克服其自身的局限性，将来必然拥有广阔的应用前景。

　　本书后续将从量子密钥分发的原理和技术，到量子保密通信的组网和应用，以及产业的发展现状和未来展望分别介绍，希望与读者一起分享对量子保密通信发展的理解。

参考文献

[1] Dowling J P, Milburn G J. Quantum technology: the second quantum revolution[J]. Philosophical Transactions of the Royal Society of London A: Mathematical, Physical and Engineering Sciences, 2003, 361(1809): 1655-1674.

[2] Singh S. The code book: the science of secrecy from ancient Egypt to quantum cryptography[M]. Anchor, 2000.

[3] Vernam G S. Cipher printing telegraph systems for secret wire and radio telegraphic communications[J]. Transactions of the American Institute of Electrical Engineers, 1926, 45: 295-301.

[4] Shannon C E. Communication theory of secrecy systems[J]. Bell system technical journal, 1949, 28(4): 656-715.

[5] Budiansky S. Battle of wits: the complete story of codebreaking in World War II[M]. Simon and Schuster, 2000.

[6] Shor P W. Algorithms for quantum computation: Discrete logarithms and factoring[C]. Foundations of Computer Science, 1994 Proceedings., 35th Annual Symposium on, 1994: 124-134.

[7] Bennett Ch H, Brassard G. Quantum cryptography: public key distribution and coin tossing Int[C]. Conf. on Computers, Systems and Signal Processing (Bangalore, India, Dec. 1984), 1984: 175-9.

[8] Gottesman D, Chuang I. Quantum digital signatures[J]. arXiv preprint quant-ph/0105032, 2001.

[9] Damgård I B, Fehr S, Salvail L, et al. Cryptography in the bounded-quantum-storage model[J]. SIAM Journal on Computing, 2008, 37(6): 1865-1890.

[10] Chen L, Jordan S, et al. Report on post-quantum cryptography[M]. US Department of Commerce, National Institute of Standards and Technology, 2016.

[11] ETSI EG 203 310 (V1.1.1), CYBER; Quantum Computing

Impact on security of ICT Systems; Recommendations on Business Continuity and Algorithm Selection[S]. ETSI, 2016.

[12] Campagna M, Chen L, Dagdelen Ö, et al. Quantum safe cryptography and security[J]. ETSI White Paper, 2015, 8.

[13] Mosca M. Cybersecurity in an era with quantum computers: will we be ready?[J]. IACR Cryptology ePrint Archive, 2015, 2015: 1075.

[14] Perlner R A, Cooper D A. Quantum resistant public key cryptography: a survey[C]. Proceedings of the 8th Symposium on Identity and Trust on the Internet, 2009: 85-93.

[15] Kaplan M, Leurent G, Leverrier A, et al. Breaking symmetric cryptosystems using quantum period finding[C]. Annual Cryptology Conference, 2016: 207-237.

第2章 量子密钥分发（QKD）原理

2.1　QKD 的基本原理

2.2　QKD 的工作机制

2.3　QKD 的主要协议

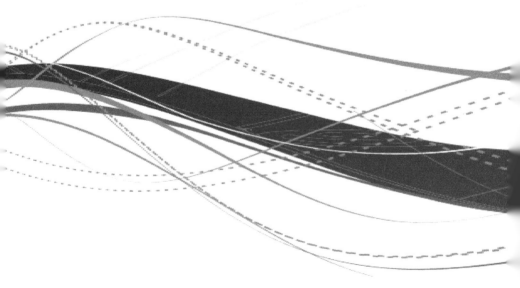

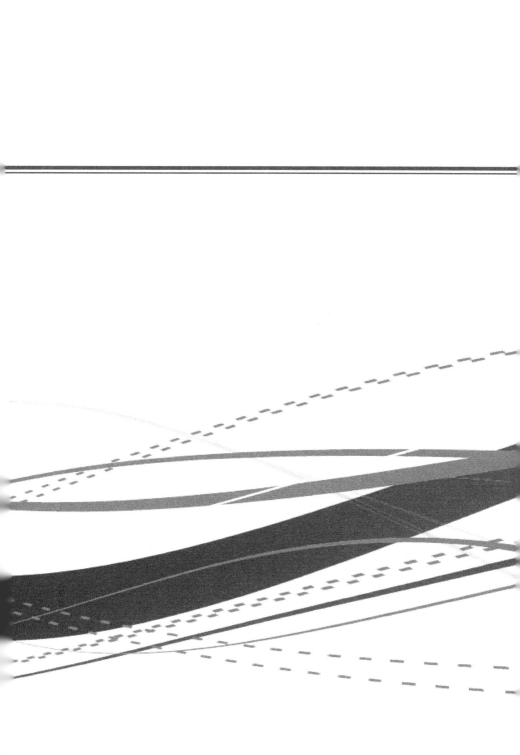

QKD 是利用量子力学的特殊性质来实现密钥的安全分发，其安全性建立在量子物理学和 QKD 协议两个方面。本章将重点针对 QKD 的基本原理、工作机制及主要协议进行介绍。

2.1 QKD 的基本原理

为了应对量子安全问题，可以通过一些新的密钥分发算法来代替传统的 RSA 或 ECC。但与基于公钥算法的密钥分发方案不同，QKD 是基于物理学定律来保证其安全性的新型密码学功能组件。QKD 作为协商产生对称密钥的一种方法，已经被证明是 ITS 的，理论上可以抵御包括量子攻击在内的任意攻击。这意味着即使对方拥有无限的计算资源（包括经典和量子计算），QKD 仍是安全的。这种基于量子物理定律实现的可证明的安全性，使得 QKD 可以应对未来可能出现的密码破译方法（包括量子计算）。

从基本原理上看，QKD 是通过光量子态的信息编码、传递、检测等操作来实现的。正是基于量子态的信息处理，使得 QKD

的安全性可以由量子物理基础定律和量子信息理论来得到保障。为此，这里将首先介绍作为 QKD 安全基础的三个重要的量子物理概念。

① 海森堡测不准原理：该原理是指对一个未知的量子态进行测量就会改变其状态。这意味着在 QKD 过程中，监听者的测量行为一定会改变量子态的物理特性，从而使监听行为被检测出来。

② 量子不可克隆原理：该原理是指无法以一个量子比特为基础精确地复制出一个完美副本。复制量子态的过程将必然会破坏其原有的量子比特信息。这意味着监听者无法复制量子比特承载的信息。

③ 量子纠缠特性：在量子力学里，当多个粒子彼此相互作用后，由各个粒子所拥有的特性已综合成为整体的性质，无法单独描述各个粒子的性质，只能描述整体系统的性质，这种现象被称为量子纠缠。爱因斯坦将该现象称为"遥远地点之间的诡异互动"。该特性使得发生量子纠缠的双方，其信息不可能泄露给第三方。

这些通常是反直觉的量子物理定律，自提出以来就经历了不少著名物理学家的质疑和多轮辩论，直到人们逐渐深入地理解其意义和正确性，并成功地应用于 QKD 等量子信息技术中。这里并不提供这些定理的数学证明，仅通过一些例子来进一步说明其含义以帮助理解。首先是量子不可克隆原理，其表明任意未知量子态不可能被完美地复制。但很容易想到一个问题，即为什么不能用光放大器来复制光子？事实上，赫伯特（N.

Herbert）于1982年就提出了一种基于激光的超光速信号传递装置，错误地认为接收机可以用光放大器进行输入光子的复制。根据光放大器中的受激辐射过程的原理，当激发态的原子接收到输入光子时回落到基态时，的确会产生一个与输入光子完全一致的克隆光子。因此，这篇结论明显与相对论冲突的文章并没有被拒，还成功发表在知名的物理学期刊《物理学基础》（Foundation of Physics），并引起了科学界的积极讨论。随后伍特斯（W.K.Wootters）、楚雷克（W.H. Zurek）和迪克斯（D. Dieks）等成功驳斥了赫伯特的超光速通信方案，并进一步证明了量子不可克隆原理。这是因为受激辐射并不能单独存在，而总是伴随自发辐射。虽然受激辐射可以产生输入光子的克隆光子，但自发辐射产生的光子具有随机的偏振态。受激辐射与自发辐射的比率正好使得最优渐近克隆无法满足利用量子非局域性进行超光速通信。

量子不可克隆原理与量子力学中的另一个重要定理，即海森堡测不准原理密切相关。其指出一旦通过测量可以获得某个量子系统的部分状态信息，那么该量子系统状态就必然会发生扰动，除非事先已知该量子系统的可能状态是彼此正交的。

这里举两个例子来进一步说明。首先，假设一个光子的偏振态要么是垂直（90°）要么是水平（0°）的。为确定其偏振态，可以将该光子射向一个极化的分束器及后连的两个单光子探测器并进行探测。如果反射路径上的探测器检测到光子，则可知该输入光子是垂直偏振，如果入射路径探测器检测到光子，则说明该输入光子是水平极化的。这样我们一旦获知了该输入光子的偏振态，就可以制备任意数量相同的偏振态的光子，即这里成功实现了光子偏振态的克隆。但这种量子克隆，仅适用于输入光子可能的偏振态相互正交的情形。

考虑另外一种情况，假设一个光子的偏振态是从 {0°，90°，45°，135° } 中随机选取的，显然这 4 种偏振态是线性相关而非正交的，则不可能通过任何实验来确定其偏振态。例如，这里如果同样将一个光子通过垂直/水平方向的偏振分束器，则 45° 或 135° 偏振的光子发生反射或透射的概率各为 50%，因此无法确定其偏振态。

这种未知量子态无法通过测量进行复制的特性初看起来似乎是一个缺点，使其难以像经典通信系统一样通过信号检测进行信息的传递。但是，事实证明通过巧妙地利用这种不确定性，可以实现经典通信无法实现的无条件安全密钥分发。任何试图监听量子编码信息的行为都会对量子态造成扰动，同时暴露监听者的存在。并且，由第三方测量量子态带来的量子比特信息的变化，可以在收发两方被检测和量化出来，即不仅可以通过误码率阈值来检测第三方是否存在，还可以利用相应的算法计算出监听者获取了多少信息。这使得合法的通信双方可以使用后处理方法来删除任何监听者可能获得的共享密钥信息。

QKD 的信息理论安全性已经在许多安全性评估框架中得到了证明，包括通用可组合安全性框架（Universal Composability）、抽象密码体系框架和认证密钥交换框架等。QKD 作为一种长期安全性的密钥分发功能组件，还可将其生成的密钥与其他可证明信息论安全的密码方案结合使用（例如 Wegman-Carter 认证或 OTP 加密等），也可以与可抗量子计算攻击的密码算法（例如对称密钥算法 AES 等）结合，形成完整的 QKD 增强型密码方案。

2.2 QKD 的工作机制

QKD 是一个通信双方协商产生共享密钥的过程。QKD 的实现需要通过量子信道和经过认证的经典信道共同完成。这里量子信道是指用于传输量子态的信道；经典信道则是指双方以经典方式通信的信道。量子信道中传输的是由量子态承载的量子比特信号，可以利用光纤、自由空间（包括卫星链路）等物理媒介进行传输；经典信道则用于发送方和接收方进行基矢比对、数据后处理等步骤的信息交互。这些在经典信道上传输的信息，必须进行完整性保护和身份认证，以避免中间人攻击。值得一提的是，QKD 所涉及的量子信道和经典信道均可通过公共通信网络进行传输而无需担心窃听者的存在。一旦存在监听者，发送方和接收方可以利用 QKD 特殊的处理过程发现窃听行为。

图 2-1 给出一种典型的基于制备—测量机制的 QKD 系统示意图，当发送方和接收方间需要进行保密通信时，它们通过 QKD 来共享对称加密密钥。发送方和接收方都拥有建立量子信道所需的专用光学设备，并且都可以通过经典信道来保证两者之间的相互通信。发送方使用光源一次发送一串光子，每个光子可以看作是一量子比特信息。当光子传输时，发送方会随机选择两种不同类型的"基"之一来进行编码处理。在 BB84 协议中，"基"是编码或测量光子的偏振角度，每类基包含两个相互正交的基矢，而两类基之间则是非正交的，例如由 {0°，90°} 偏振组成的垂直正交基和由 {45°，-45°} 偏振组成的斜对角基。

接收方需要记录在量子信道接收到的每个光子。为了得到每个光子所携带的信息，接收方必须像发送方一样随机选择两种可能的"基"中的一种测量每一个光子，并记录下其测量时所用到的测量基类型，必须强调的是，这里测量基的选择必须是随机的，且与发送方制备光子时所用的基无关。接下来，发送方和接收方通过经典信道公开比对双方在制备和测量光子时所用的基。发送方和接收方随机选择会导致收发双方存在使用部分相同的基，也存在使用部分不同的基的情况。当发送方和接收方使用相同的测量基时，测出的结果是两端相同的，发送方和接收方会保留这些比特作为密钥的一部分。当发送方和接收方使用不同的测量基测量光子时，收发双方测出的结果是完全随机的,则应将这部分测量结果丢掉,不在最后的密钥中使用。

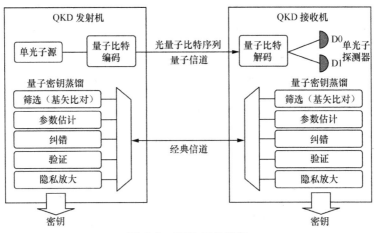

图 2-1　QKD 工作机制

当发送的每一个量子比特都被接收方接收后,发送方和接收方通过公共信道交互每一个光子时所使用的测量基类型,这可以为收发双方生成共享密钥提供足够的信息,但攻击者是无法利用这些公开的信息获取任何密钥信息的。这主要有以下两个重要原因。

首先,攻击者无法在不改变光量子态的条件下直接对光子进行观测,如果改变了光量子态,这带来的误码率变化就会被发送方和接收方检测到,从而将这些可能被窃听的光子丢弃。

其次,发送方和接收方通过经典信道进行协商时,没有透露每个量子态的最终测量结果,相反,只是透露用什么类型的"基"来测量。即使攻击者得知发送方和接收方的测量方法,对于攻击者来说，这时测量光子已经太迟了，因为已经被接收了。

在量子态的发送和检测步骤结束后，QKD还需要通过参数估计过程，通过对误码率等参数的评估识别当前是否存在窃听。然后，还需通过密钥过程数据的纠错、校验、隐私放大等后处理过程，保证收发两端得到完全一致的、安全的随机数，用于生成双方进行保密通信所需的对称密钥。

另外，QKD中还有一个重要的环节是身份认证，以保证通信双方身份的真实性。身份认证通过经典信道即可进行，存在多种实现方式。一种最为安全的认证方式是，在发送方和接收方提前人工预置少量对称的根密钥，用于初始的身份认证。然后，当QKD开始执行后，可在QKD生成的共享密钥中，选取一部分用于后续通信的认证过程。由于每次身份认证所采用的密钥完全随机，且不重复，可以认为是无条件安全的，无需对敌手计算能力的任何假设。

如果发送方和接收方一开始不预先共享用于认证的初始对称密钥，也可以采用基于公钥签名的初始认证方法。只要公钥签名在QKD的初始认证过程中没有遭到破解，那么得到的密钥在理论上仍然是安全的。即使该公钥签名算法可以在将来遭到破解，由于发送方和接收方之间后续的QKD过程可以使用QKD生成的一部分密钥进行认证，且这些密钥与初始认证密钥无关，这使得QKD的长期安全性仍然得以保障，只需保证公钥签名在初始认证过程中不被破解即可。

2.3 QKD 的主要协议

2.3.1 QKD 协议概述

经过 30 余年的发展，学术界提出了多种可行的 QKD 协议，并且仍在朝着更高性能、更安全、更低成本等方向不断演进。根子量子态编码方式的不同，QKD 协议可分为如下 3 种主要类型。

① 基于离散变量（Discrete-variable, DV）编码：DV QKD 类协议在发送端需将代表 0 或 1 的密钥信息通过单光子（通常以强衰减弱相干的激光脉冲来模拟单光子源）的自旋（上或下）、偏振（水平或垂直）或不同路径等分立的量子态来进行编码。接收端则需要通过单光子探测器检测信号。这类协议对于量子信息处理的器件有严格要求，但对于经典数据后处理过程要求简单，其典型代表是诱骗态 BB84 协议。

② 基于分布式相位参考（Distributed-phase-reference, DPR）编码：DPR QKD 类协议则是将密钥信息通过相邻两次发射的弱相干光脉冲（模拟单光子信号）的相对相位或光子到达时间来进行编码。其接收端同样需要单光子探测器来进行检测。这类协议的代表包括相干单向（Coherent-one-way, CoW）和差分相移（Differential-phase-shift, DPS）协议。

③ 基于连续变量（Continuous-variable, CV）编码：CV

QKD 类协议中的密钥信息则是编码在量化电磁场的正则分量，例如坐标和动量、振幅和相位等可连续取值的连续变量。CV QKD 可使用信号较强的多光子光源，也无需复杂的单光子探测器，采用经典光通信中常用的零差或外差相干检测技术即可，因此易于利用当前成熟的电信设备模块进行实现。这类协议的典型代表是 Grosshans 和 Grangier 于 2002 年提出的 GG02 协议。

根据协议实现方式，特别是窃听检测方式的不同，QKD 协议还可以分为基于制备—测量（Prepare-and-measure-based）和基于纠缠（Entanglement-based）两类。

① 基于制备—测量的 QKD 协议：这类协议均采用发送端编码制备特定的光量子态，然后由接收端进行检测解码的方案。攻击者在进行窃听时，需要对传输线路上的量子态进行观测，再重新制备转发给合法的接收方。根据海森堡测不准原理，这个过程必然会引入一定的错误率，从而被收发双方识别。上述 BB84、GG02、DPS、CoW 等均属于此类协议。

② 基于纠缠的 QKD 协议：采用这类协议的通信双方均需从第三方接收处于纠缠态的一部分光子，然后分别进行相应的测量。根据量子纠缠特性，任何窃听者的截取或测量操作则必然会改变纠缠的光量子系统，这可以很容易地被通信双方检测到。这类协议的典型代表是 Ekert 于 1991 年提出的 E91 协议。

注意这两种 QKD 协议分类方法并不冲突，基于制备—测量或基于纠缠的 QKD 协议均可采用 DV、CV 或 DPR 的编码方式来实现。

当前针对 QKD 协议的研究仍然十分活跃，一个很重要的领域是如何尽量减少 QKD 协议在实际系统中的安全假设，解决收发端可能面临的木马攻击、侧信道攻击等实际安全性问题。例如 2012 年提出的测量设备无关（Measurement-device-independent，MDI）QKD 协议，可以免疫于针对 QKD 探测器端的任何攻击手段。即使采用非可信第三方生产的量子信号检测设备，MDI-QKD 仍可保证安全。

目前来看，最早提出的 BB84 协议是研究最深入、商业应用最广泛的协议。CV QKD 协议虽然起步较晚，但其潜在的优势明显，受到越来越多的重视。基于纠缠的 QKD 协议虽然目前实现困难，但面向未来基于量子中继和纠缠分发的量子互联网，则具有很好的发展潜力。下面将分别针对这三类协议给出进一步的阐述。

2.3.2　基于 BB84 的 QKD 协议

早在 20 世纪 70 年代初，哥伦比亚大学的研究生威斯纳（Wiesner）提出了"量子钞票"的概念，即一种刻上若干量子态的无法伪造的钞票。这是人类历史上首次尝试用量子力学来解决信息安全问题，但很遗憾他的论文直到十年后才被允许发表。20 世纪 80 年代，班尼特（Bennett）和布拉萨尔（Brassard）扩展了威斯纳（Wiesner）的思想，并将其应用于解决经典密码学中的密钥分发问题，这就是众所周知的 1984 年发布的 BB84 QKD 协议。

BB84 协议是一种四态协议，其安全性建立在量子不可克隆的原理上。假设发送方和接收方都处在高度安全的机房中，这些机房通过不安全的量子信道进行连接，例如光纤信道。攻击者可能完全控制这个通道，但不能够进入发送方或接收方的机房内部直接获取信息。这时进行保密通信的关键问题在于如何在双方之间共享足够长的随机数字作为安全密钥。

由于已知量子不可克隆原理，发送方可以将随机比特编码在单光子的偏振态上，即可通过不安全的量子信道将随机数发送给接收方。

发送方可以使用水平偏振光子来编码比特"0"和垂直偏振光子来编码比特"1"。接收方可以通过测量光子偏振来解码随机比特。然而，这个方案并不是安全的。当发送方的光子通过量子信道时，攻击者可以拦截并测量它的偏振状态。在此之后，攻击者可以根据测量结果制备一个新的光子并将其发送给接收方。这样，攻击者就获得了量子态的完美副本，从而截获在发送方和接收方之间生成的密钥。

产生上述问题的原因是：量子不可克隆原理并不能应用于一组正交量子态。为此，BB84 协议的提出者引入了一种"基"的概念，用它来代表随机比特是如何编码的：对于垂直正交基，发送方使用 0° 偏振表示比特 0，90° 偏振表示比特 1；对于斜对角基，发送方使用 +45° 偏振来代表比特 0，-45° 偏振来代表比特 1。在每次进行 QKD 时，发送方随机从由垂直正交和斜对角

组成的集合{0°，90°，45°，-45°}里选择来编码随机数，如
图 2-2 所示。因此，攻击者不能确定接收方选择的测量基矢。
如当发送方和接收方采用斜对角基进行制备及测量时，如果攻
击者使用垂直正交基进行探测，那么将破坏正常的比特信息，因
为"45°"或"-45°"偏振光子具有相同的机会被投射到水平或
垂直偏振状态。

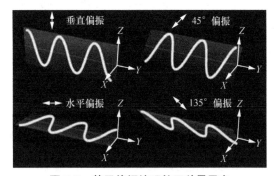

图 2-2 基于偏振编码的四种量子态

如图 2-3 所示，接收方随机选择两类基之一来测量每个接
收到的光子，当发送方和接收方碰巧使用相同的测量基就可以生
成相关的随机比特。如果使用不同的测量基，选择的测量基与量
子态是不相关的。在接收方测量了所有光子后，通过认证的公共
信道将测量基与发送方进行比较。通信双方只保留使用两者匹配
的基矢生成的随机比特，这通常叫作基矢比对筛选过程。

在没有环境噪音、系统缺陷和攻击者的干扰下，经过基矢
比对筛选得到的密钥是完全相同的。具体的，BB84 协议的基

矢对比过程示例可参考图 2-3。

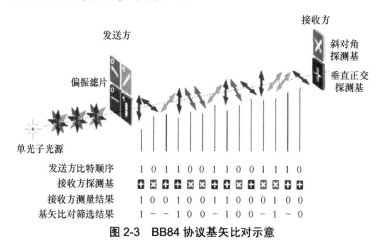

发送方比特顺序　1 0 1 1 0 0 1 1 0 0 1 1 1 0
接收方探测基　✚✖✖✚✚✖✖✖✚✚✖✖✖✖✚✚
接收方测量结果　1 0 0 1 0 0 1 1 0 0 0 1 0 0
基矢比对筛选结果　1 - - 1 0 0 - 1 0 0 - 1 - 0

图 2-3　BB84 协议基矢比对示意

在攻击者发起一个简单的截取和重发攻击的情况下，对于每个来自发送方的光子，攻击者在随机选择的基上进行测量，并且根据测量结果重新发送一个新的光子给接收方。如果攻击者恰好使用了正确的测量基，那么攻击者和接收方都可以正确解码。如果攻击者使用了错误的测量基，那么攻击者和接收方都会得到一个随机的测量结果。这样，发送方和接收方通过提取基矢对比筛选结果中的部分数据进行分析，即可发现监听所带来的误码率变化。攻击者进行截取—重发攻击将会引入 25% 的量子比特误码率。

在实际中，量子比特误码可能源于 QKD 系统自身的噪声或攻击者的攻击，所以发送方的筛选密钥经常会与接收方不同，同时监听者也可能获取到部分的密钥信息。因此，在发送方和接收方之间建立完全对称的安全密钥还需要纠错和隐私放大等后处理过程。发送方和接收方可以在量子传输阶段通过观测量子误码率（QBER）来估测攻击者的信息量。如果攻击者获取的信息太多，就必须重新启动整个 QKD 协议过程以生成新的数据信息。另一方面，如果攻击者获取的信息低于一定阈值，发送方和接收方就可以进一步进行纠错和隐私放大来生成一个缩短的最终密钥，从而排除攻击者获取的信息，保证密钥的安全性。

2.3.3 基于量子纠缠的 QKD 协议

自从爱因斯坦、波多尔斯基和罗森在 1935 年发表了著名的"EPR"论文以来，"纠缠"一直是量子力学中最令人迷惑但具有吸引力的特征之一。为了说明如何使用纠缠实现安全的密钥分发，我们首先介绍偏振纠缠光子对的一些性质。

一个单光子的任意偏振态均可通过两个基态的叠加来进行表示：

$$|\psi\rangle_s = \alpha|\updownarrow\rangle + \beta|\leftrightarrow\rangle \qquad (2\text{-}1)$$

其中$|\updownarrow\rangle$和$|\leftrightarrow\rangle$表示垂直和水平偏振态，它们构成一组正交基。α和β是满足归一化条件$\alpha\alpha^* + \beta\beta^* = 1$的复数。对于公式（2-1），这里假设光子的偏振状态是纯态，即两个基态之间存在确定的相位关系。类似地，由两个光子组成的光子对的偏振态（纯态）可以通过 4 个基态的叠加来描述。

$$|\psi\rangle_{pair} = \alpha_1|\updownarrow\rangle_1|\updownarrow\rangle_2 + \alpha_2|\updownarrow\rangle_1|\leftrightarrow\rangle_2 + \alpha_3|\leftrightarrow\rangle_1|\updownarrow\rangle_2 + \alpha_4|\leftrightarrow\rangle_1|\leftrightarrow\rangle_2 \qquad (2\text{-}2)$$

这里 $|\updownarrow\rangle_1|\updownarrow\rangle_2$ 表示两个光子均处于垂直偏振态的基态，公式

（2-2）中的其他三项可以用类似的方式理解。在 $a_1=a_4=1/\sqrt{2}$ 和 $a_2=a_3=0$ 的特殊情况下，即可以表示为一种偏振纠缠的 EPR 光子对。

$$|\Phi\rangle_{pair}=1/\sqrt{2}\,(|\updownarrow\rangle_1|\updownarrow\rangle_2+|\leftrightarrow\rangle_1|\leftrightarrow\rangle_2) \qquad （2-3）$$

　　上述状态的一个特征是它不可能用任意两个偏振态的张量积来描述，即 $|\Phi\rangle_{pair}\neq|\psi\rangle_1\otimes|\psi\rangle_2$，其中 $|\psi\rangle_1$ 和 $|\psi\rangle_2$ 是任意的单光子偏振态。换句话说，这两个光子彼此"纠缠"。纠缠光子可呈现经典物理学中不存在的非局域相关性。

　　假设我们将一个 EPR 对的一个光子发送给信息发送方，另一个光子发送给信息接收方。如果发送方使用垂直正交基测量其接收到的光子，它会将以相同的概率检测到垂直或水平偏振光子。由于纠缠光子对特有的非局域相关性，接收方所拥有的光子也将被映射到相应的偏振态。如果接收方随后同样采用垂直正交基来测量光子，则其得到的测量结果将与发送方的测量结果是完全相关的。但是，如果接收方采用斜对角进行测量，则其测量结果将与发送方得到的结果完全无关。

　　另外，如果双方均使用斜对角基进行测量的话，双方测量得到的结果仍然呈现出令人惊讶的完美相关性。这可以通过将公式（2-3）重写为以下形式来表示：

$$|\Phi\rangle_{pair}=1/\sqrt{2}\,(|+\rangle_1|+\rangle_2+|-\rangle_1|-\rangle_2) \qquad （2-4）$$

　　其中，$|+\rangle=1/\sqrt{2}\,(|\updownarrow\rangle+|\leftrightarrow\rangle)$ 表示 45° 的偏振态，$|-\rangle=1/\sqrt{2}\,(|\updownarrow\rangle-|\leftrightarrow\rangle)$ 表示 -45° 的偏振态。

　　上述讨论表明基于 EPR 光子对也可以实现类似 BB84 的 QKD

协议。如图 2-4 所示，EPR 光子源可以放置在发送方和接收方之间。每个 EPR 对中的一个光子发送给发送方，另一个光子发送给接收方。对于每个输入光子，发送方和接收方随机独立地选择其测量基为垂直正交基或斜对角基。测量完所有光子对之后，发送方和接收方将比较测量基的选用情况并仅保留使用相同基生成的随机比特。与基于单光子源的 BB84 协议类似，发送方和接收方可以进一步执行纠错和隐私放大，以生成最终的安全密钥。

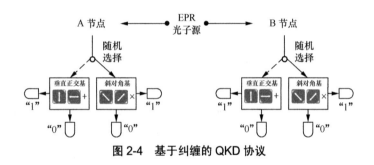

图 2-4　基于纠缠的 QKD 协议

请注意，在发送方和接收方进行测量之前，EPR 光子源发光的每个光子的偏振都是随机的，无法确定。当监听者试图观测从 EPR 源发送给用户的光子时，因为这时并没有进行任何信息编码，所以它不能从中获得任何信息。

上述基于 EPR 对的 QKD 协议虽与 BB84 协议非常相似，但可带来不少新的优势。1991 年，埃凯特（Ekert）发明第一个基于纠缠的 QKD 协议，他提出通信双方可以通过测试特定形式的贝尔不等式来验证是否纠缠。只有通信双方确认纠缠存在后才可以生成安全密钥。基于贝尔不等式的检测使得收发双方可以无需关心测量结果的获取方式，这也引发了后续所谓设备无关（Device-independent）的安全性证明相关研究。可以说，基于纠缠的 QKD 协议在特定场景下可具备更高的安全性。

另外，未来远距离的量子通信需要依赖于基于量子态存储—转发的量子中继技术，而通常认为量子中继仅能够支持基于纠缠的 QKD 协议。但显然，纠缠 QKD 协议的实现难度要远高于 BB84 协议。

2.3.4 基于连续变量的 QKD 协议

在 BB84 QKD 协议中，发送方的随机比特是被编码在二维空间中，如单个光子的偏振状态。但是考虑降低工程上的实现难度，包括需要使用裸光纤来承载量子信道，以雪崩二极管为基础的单光子接收机的高昂价格及使用寿命限制等，科学家们经过研究，提出了连续变量 QKD 协议。

对于基于连续变量的 QKD 协议（CV-QKD），在整个密钥分发的过程中，用于编码的量子态所在的希尔伯特（Hilbert）空间是无限维且连续的。这类协议中信息的存在形式不再是离散变量类协议的二进制比特，而是满足连续分布的高斯随机数。信息的载体也不再是单光子的偏振或者相位，而是光场的正交分量（相空间中的"位置"和"动量"）。根据协议的结构特点可以将连续变量类协议分为单路协议、双路协议以及测量设备无关协议。在单路协议中，量子态由发送端制备经过信道传输至接收端测量；在双路协议中，通信双方均制备量子态，其中一方将自己的量子态发送至另外一方，双方的量子态进行相互作用后，再经过信道送回并且进行测量；在测量设备无关协议中，通信双方均制备量子态，并将其发送至不可信的第三方进行贝尔态测量。三类连续变量协议量子态的制备以及测量结构各不相同，因此在安全性分析以及具体实现过程中也各具特色。

在基于连续变量的 QKD 协议中，高斯调制相干态（GMCS）QKD 协议引起了特别的关注。发送方用高斯分布的随机数调制相干态的幅度正交分量和相位正交分量。在经典电磁学中，这两个正交分量分别对应电场的同相和异相分量，可以用光相位和振幅调制器进行调制。发送方将调制后的相干态与很强的本振光（用作相位参考的强激光脉冲）一起发送给接收方。接收方用相位调制器和零差检测器随机测量两个正交分量中的其中一个。在执行完测量后，接收方通知发送方每个脉冲实际测量的是哪个正交分量，发送方将丢弃不相关的数据。在这个阶段，通信双方共享一组相关的高斯变量，这些变量被称为初始密钥。根据估测过噪声是否超过特定阈值，通信双方可以通过执行协商和隐私放大来进一步筛选安全密钥。

GMCS QKD 的安全性可以根据海森堡测不准原理理解。在量子物理学中，相干态的幅度正交和相位正交形成一对共轭变量，由于海森堡测不准原理，这不能同时以任意高的精度确定。根据观测到的一个正交分量的方差，通信双方即可以得到攻击者可获取信息的上限。这提供了一种验证生成密钥安全性的方法。

与 BB84 QKD 不同的是，在 GMCS QKD 中，零差探测器用于测量电场而不是光子能量。通过使用本振光，可以使用高效率和快速的光电二极管构建零差探测器，这能得到高安全密钥生成速率。但是，GMCS QKD 的性能很大程度取决于信道衰减。在 BB84 QKD 系统中，信道损失扮演着一个简单的角色：降低了通信效率，但不会引入量子比特错误率（Quantum bit error rate，QBER）。一个光子要么丢失在信道中（在这种情况下，接收方不会检测到任何内容），否则会完好地到达接收方的探测器。然而，在 GMCS QKD 中，信道损失将引入真空噪音并降低通信双方数据之间的相关性。随着信道损耗的增加，衰减带来的噪声变得非常高，通信双方不可能在巨大的真空噪声的基础上解析出相对很小的过噪声（用于获得攻击者信息的上限）。因此，与 BB84 QKD 相比，GMCS QKD 通常可达的最大传输距离较短，但可以在短距离内实现更高安全密钥速率。

参考文献

[1] Gisin N, Ribordy G, Tittel W, et al. Quantum cryptography[J]. Reviews of modern physics, 2002, 74(1): 145.

[2] Herbert N. FLASH—A superluminal communicator based upon a new kind of quantum measurement[J]. Foundations of Physics, 1982, 12(12): 1171-1179.

[3] Wootters W K, Zurek W H. A single quantum cannot be cloned[J]. Nature, 1982, 299(5886): 802-803.

[4] Dieks D. Communication by EPR devices[J]. Physics Letters A, 1982, 92(6): 271-272.

[5] Ben-Or M, Horodecki M, Leung D W, et al. The universal composable security of quantum key distribution[C]. Theory of Cryptography Conference, 2005: 386-406.

[6] Maurer U, Renner R. Abstract cryptography[C]. In Innovations in Computer Science, 2011.

[7] Mosca M, Stebila D, Ustaoğlu B. Quantum key distribution in the classical authenticated key exchange framework[C]. International Workshop on Post-Quantum Cryptography, 2013: 136-154.

[8] Bennett C H, Brassard G. Quantum cryptography: Public key distribution and coin tossing[J]. Theor. Comput. Sci., 2014, 560(P1): 7-11.

[9] Stucki D, Brunner N, Gisin N, et al. Fast and simple one-way quantum key distribution[J]. Applied Physics Letters, 2005, 87(19): 194108.

[10] Inoue K, Waks E, Yamamoto Y. Differential phase shift quantum key

distribution[J]. Physical Review Letters, 2002, 89(3): 037902.

[11] Grosshans F, Grangier P. Continuous variable quantum cryptography using coherent states[J]. Physical review letters, 2002, 88(5): 057902.

[12] Ekert A K. Quantum cryptography based on Bell's theorem[J]. Physical review letters, 1991, 67(6): 661.

[13] Lo H-K, Curty M, Qi B. Measurement-device-independent quantum key distribution[J]. Physical review letters, 2012, 108(13): 130503.

[14] Wiesner S. Conjugate coding[J]. ACM Sigact News, 1983, 15(1): 78-88.

[15] Pironio S, Acin A, Brunner N, et al. Device-independent quantum key distribution secure against collective attacks[J]. New Journal of Physics, 2009, 11(4): 045021.

[16] Ralph T C. Continuous variable quantum cryptography[J]. Physical Review A, 1999, 61(1): 010303.

[17] Qi B, Huang L-L, Qian L, et al. Experimental study on the Gaussian-modulated coherent-state quantum key distribution over standard telecommunication fibers[J]. Physical Review A, 2007, 76(5): 052323.

[18] Renner R, Cirac J I. de Finetti representation theorem for infinite-dimensional quantum systems and applications to quantum cryptography[J]. Physical review letters, 2009, 102(11): 110504.

第3章 量子密钥分发关键技术

3.1 量子信号源

3.2 量子信号探测器

3.3 量子随机数发生器

3.4 点对点 QKD 技术

3.5 网络 QKD 技术

3.6 实际 QKD 系统的安全防护

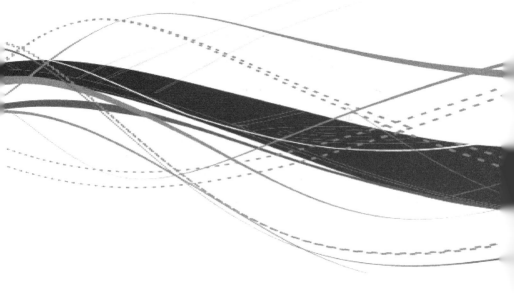

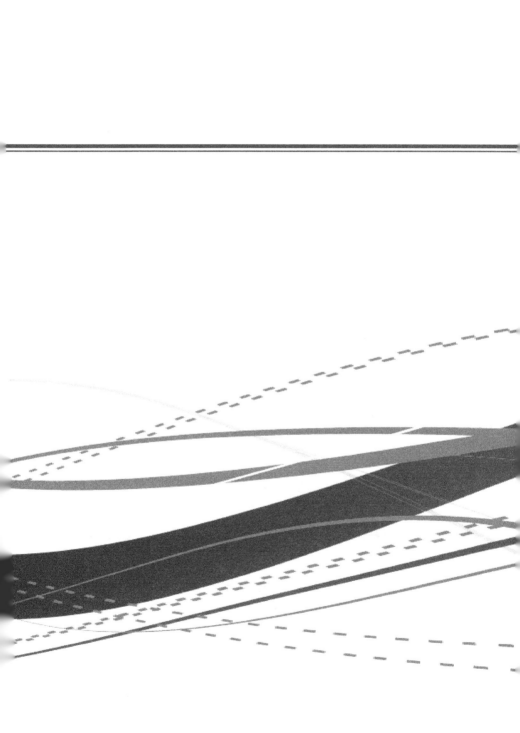

　　量子密钥分发的实现建立在多种关键技术的基础上，本章将介绍 QKD 的关键器件及技术，包含量子信号源、量子信号探测器、量子随机数发生器和点对点 QKD 技术、网络 QKD 技术以及实际 QKD 系统的安全防护。

3.1　量子信号源

3.1.1　单光子信号源

　　"单光子"信号源技术在过去十多年中已经取得了不小的进步，且已作为量子光学和量子通信领域的基本术语被广泛使用。但是，目前在实际应用中能够真正按需生成单个光子的器件仍然无法实现。一个完美的单光子源也被称作"光子枪"，即每当发送方发射光子时，一个仅包含单个光子的光脉冲就会产生。单光子态是一种特殊的"光子数"状态，即一种包含精确数量光子的状态。然而，对于传统的激光源而言，无论其有多稳定也无法产生确定的光子数状态。我们可以直观地将其理解为：传统激光器的介质是由大量独立的原子或分子组成的，而这些原子或分子将在单位时间内以特定的概率自发地辐射光子。因此，激光器产生的光子数是在不断波动的，只有其统计特性可以被估计出来。

为了产生真正的单光子，理论上应当使用仅包含单个微观对象的辐射体。这个单独的辐射体在其激发周期内状态从基态泵浦转变为激发态，然后就可以通过自发辐射过程产生单个光子。到目前为止，科学家们已经研究了多种用于产生单光子的单辐射体方案，包括原子或离子气体、有机分子、晶体色心、半导体纳米晶体、量子点等。

3.1.2　EPR 光子对

纠缠光子对可以通过非线性光学产生，如自发参量下转换（Spontaneous Parametric Down-Conversion，SPDC）。在这个过程中，泵浦光子在非线性晶体中自发衰变成一对子光子。能量和动量的守恒使得这个过程中生成的子光子在频谱和空间域是纠缠的。像其他相敏非线性过程一样，SPDC 需要相位匹配才能变得高效。相位匹配是指在整个非线性晶体中，泵浦光和下转换光间应保持适当的相位关系，这样不同位置处 SPDC 过程的概率幅度将相干叠加。相位匹配的需求和非线性晶体的双折射表明可以选择性地产生具有一定偏振态的光子对。

以下介绍一种产生偏振纠缠光子对的方法：将两个不同的非线性晶体放置在一起，选择第一个晶体将垂直泵浦光子与水平下转换光子对进行相位匹配，然后选择第二个晶体将水平泵浦光子与垂直下转换光子对进行相位匹配。经过精心设计，45° 偏振泵浦光子将以同样的可能性在任一晶体中进行转换，且这两种可能的下转换过程将相干叠加。这样就可以产生高质量的偏振纠缠光子对。

纠缠光子对也可以在其他非线性过程中产生，例如光纤中的四波混频。本节将不再针对更多技术细节展开叙述，但需要重点指出的是：非线性光学在经典光通信和量子通信中一直扮演着重要的角色。

3.1.3　衰减激光源和诱骗态 QKD

在 BB84 QKD 协议中，发送方在单光子状态下对随机比特进行编码。但是，由于实际上没有高质量的高效单光子源，大多数实际应用的 QKD 系统中采用了高衰减的激光源。

高衰减的激光脉冲可以被建模为相干态，这种状态是不同光子数状态的叠加。实际上，可以通过一个光衰减器来减少激光脉冲的平均光子数。然而，无论平均光子数是多少，激光脉冲在多数情况下包含多于一个光子，包含单光子的概率极低，这为光子数分离（Photon Number Spliting，PNS）攻击打开了一扇大门。在 PNS 攻击中，攻击者可以执行特殊的"非破坏性"量子态测量来获知发送方激光脉冲的光子数信息，而不会破坏或干扰编码的量子信息。根据第 2 章介绍的 BB84 协议中，如果激光脉冲包含一个光子，攻击者就会被阻止，接收方不会收到任何信息；如果激光脉冲包含多个光子，攻击者可以分出一个光子，并将剩余的光子继续发送给接收方。攻击者可将截取的光子存储在量子存储器中，直到接收方公布测量基，然后攻击者使用与接收方相同的测量基测量其截取的光子。通过这种方式，攻击者就可拥有接收方所拥有的全部信息，实现了密钥的窃取。

2003 年，"诱骗态"思想的提出为防止 PNS 攻击实现了突破。在 PNS 攻击中，攻击者选择性地阻止单光子脉冲，由此产生的量子信道具有与光子数量相关的透射率，这与无源信道有很大的不同。"诱骗态"思想的核心是：通过在 QKD 过程中不断地测试量子信道来检测 PNS 攻击。

在传统的计量学中，校准未知设备的一种常用方法是通过不同的输入信号来测试其响应。诱骗态 QKD 中采用了相同的策略：通信双方用具有不同平均光子数的激光脉冲（被称作"信号状态"或"诱骗状态"）进行 QKD 并且分别评估透射率和 QBER。攻击者制造的 PNS 攻击将不可避免地导致信号状态和诱骗状态产生不同的透射率，使得这类攻击不可避免地被检测到。已有研究表明：诱骗态 BB84 QKD 的安全密钥速率与量子信道的透射率成线性关系，这与具有完美单光子源的 BB84 QKD 的安全密钥速率相当。

诱骗态 QKD 中一个关键假设是：对于信号状态和诱骗状态而言，除了通信双方的平均光子数有差异之外，其他所有的特征是完全相同的。这意味着攻击者的光子数被测量之后，攻击者无法判断截取的光子数状态是源于信号状态还是源于诱骗状态，只能采取无差别的方式进行处理。2005 年，诱骗态 BB84 QKD 的无条件安全性得到了证明。随后，实用化的诱骗态协议也被提出，并在 2006 年实现了诱骗态 BB84 QKD 系统的实验。目前，诱骗态技术已经在 BB84 QKD 系统中得到广泛应用，使得基于弱相干态光源即可实现安全的 QKD 系统。

3.2　量子信号探测器

3.2.1　单光子探测器

在 BB84 QKD 协议中，接收方用单光子探测器（Single-Photon Detector, SPD）测量发送方制备的光子。传统的光子计数器，例如光电倍增管（Photomultiplier Tube, PMT）和雪崩光电二极管（Avalanche Photo Diode, APD）通常工作在高度非线性区域，单个光子的到达可通过倍增过程产生宏观电脉冲。这些探测器实际上是门限探测器，它们可以区分从真空态到有光子出现，但不能区分实际的光子数量。近期，超导单光子探测器（Superconductive Single Photon Detector, SSPD）已经被发明并证明具有更优越的性能。

SPD 最重要的参数包括探测效率、暗计数概率、死时间和时间抖动。

① 探测效率是 SPD 接收入射光子的概率，整体探测效率是由探测器的固有量子效率和耦合损耗两者决定的。典型地，探测效率是入射光子波长的函数，且可以是偏振敏感的。

② 暗计数是 SPD 在没有实际光子到达时记录到的探测事件。由于其随机性，暗计数贡献 QBER 中的 50%。QKD 系统的最大密钥分发距离通常是由 SPD 的暗计数概率决定的。

③ 死时间是 SPD 记录光子后的恢复时间。在此期间，SPD 不会对输入光子进行响应。

④ 时间抖动是时域中 SPD 输出电脉冲的随机波动。

本节介绍两类常见的 SPD，相关内容如下。

1. APD-SPD

盖革模式（Geiger mode）下运行的 APD 作为单光子探测器已经在 QKD 中得到广泛应用。在盖革模式下，APD 上施加的偏压超过其击穿电压时，单个光子的吸收可触发宏观雪崩电流。

在 700～800nm 波长范围内工作的自由空间 QKD 系统中，硅基 APD 更适合，同时存在高性能的商业化产品。硅基 APD-SPD 的整体探测效率可以高于 60％，暗计数概率低于每秒 100 次，时间抖动可低至 50ps，典型的死时间在几十纳秒的范围内。根据死时间测算，硅 APD-SPD 的最大计数频率大约为几十兆赫兹。在电信光纤波长（C 波段，1550nm 波段）运行的 QKD 系统大多使用铟镓砷(InGaAs/InPAPD)。与硅基 APD 相比，以盖革模式运行的 InGaAs/InP APD 具有较高的后脉冲概率：在雪崩过程中产生的一小部分电荷载流子可能会被 APD 捕获，并随后触发额外的"假"计数。这些错误的计数等同于信号相关的"暗计数"。为了减小后脉冲概率，门控盖革模式被引入：在大多数时候，APD 上的偏压低于其击穿电压，因此 APD 将不对输入的光子进行响应；只有当检测到发送方的激光脉冲时，偏置电压才能在短时间内升高到击穿电压以激活 SPD。在 SPD 记录一个光子之后，偏置电压将长时间保持在击穿电压以下（通常为几微秒）以完全释放被捕获的载流子。这相当于引入了一个"外部—延迟时间"，极大地限制了这种类型 SPD 的工作效率。在通常情况下，InGaAs/InP SPD 的效率为 10％，暗计数概率为每纳秒 10^{-6}，最大计数频率小于 1MHz。使用自差分方案或正弦门控方案可以提高鉴别电路的灵敏度，以便 APD 可以在相对较低的雪崩增益下工作。这使得后脉冲概率可以更低，从而显著提高了门控 InGaAs/InP APD 的性能，这类 SPD 已成功应用于以吉赫兹频率运行的 QKD 系统。

在电信光纤波长上检测单光子的另一个有趣的想法是通过采用参数频率上转换过程来"上移"其频率，然后用硅基 APD 检测上转换光子。然而，这种方法会由于频率上转换过程带来较高的噪声。此外，这些探测器具有相当窄的光谱响应范围，通常对偏振较为敏感。

2. 超导 SPD

利用超导电性的单光子探测器目前已经成功开发，如超导 SPD(SSPD) 和过渡边缘传感器（TES），两者都具有覆盖可见光和电信光纤波长的宽光谱响应范围。TES 具有很高的固有效率和极低的暗计数概率，但是，由于其死时间很长，无法在几兆赫兹频率以上运行；另一方面，SSPD 表现出非常短的死时间，并且已经用于以 10GHz 重复频率运行的 QKD 系统。但目前，这类探测器必须在几开尔文的温度下操作，实际应用空间是有限的。

3.2.2　光学零拍探测器

原则上，GMCS QKD 中使用的零差探测器与经典相干通信系统中使用的零差探测器没有区别。在任何一种情况下，发送方编码关于电场的位置或动量正交分量的信息（在量子光学中，信息调制在相干态的幅度或相位分量上），而接收器通过本振光干涉的方式解码信息。然而，GMCS QKD 的性能相对于零差探测器的电噪声要敏感得多。为了有效检测攻击者的攻击，一个基本要求是零差探测器必须可以检测出散粒噪音，这表明需要有足够强的本振光。

与 SPD 相比，由于在零差探测期间使用强本振光来对弱量子信号进行放大，零差探测器通常具有更高的效率和更大的带宽。然而，在 QKD 中使用零差探测也有很大的挑战。首先，为了稳定信号和本地振荡器之间的相对相位，它们通常被从相同的激光脉冲中分离出来，并通过相同的光纤从发送方传播到接收方。由于本振光比量子信号强得多，需要特别注意在接收端对其进行有效分离。其次，GMCS QKD 通常采用平衡零差探测方案来去除 DC 信号。事实上，两个探测通道如果有微小偏差，可能会影响探测平衡性，进而破坏整个系统的性能。

3.3 量子随机数发生器

量子随机数发生器（Quantum Random Number Generator, QRNG）是大多数 QKD 系统中的关键器件，也可作为基于量子物理学的独立产品。在 QKD 系统中，比如 BB84 QKD，发送方需要真正的随机数来选择编码基，而接收方也需要随机数来选择测量基。唯一的例外是基于纠缠的 QKD 协议在信号发送和接收阶段不需要随机数，它采用无源选择方案，在这种特殊情况下，其可以通过分束器被动地完成测量基的选择，并且在测量过程中会产生随机比特。然而，即使在基于纠缠的 QKD 协议中，在经典的后处理阶段中仍然可能需要真正的随机数，例如，使用随机哈希函数的隐私放大。

基于算法的常规伪随机数发生器或基于复杂系统混沌行为的物理随机数发生器不适用于 QKD 系统应用。给定伪随机数发生器的种子或经典混沌系统的初始条件，它们的未来输出是完全可预测的。实际上，古典物理学的确定性本质排除了真正的随机数的存在。相反，量子力学的概率本质表明真正的随机数可以在基本的量子过程中产生。如今的大多数 QRNG 都是在单光子级别上实现的。从图 3-1 中我们可以很容易理解 QRNG 的基本原理：单光子脉冲被发送到对称分束器，两个 SPD 分别被用来检测透射光和反射光子，相应 SPD 探测到光子的事件就被定义为比特"1"或比特"0"。

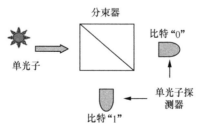

图 3-1 QRNG 的基本原理

另一种较好的量子随机数生成方案是基于测量真空态的随机波动,从字面上来说,它是从"真空态"中产生随机数。该方案可以通过对称分束器发送强激光脉冲并利用平衡零差探测器检测两个输出光束的差分信号来实现。为了获得高质量的随机数,平衡零差探测器的电噪声必须比散粒噪声低几个数量级。

3.4 点对点 QKD 技术

3.4.1 基于光纤信道的 QKD

参考经典光纤通信取得的巨大成就以及光纤网络的全球化部署,基于单模光纤(Single Mode Fiber,SMF)的物理通道也可能应是 QKD 系统量子信道的最佳选择。

量子信道的两个基本需求是低损耗性和弱退相干性:第一个要求是由于安全密钥只能由接收方检测到的光子生成,因此任何信道损失都会降低 QKD 系统的效率;第二个则要求通道对量子态的干扰应尽可能小。

虽然标准 SMF 的信道损失相对稳定,但光纤链路中的退相干对编码方法和环境噪声都很敏感,由于光纤中存在残余双折射,光子的偏振将随着其通过光纤传播而改变。如果由光纤链路引起的偏振失真是时间不变的，则发送方和接收方可以通过预先校准信道来补偿该效应。然而，实际上，SMF 的双折射对环境噪声很敏感，并且补偿快速偏振波动可能是非常具有挑战性的，因此大多数 QKD 系统采用相位编码方案：发送方在两个激光脉冲之间的相对相位上对其产生的随机数进行编码，并通过量子信道将它们发送给接收方，而接收方通过干涉的方式解码相位信息。基于相位编码的 BB84 QKD 在理论方案上和基于偏振编码的 BB84 QKD 基本相同。结合了"诱骗态"的相位编码 BB84 QKD 系统已经可以以吉赫兹运行速率实现，在 20km 光纤链路上实现的安全密钥速率约为 1 Mbit/s，在 100km 光纤链路上达到 10 kbit/s。几家公司已将 QKD 引入商业市场，其中包括中国的科大国盾量子、问天量子，瑞士的 ID Quantique，美国的 MagiQ 和英国的东芝研究院。

值得一提的是，许多商用 QKD 系统中采用特殊的"即插即用"QKD 配置。正如其名，"即插即用"QKD 配置已被证明对环境噪声有强大的抵抗能力。这种高稳定性是通过让激光脉冲穿过量子通道和 QKD 系统两次来自动补偿相位和偏振波动实现的。但是，这种配置仍然存在一些安全问题。

3.4.2　基于自由空间信道的 QKD

受限于光纤的固有损耗，基于光纤的 QKD 系统传输距离有限。虽然量子中继器可以延伸传输距离，但是目前还不能实现大规模商用化。基于自由空间信道的 QKD 的一个主要动机是全球量子通信网络可以建立在地对卫星和卫星对卫星的 QKD 链路之上。

在自由空间中传输的光子有几个优点：首先，大气在 770nm 附近具有高透射窗口，这与硅基 APD 的光谱范围重合，目前，硅基 APD 的性能优于工作在通信光纤波长下的 InGaAs APD；其次，大气具有非常弱的色散，并且在上述波长范围基本上是非双折射，这使得可以应用相对简单的偏振编码方案。需要考虑的问题是，自由空间对 QKD 的挑战也很大，当激光束在自由空间中传播时，由于衍射，光束尺寸将随距离增加。为了在接收器侧有效地收集光子，需要采用笨重的望远镜系统；而且，大气不是一个静态媒介，大气湍流将导致随机光束漂移，这需要复杂的光束跟踪系统来实现稳定的密钥传输。

3.5 网络 QKD 技术

QKD 本质上是一种点对点的技术，但正如在一些 QKD 光纤网络试验中所展示的工作，通过网络可以实现多用户间的保密通信，例如多方的量子加密电话或视频会议。目前，QKD 网络技术受到越来越多的产业和学术界关注，可以说只有突破 QKD 点对点的局限性，才能将 QKD 的应用潜力发挥出来。然而，受

QKD 本身的特性影响，在光纤网络中部署 QKD 面临相当多的挑战。目前来看，将点对点 QKD 扩展为多用户 QKD 网络的方案可以分为三类，分别是基于无源光器件、可信中继和量子中继的方案。前两者虽然通过现有技术即可实现，但各有一定的局限性。目前距离实现真正的量子中继网络仍然有不小的挑战。下面分别介绍 QKD 网络面临的挑战和三类网络 QKD 技术的原理。

3.5.1　在现有光纤网络中部署 QKD 面临的挑战

利用现有广泛铺设的光纤网络基础设施来构建 QKD 网络，是极具吸引力的解决方案，但仍将面临很多挑战。首先，光纤信号放大器（Optical Fiber Amplifier，OFA）是传统光通信中最重要的技术发明之一，但这对于 QKD 是非常不利的。因为，量子态不能被克隆，并且任何试图放大量子信号的行为都将破坏量子态编码的信息。类似地，用于长途通信链路中的信号中继设备（其通常涉及光检测过程）也将破坏所编码的量子信息。为了保护量子信息，QKD 必须绕过原有的这些设备，这将带来复杂的网络管理问题。

同时，光纤中长距离传输所带来的损耗必然会导致量子信号的传输率的急剧下降。但由于量子信道不能通过光放大器，携带编码信息的光子可以传播的最大距离将受到限制。一般地，光纤的损耗（传输率）和距离是对数关系。量子密钥分发速率和光纤距离之间的关系在一定距离内也满足对数关系，随着距离的增加，量子信号的计数将下降，而探测器暗计数基本不变，量子信噪比下降，误码率开始上升。在误码率接近安全性门限时，量子密钥分发的速率开始急剧下降。量子密钥分发速率和距离的典型关系如图 3-2 所示。为解决量子通信的距离受限问题，目前有两种可行的方案，分别是可信中继和量子中继方案。

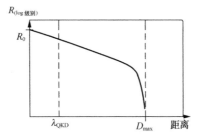

图 3-2　QKD 速率和光纤距离的关系曲线

另外，如果考虑将量子信号与经典的光通信信号使用同一根光纤传输，还将面临新的挑战。在经典光通信中，通常采用时分复用（TDM）或波分复用（WDM）来区分同一光纤物理信道中不同的信号。但是，QKD 使用的量子信号比经典光信号要弱很多个数量级。经典信号的拉曼效应或其他非线性光学效应所产生的噪声光子将使得微弱的量子信号淹没在噪声中，难以区分，最终导致量子误码率的大幅提升，无法生成密钥。该问题的可行解决方案之一是在现代通信很少用到的 1310nm O 波段上进行量子信号的传输。1550nm 的 C

波段经典通信信号对 O 波段量子信号的影响可以忽略不计。同时，量子信号通过 C 波段放大器后发生的退化也可能会减轻。

3.5.2　基于无源光器件的网络 QKD 技术

在 QKD 研究的早期，已有文献提出基于无源光网络实现多用户间的 QKD，并针对各种网络拓扑研究，例如，星型和环型网络拓扑。其基本思想是通过分束器、光开关、波分复用器等光器件，将多路量子信道复用传输，以实现多用户通信。在同一时隙内，当网络中只有一对用户建立量子链路，即可通过点对点 QKD 技术生成密钥。但是，这种网络架构不具备可扩展性，其与点对点 QKD 类似，其最大的密钥分发距离仍受限于量子信道的损耗。

东芝的量子接入网是利用无源光器件组网的案例之一，其实验原理如图 3-3 所示。多路发射端通过一个 $1 \times N$ 的无源分光器件连接到探测接收端。每一路发射端发射量子信号周期为 $1/N$ GHz，通过调节不同发射端发射信号的时间延迟，使得 N 路发射端的信号耦合后正好形成 1GHz 的脉冲信号，并可以由门控频率为 1GHz 的单光子探测器探测。不同发射端发射的量子信号可以由时间位置区分，因此可以分别按时间位置探测，完成相应的密钥协商后处理过程，从而实现 1 对 N 的量子密钥分发。

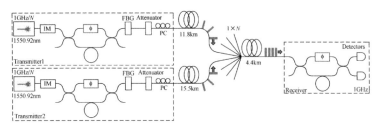

图 3-3   东芝量子接入网实验原理

另外，在量子城域网中还有不少基于光开关（Optical Switch）（又称光量子交换机）组网的案例，如图 3-4 所示。多个 QKD 终端通过可主动控制的光开关来实现彼此间量子信道的搭建，实现各 QKD 终端间量子信道的互通。

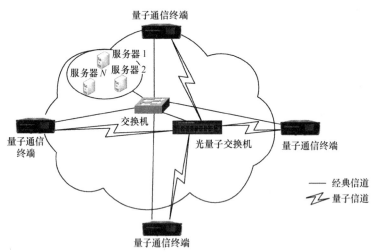

图 3-4   基于光开关的 QKD 网络

3.5.3　基于可信中继的网络 QKD 技术

远距离通信需要克服传输介质损耗对信号的影响。在经典通信网络中，其可采用放大器增强信号。但在量子网络中，由于量子不可克隆原理，放大器是无法使用的。基于量子纠缠交换，可以实现量子纠缠的中继，进而实现远距离量子通信。但量子中继技术难度很大，还不能实用。目前，为构建远距离量子密钥分发基础设施采用的过渡方案是可信中继器方案。其具体原理是：考虑 A 和 B 两个端节点，及其之间的可信中继器 R，A 和 R 通过量子密钥分发生成密钥 K_{AR}，同理可得，R 和 B 通过量子密钥分发生成密钥 K_{RB}，A 和 B 则通过 R 产生共享会话密钥 K_{AB} 的过程。如图 3-5 所示，A 将 K_{AB} 通过 K_{AR} 以一次性密码本加密后发送至 R，R 在解密得到 K_{AB}；R 使用密钥 K_{RB} 重新加密 K_{AB}，并将其发送给 B；B 在解密后获得 K_{AB}。A 和 B 通过共享密钥 K_{AB} 加密通信。

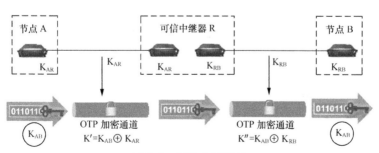

图 3-5　可信中继原理

这种将密钥以一次一密的方式从 A 传递至 B,可以实现信息论安全的密钥分发,理论上可防止任意的外部窃听者攻击。但这种方案要求任何一个中继节点的存储区必须是安全可信的。

此外,克服 QKD 距离受限挑战的另一种思路是通过自由空间信道而不是光纤来发送信号,因为信号在空气介质中的传播损耗比通过光纤介质的传播损耗要小得多。因此,基于卫星系统的 QKD 方案不仅可以接收从地面到卫星几百千米距离的点对点量子信号,还可将这些卫星作为可信中继节点组成 QKD 网络,构成全球范围的 QKD 网络,这也是目前可信中继方案极具价值的一种应用场景。

3.5.4 基于量子中继器的网络 QKD 技术

受到经典网络中继器概念的启发,量子中继器很早即被提出用于实现任意距离的 QKD。其不同于经典中继器的信号放大、转发过程,量子中继器将基于量子纠缠原理来实现,通过使用纠缠交换和纠缠纯化来实现量子纠缠效应的远距离中继延伸。其基本思想可以理解如下:假设中继位于发送方和接收方之间,发送方和中继间的距离较短,可以建立纠缠;接收方和中继同理也可建立纠缠。一旦中继与发送方分享一个 EPR 对 E1,并与接收方分享另一个 EPR 对 E2,中继就可以对其手中的两个半对进行贝尔不等式测量，并广播测量结果。根据中继的测量结果，发送方和接收方可通过执行本地操作将两个光子转换成 EPR 对。这样通过牺牲一个 EPR 对，可以在发送方和接收方之间建立远距离的纠缠。通过迭代使用该方案，可以在任意长的距离上建立可用于生成安全密钥的纠缠，如图 3-6 所示。注意，在这个方案中，中继没有任何关于最终密钥的信息，因此其不必是可信节点。

　　量子中继器引起了大量的研究关注，目前已有多种技术方案，但是距离实用还很遥远。因为实际可行的量子中继器涉及非常精细的量子操作和量子存储器，现有技术还很难实现。

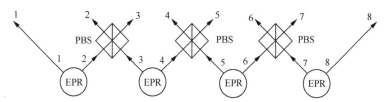

图 3-6　通过多次纠缠交换实现远距离的纠缠分发

3.6　实际 QKD 系统的安全防护

　　如今，在各种杂志、报纸甚至科学杂志上常见一些过于乐观的关于 QKD 的宣传，例如，描写"QKD 系统是绝对安全的"等并不罕见。这些说法虽然并非是完全错误的，但具有误导性。首先，通常使用的术语"无条件安全"与"绝对安全"具有不同的含义。"无条件安全"意味着在假设窃听者所拥有的计算资源或操纵技术没有任何限制时，仍然可证明其安全性。其次，目前仅基于特定假设的 QKD 系统数学模型可被证明具有无条件安全性，而并非实际的 QKD 系统本身。虽然人们可以不断改进数学模型以更好地描述实际 QKD 系统，但对宏观设备构建完整量子力学描述是不切实际的。

为了将理论模型的无条件安全证明应用于实际的 QKD 系统，就需要基于可通过实验验证的假设来构建理论模型，并进一步开发相应的测试手段来验证这些假设。这是一项非常艰巨的任务，因为必须确保用于验证 QKD 假设的设备是经过充分分析的，且不会引入额外的安全漏洞。此外，目前还没有理论模型可以充分考虑现实环境中 QKD 系统的所有不完善之处。安全性证明中可能忽略微小缺陷，将有可能破坏整个系统的安全性。这些问题仍在不断地研究中，下面将介绍一些研究结果。

3.6.1　安全证明假设

所有的安全证明都是基于某些假设的。因此，确保所有这些假设在实际的 QKD 系统中都是有效的，这一点是非常重要的。这是一个双向过程：一方面，实验者可能需要建立复杂的校准设备来验证安全证明中使用的假设；另一方面，任何在实践中无法验证的假设都应从 QKD 模型中去除。例如"相干态"假设，众所周知，该假设已被衰减激光源实现的 BB84 QKD 协议的安全性证明所采用。在具有弱相干源的 BB84 QKD 系统中，由于 PNS 攻击，安全密钥只能由单光子脉冲产生。因此，发送方知道其光源的光子数分布是很重要的。这就是"相干态"假设起作用的方面，因为相位随机相干态具有泊松光子数分布。

尽管"相干态"假设适用于高于阈值的激光器，但其有效性在许多实际的 QKD 系统中是有问题的。例如，产生激光脉冲的常见方式是通过调制激光二极管的驱动电流，激光二极管在过渡阶段输出则可能明显偏离理想的相干态。

前文提出了一种消除这种假设的方法：不是对"不受信"的光源的光子数分布做出任何假设，而是利用高速光开关（或光束）对其输出进行随机采样分光器和一个校准过的光电探测器。从抽样结果中，发送方可以获得关于光源足够的信息并重新建立无条件安全性。

从上面的例子可以看出，一旦假设已被清楚地描述，可以找到一种方法来验证它，或者用另一个可测试的假设替代它。付出的代价通常是引入额外的"校准"或"监测"设备。但是，这个问题还没有被完全解决，因为通信双方必须对这些"校准"

设备的工作方式做出假设。那么如何验证这些新的假设？是否应该引入"第二级校准设备"来校准"第一级校准设备"？然后可能陷入无限循环。

很明显，必须通过信任系统中的某些设备来停止这些假设。这突出了 QKD 协议和实际的 QKD 系统之间的根本区别：虽然前者的安全性可以基于量子力学的严格证明，但后者的安全性还取决于对 QKD 系统的理解程度等各种现实因素。

3.6.2 量子黑客攻击和防御

量子密码学是合法用户和窃听者之间的竞争性游戏。如果攻击者总是遵循发送方和接收方的规则，就没有希望获胜。另一方面，如果攻击者有不同的想法，那么这场比赛可能会变得更加有趣。例如，侧信道攻击在 QKD 和传统密码学中对安全都可能是致命的。在侧信道攻击中，窃听者试图通过查看密码系统的物理实现的弱点而不是密码算法本身来获得信息。

在本节中，可以通过几个例子来展示攻击者如何通过探索通信双方设备的缺陷来发现实际 QKD 系统中的安全漏洞。

1. 伪态攻击

伪态攻击是一个特殊的截取再发攻击，攻击者利用了接收方系统中两个 SPD 的效率不匹配的漏洞。在典型的 BB84 QKD 配置中，采用两个独立的 SPD 分别检测比特 "0" 和比特 "1"。为了降低暗计数概率，InGaAs/InP APD-SPD 通常在门控盖革模式下运行：只有在发送方发射激光脉冲时才会激活一个短时间的测量窗口。每个 SPD 的检测效率与时间有关。实际上，由于各种缺陷，两个 SPD 的激活窗口可能不完全重叠。图 3-7 所示是一个极端情况，在预期信号到达时间 T_0 时，两个 SPD 的检测效率相等。然而，如果信号被选择为到达 t_0 或 t_1，则两个 SPD 的效率显著不同。

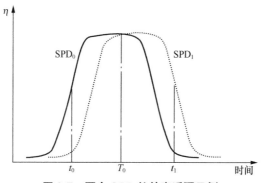

图 3-7 两个 SPD 的效率适配示例

伪造的状态攻击如下：①攻击者截取来自发送方的量子态并在随机选择的测量基上测量其中的每一个；②根据测量结果，攻击者准备一个不同的测量基上的不同位值的新量子状态（伪造状态）；例如，如果攻击者以垂直正交测量并得到比特"0",则在斜对角基上制备比特"1";③根据攻击者的测量结果,攻击者在不同的时间发出其制备的伪装态,以便它在时间 t_0(对应于测量结果"0")或时间 t_1(对应于测量结果是"1")到达接收方的 SPD。攻击者的策略是,每当攻击者使用错误的测量基矢时,接收方的检测概率将大大受到抑制。所以攻击者可以减少发送方和接收方检测的 QBER,攻击者的攻击是以引入额外损失为代价的。原则上,攻击者可以通过使用无损信道或向接收方发送更强的伪造状态来弥补这一额外损失。

2. 时间位移攻击

时间位移攻击利用了两个 SPD 的效率不匹配漏洞,其基本思想是:攻击者随机引入每个激光脉冲的时间延迟(但不执行任何测量),以确保在时间 t_0 或 t_1 到达接收方的 SPD。如果接收方记录一个光子(接收方会公布攻击者是否对每个输入脉冲进行检测),攻击者会知道它更有可能通过效率更高的那个 SPD,因此可以获得接收方的部分信息位值。在效率完全不匹配的情况下(这意味着在特定时间只有两个 SPD 中的一个具有非零效率),攻击者会获得与接收方相同的信息,因此不会生成安全密钥。时间位移攻击很容易实现,这是因为其不需要任何测量。由于攻击者不试图测量量子态,原则上不会引入错误,并且不能被发送方和接收方检测到。

攻击者可以在不干扰量子态的情况下获得信息，这是非常了不起的。在时间位移攻击中，攻击者试图获得是哪一个 SPD 响应的信息，这是经典信息。时间位移攻击可以解释为"主动"侧信道攻击：攻击者在发送方发送的光子的侧信道（时间移位）上编码自己的随机比特。开始时，发送方编码的随机比特和攻击者编码的随机比特之间没有相关性。然而，由于效率不匹配，接收方的系统具有更高的检测效率来检测携带来自发送方和接收方的相同比特的光子。正是接收方检测系统引入这样的后选择过程将攻击者的比特与发送方的比特信息关联起来，从而危及安全性。

时间位移攻击可以通过当今的技术轻松实现，并且已经在改进的商用 QKD 系统之上进行了演示。如果存在两个检测通道之间的相应失配，则这种攻击也可以扩展到空间或频谱域。

只要出现安全漏洞，制定防御措施通常不会太困难。抵御伪态攻击和时间位移攻击有几种简单的方法。例如，在相位编码 BB84 QKD 系统中，接收方可以使用四个相位来设置相位调制器，即相位调制器不仅用于基矢选择，而且还用于随机选择两个 SPD 中的一个用于检测每个输入脉冲的比特"0"。因此攻击者无法从"探测器触发"中窃听到位值。另一种方法是考虑安全性证明中的效率不匹配。

然而，目前发现新的攻击仍然是困难的。因此，对

QKD 系统的任何实施细节进行广泛的研究以确认是否对安全无害或致命都是非常重要的。另外，实际的 QKD 系统的安全性不等价于 QKD 协议的理论安全性，两者还有较大的差异。

3.6.3 自测 QKD

到目前为止，已经假定可以信任 QKD 开发的整个产业链条，从零部件供应商，系统制造商到供应商。这可能是一个合理的假设，但同时也引起一个担忧：认证的 QKD 制造商是否有可能故意在 QKD 系统中留下"后门"，以便他们能够利用这一优势访问私人信息？

现在，应用量子力学能否彻底改变这种状况呢？假设 QKD 为一套"黑盒"系统，如果通信双方采用由不可信的第三方制造的黑盒子来进行通信，还能否产生真正安全的密钥呢？这正是研究自检测 QKD 技术的出发点。另外，该技术也受到来自 QKD 安全性与量子纠缠之间关联的启发。

只要通信双方能够验证纠缠的存在，就有可能生成安全密钥。同时，纠缠可以通过违反某些贝尔不等式来验证。关键在于发送方和接收方可以在不知道设备实际工作的情况下执行贝尔不等式测试。我们可以将 QKD 系统想象成一对黑盒子，两端的 QKD 用户分别持有其中之一。为了执行贝尔测试，每个用户向他的黑盒子输入用于基矢选择的随机数，随后输出实验结果。通过多次重复此过程，两个用户可以获得足够的数据来测试贝尔不等式。如果发送方和接收方的检测结果在进行基矢选择之前已经预先确定（例如，攻击者可以在两个黑盒中预先存储随机比特），那么任何观察到的相关性都可以用局部隐变量理论来解释，不能违反贝尔不等式。另一方面，如果检测结果确实违反贝尔不等式，那么这些结果只能在测量过程中产生，攻击者不能完全了解检测结果。因此生成安全的密钥是可能的。

自测 QKD 的另一个要求是独立于设备的安全证明。然而，从直觉到严格的安全证明是一个非常困难的问题。是否可以无条件使用独立于设备的安全证明仍然是一个悬而未决的问题。此外，即使证明设备无关安全证明的无条件安全性是可行的，仍然需要一些假设。例如，必须相信随机数发生器在贝尔测试中选择测量基矢；不允许有任何信息从 QKD 系统泄漏等。无论如何，在与设备无关的安全证明中使用的假设可能比 BB84 QKD 协议中使用的假设限制少得多。QKD 自测在概念上很有趣，但是，由于贝尔不等式实验验证中检测漏洞，还不适用于现有的实用设备。检测漏洞表明，如果贝尔测试的检测效率低于某个值，观察到的相关性可以用局域隐变量理论来解释。

不仅是 QKD 系统，任何经典的密码系统都会遇到由各种人为错误和实现过程中的不完善导致的安全问题。这些针对 QKD

实现安全漏洞的分析和实际 QKD 系统中的应对措施，将对 QKD 的理论安全性证明起到有力的补充，从而推动实际 QKD 系统不断走向成熟。

参考文献

[1] Lounis B, Orrit M. Single-photon sources[J]. Reports on Progress in Physics, 2005, 68(5): 1129.

[2] Kwiat P G, Eberhard P H, White A G. Ultra-bright source of polarization-entangled photons. Google Patents, 2002.

[3] Fiorentino M, Voss P L, Sharping J E, et al. All-fiber photon-pair source for quantum communications[J]. IEEE Photonics Technology Letters, 2002, 14(7): 983-985.

[4] Dušek M, Haderka O, Hendrych M. Generalized beam-splitting attack in quantum cryptography with dim coherent states[J]. Optics communications, 1999, 169(1-6): 103-108.

[5] Lütkenhaus N. Security against individual attacks for realistic quantum key distribution[J]. Physical Review A, 2000, 61(5): 052304.

[6] Hwang W-Y. Quantum key distribution with high loss: toward global secure communication[J]. Physical Review Letters, 2003,

91(5): 057901.

[7] Lo H-K, Ma X, Chen K. Decoy state quantum key distribution[J]. Physical review letters, 2005, 94(23): 230504.

[8] Ma X, Qi B, Zhao Y, et al. Practical decoy state for quantum key distribution[J]. Physical Review A, 2005, 72(1): 012326.

[9] Wang X-B. Beating the photon-number-splitting attack in practical quantum cryptography[J]. Physical review letters, 2005, 94(23): 230503.

[10] Wang X-B. Decoy-state protocol for quantum cryptography with four different intensities of coherent light[J]. Physical Review A, 2005, 72(1): 012322.

[11] Zhao Y, Qi B, Ma X, et al. Experimental quantum key distribution with decoy states[J]. Physical review letters, 2006, 96(7): 070502.

[12] Rosenberg D, Harrington J W, Rice P R, et al. Long-distance decoy-state quantum key distribution in optical fiber[J]. Physical review letters, 2007, 98(1): 010503.

[13] Schmitt-Manderbach T, Weier H, Fürst M, et al. Experimental demonstration of free-space decoy-state quantum key distribution over 144 km[J]. Physical Review Letters, 2007, 98(1): 010504.

[14] Peng C-Z, Zhang J, Yang D, et al. Experimental long-distance decoy-state quantum key distribution based on polarization

encoding[J]. Physical review letters, 2007, 98(1): 010505.

[15] Yuan Z, Sharpe A, Shields A. Unconditionally secure one-way quantum key distribution using decoy pulses[J]. Applied physics letters, 2007, 90(1): 011118.

[16] Gol'tsman G, Okunev O, Chulkova G, et al. Picosecond superconducting single-photon optical detector[J]. Applied physics letters, 2001, 79(6): 705-707.

[17] Cabrera B, Clarke R, Colling P, et al. Detection of single infrared, optical, and ultraviolet photons using superconducting transition edge sensors[J]. Applied Physics Letters, 1998, 73(6): 735-737.

[18] Dautet H, Deschamps P, Dion B, et al. Photon counting techniques with silicon avalanche photodiodes[J]. Applied optics, 1993, 32(21): 3894-3900.

[19] Spcm-Aqr S P C M. Series Data Sheet [Z][J]. PerkinElmer Optoelectronics, Canada, 2001.

[20] Ribordy G, Gisin N, Guinnard O, et al. Photon counting at telecom wavelengths with commercial InGaAs/InP avalanche photodiodes: current performance[J]. Journal of Modern Optics, 2004, 51(9-10): 1381-1398.

[21] Yuan Z, Kardynal B, Sharpe A, et al. High speed single photon detection in the near infrared[J]. Applied Physics Letters, 2007,

91(4): 041114.

[22] Namekata N, Adachi S, Inoue S. 1.5 GHz single-photon detection at telecommunication wavelengths using sinusoidally gated InGaAs/InP avalanche photodiode[J]. Optics express, 2009, 17(8): 6275-6282.

[23] Diamanti E, Takesue H, Honjo T, et al. Performance of various quantum-key-distribution systems using 1.55-μm up-conversion single-photon detectors[J]. Physical Review A, 2005, 72(5): 052311.

[24] Takesue H, Nam S W, Zhang Q, et al. Quantum key distribution over a 40-dB channel loss using superconducting single-photon detectors[J]. Nature photonics, 2007, 1(6): 343.

[25] Jennewein T, Achleitner U, Weihs G, et al. A fast and compact quantum random number generator[J]. Review of Scientific Instruments, 2000, 71(4): 1675-1680.

[26] Trifonov A, Vig H. Quantum noise random number generator. Google Patents, 2007.

[27] Qi B, Chi Y, Qian L, et al. High speed random number generation based on measuring phase noise of a single mode diode laser[C]. 9th Asian Conference on Quantum Information Science.

[28] Yuan Z, Dixon A, Dynes J, et al. Practical gigahertz quantum key

distribution based on avalanche photodiodes[J]. New Journal of Physics, 2009, 11(4): 045019.

[29] Muller A, Herzog T, Huttner B, et al. "Plug and play" systems for quantum cryptography[J]. Applied Physics Letters, 1997, 70(7): 793-795.

[30] Zhao Y, Qi B, Lo H-K. Quantum key distribution with an unknown and untrusted source[J]. Physical Review A, 2008, 77(5): 052327.

[31] Ursin R, Tiefenbacher F, Schmitt-Manderbach T, et al. Entanglement-based quantum communication over 144 km[J]. Nature physics, 2007, 3(7): nphys629.

[32] Peev M, Pacher C, Alléaume R, et al. The SECOQC quantum key distribution network in Vienna[J]. New Journal of Physics, 2009, 11(7): 075001.

[33] Chen T-Y, Wang J, Liang H, et al. Metropolitan all-pass and inter-city quantum communication network[J]. Optics Express, 2010, 18(26): 27217-27225.

[34] Stucki D, Legre M, Buntschu F, et al. Long-term performance of the SwissQuantum quantum key distribution network in a field environment[J]. New Journal of Physics, 2011, 13(12): 123001.

[35] Sasaki M, Fujiwara M, Ishizuka H, et al. Field test of quantum

key distribution in the Tokyo QKD Network[J]. Optics express, 2011, 19(11): 10387-10409.

[36] Elser D, Seel S, Heine F, et al. Network architectures for space-optical quantum cryptography services[C]. International Conference on Space Optical Systems and Applications (ICSOS), 2012.

[37] Hall M A, Altepeter J B, Kumar P. Drop-in compatible entanglement for optical-fiber networks[J]. Optics express, 2009, 17(17): 14558-14566.

[38] Phoenix S J, Barnett S M, Townsend P D, et al. Multi-user quantum cryptography on optical networks[J]. Journal of modern optics, 1995, 42(6): 1155-1163.

[39] Briegel H-J, Dür W, Cirac J I, et al. Quantum repeaters: the role of imperfect local operations in quantum communication[J]. Physical Review Letters, 1998, 81(26): 5932.

[40] Bennett C H, Divincenzo D P, Smolin J A, et al. Mixed-state entanglement and quantum error correction[J]. Physical Review A, 1996, 54(5): 3824.

[41] Elliott C. Building the quantum network[J]. New Journal of Physics, 2002, 4(1): 46.

[42] Alleaume R, Riguidel M, Weinfurter H, et al. SECOQC white paper on quantum key distribution and cryptography[R].

2007.

[43] Makarov V, Anisimov A, Skaar J. Effects of detector efficiency mismatch on security of quantum cryptosystems[J]. Physical Review A, 2006, 74(2): 022313.

[44] Qi B, Fung C-H F, Lo H-K, et al. Time-shift attack in practical quantum cryptosystems[J]. arXiv preprint quant-ph/0512080, 2005.

[45] Zhao Y, Qi B, Chen C, et al. Experimental demonstration of time-shift attack against practical quantum key distribution systems[R]. 2007.

[46] Fung C-H F, Tamaki K, Qi B, et al. Security proof of quantum key distribution with detection efficiency mismatch[J]. arXiv preprint arXiv:0802.3788, 2008.

[47] Singh S. The code book: the science of secrecy from ancient Egypt to quantum cryptography[M]. Anchor, 2000.

[48] Mayers D, Yao A. Quantum cryptography with imperfect apparatus[J]. arXiv preprint quant-ph/9809039, 1998.

[49] Magniez F, Mayers D, Mosca M, et al. Self-testing of quantum circuits[C]. International Colloquium on Automata, Languages, and Programming, 2006: 72-83.

[50] Bell J S: Einstein-Podolsky-Rosen experiments, John S Bell on the Foundations of Quantum Mechanics: World Scientific, 2001:

74-83.

[51] Pironio S, Acin A, Brunner N, et al. Device-independent quantum key distribution secure against collective attacks[J]. New Journal of Physics, 2009, 11(4): 045021.

[52] Scarani V, Bechmann-Pasquinucci H, Cerf N J, et al. The security of practical quantum key distribution[J]. Reviews of modern physics, 2009, 81(3): 1301.

[53] Pearle P M. Hidden-variable example based upon data rejection[J]. Physical Review D, 1970, 2(8): 1418.

第4章 量子保密通信网络

4.1 QKD 网络的演进

4.2 QKD 网络需求和架构设计

4.3 QKD 网络的应用服务接口

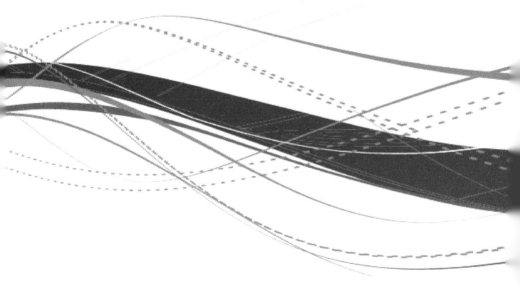

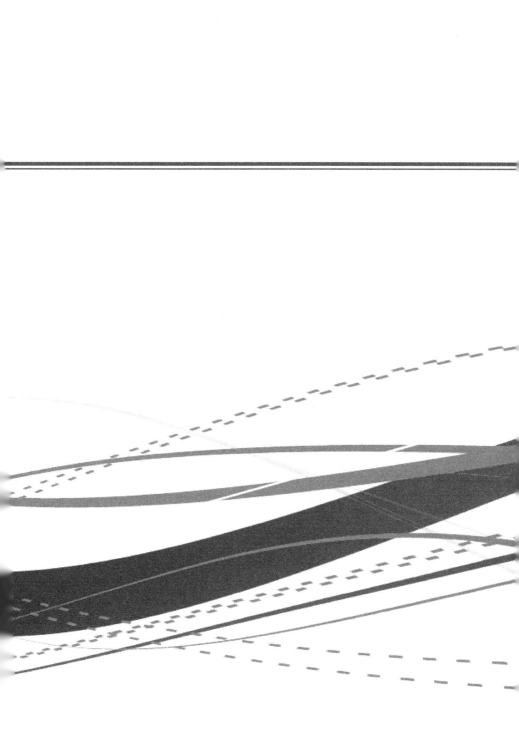

目前，量子保密通信网络主要是指以互联的 QKD 设备为物理基础、以提供密钥分发为主要业务的新型网络。

量子密码学经过多年的发展，通过点对点 QKD 技术，特别是基于光量子"制备—测量"机制的 QKD 技术，从协议设计、产品研发、网络部署到演示应用都取得了长足的进步。然而，构建可提供广泛灵活服务的 QKD 网络，仍然面临来自量子器件、安全性、部署条件、应用需求等多方面的挑战，需要多专业的融合创新。

本章将深入探讨如何基于点对点的 QKD 技术打造多用户的、可扩展的、面向应用的 QKD 网络。首先，我们将总结现有的典型 QKD 网络的特点，同时从未来广域 QKD 网络的运营和服务提供角度出发，分析 QKD 网络的设计需求。基于现有网络特点和未来运营需求，本章给出一种 QKD 网络结构设计方案，包括网络中关键节点网元的设计、相关接口及主要功能，为构建具备可扩展性、互操作性和应用灵活性的 QKD 网络提供参考。最后，本章还将介绍 QKD 网络面向应用可提供的可编程服务接口（API），以实现 QKD 网络与各类安全应用的集成。

4.1　QKD 网络的演进

QKD 网络是 QKD 技术走向实用化的关键，一直以来，受到各国研究机构和产业界的广泛关注：美国的 DARPA 试验网，率先提出了 QKD 组网的基本思想；欧洲的 SECOQC 网络试验项目，试图构建面向商业用户的广域网络；日本东京的 QKD 网络，设计了新颖的密钥提供平台，希望拓展更广泛的业务应用。我国的星地一体 QKD 网络，则是要构建由洲际卫星链路、光纤骨干网、城域接入网组成全球广域量子保密通信网络。除此之外，韩国、加拿大、俄罗斯等国家均在研发或计划部署 QKD 网络。新型的 QKD 组网理念和技术仍在不断演进，例如，近年来受到广泛关注的基于软件定义网络（Software Defined Network，SDN）思想的 SD—QKD 网络等。本节将介绍现有的典型 QKD 网络结构及设计方案，希望通过总结梳理 QKD 网络的基本特征，为未来 QKD 网络架构设计和部署提供参考。

4.1.1　美国 DARPA QKD 网络

2002 ～ 2007 年，在美国国防高级研究计划局（Defense Advanced Research Projects Agency，DARPA）资助下，美国 BBN 科技公司（曾参与阿帕网与互联网的最初研发）、哈佛大学和波士顿大学联合研发了全球首个量子保密通信试验网。

DARPA 网络的拓扑结构如图 4-1 所示，其在美国剑桥分阶段部署了 10 个 QKD 节点，采用多种 QKD 协议，支持光纤和自由空间两种信道。4 个节点之间使用光纤弱相干态相位编码 BB84 方案，采用光开关切换方案构成无中继的 QKD 网络。其他线路则通过可信中继接入，包括了两条自由空间线路（NIST 的 Ali-Baba 线路和 QinetiQ 的 A-B 线路）和一条基于纠缠分发的 QKD 线路（Alex-Barb 线路）。

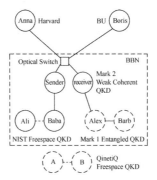

图 4-1 美国 DARPA 网络拓扑结构

DARPA QKD 网络的总体架构如图 4-2 所示，主要特点包括以下内容。

① 在可扩展性方面，其采用了可信中继和光开关两种方式，实现多用户的量子密钥分发。

② 在面向应用方面，其实现了 QKD 协议与网络层的 IPSec 协议的融合，通过 QKD 产生对称共享密钥的过程，替换 IPSec 协议的初始密钥协商功能，从而平滑实现对上层互联网业务数

据的加密传输。

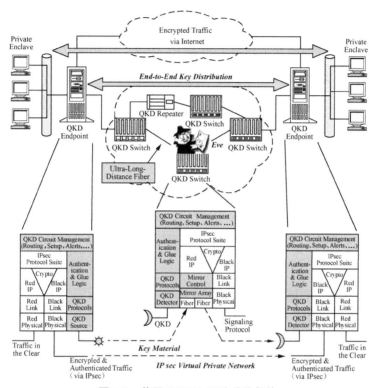

图 4-2 美国 DARPA 网络总体架构

另外，由于当时诱骗态方案还没有被提出，我们可以推断出该网络未使用诱骗态方案。根据 QKD 的安全性分析理论，在该网络中除了基于纠缠的实验系统本身不使用弱相干光源之外，其他实验系统所使用的弱相干光源可能存在被光子数分离攻击的情况。

4.1.2 欧洲 SECOQC 网络

2004 ~ 2008 年，依托欧盟第 6 框架研究计划中的 "基于量子密码的安全通信（Secure Communication based on Quantum Cryptography, SECOQC）" 项目，英国、法国、德国、意大利、奥地利和西班牙等国的 41 个相关领域研发团队共同研发了 SECOQC QKD 网络。2008 年 10 月，SECOQC 项目组在维也纳现场演示了一个包含 6 个量子通信系统节点的商业网络，集成了单光子、纠缠光子、连续变量等多种量子密钥收发系统，建立了西门子公司总部和位于不同地点的子公司之间的量子通信连接，其中包括电话和视频会议等相关业务。

SECOQC 网络拓扑如图 4-3 所示。从组网方式上来说，该网络完全基于可信中继方式。该网络同样采用了多种 QKD 协议：链路 1—2（即节点 1 和节点 2 之间的链路，下同）使用的是 COW（Coherent-One-Way）方案的 QKD 设备；链路 2—5、2—4 以及 3—5 采用的是 IDQ 即插即用式（Plug-and-Play）QKD 设备通信；链路 2—3 采用东芝欧洲实验室的弱相干态 QKD 设备；链路 3—4 使用基于纠缠分发的 QKD 设备；链路 4—5 使用连续变量 QKD 设备；链路 4—6 使用自由空间方案，这条线路只有 80m，属于演示性质。

SECOQC 网络的分层结构和节点模型如图 4-4 所示，其主要特点包括以下内容。

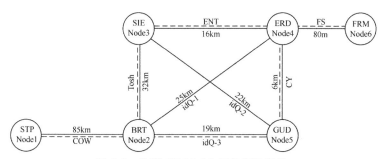

图 4-3 欧洲 SECOQC 网络拓扑结构

① 在网络扩展性方面，以提供面向终端用户的 QKD 接入服务为目标，SECOQC 提出了 QKD 骨干网（QKD Backbone network，QBB）和接入网（QKD Access Network，QAN）分层组网的理念。通过 QBB 构建高速 QKD 骨干网，用户通过接入 QAN 实现端到端的保密通信。

② 该项目主要考虑 QBB 骨干网节点和链路的设计，其自底向上地设计了完整的 QKD 的链路层、网络层和传输层协议。骨干网节点可以同时支持多套 QKD 设备，通过复用多路量子信道来实现高容量的骨干网链路。

③ 其实现了 QKD 与数据链路层 PPP(Point-to-Point Protocol) 的有效融合，通过全新设计的 Q3P，利用 QKD 协商产生的量子对称密钥（QKey），为上层业务提供透明的保密通信服务。

④ SECOQC的QKD路由协议是基于路由器中的OSPF(Open Shortest Path First) 协议改进而来，当有新的 QKD 节点接入网络时，将向全网广播该信息，使得网络中每个 QKD 节点都可以

保存全局路由信息，为 QKD 的中继路径做出最优的选择。

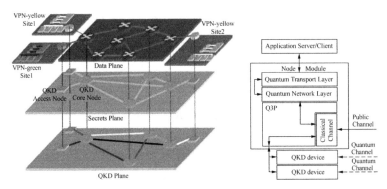

图 4-4   欧洲 SECOQC 网络分层架构和节点模型

4.1.3   日本东京 QKD 网络

2010 年 10 月，由日本国家信息与通信研究院（National Institute of Information and Communications Technology，NICT）主导，联合日本电信电话株式会社（NTT）、NEC 和三菱电机，并邀请东芝欧洲有限公司、瑞士 ID Quantique 公司和奥地利的 All Vienna 公司在东京合作建成了 6 节点城域量子通信网络。

东京 QKD 网络节点拓扑结构如图 4-5 所示。该网络集中了当时欧洲和日本量子通信领域最高水平的企业和研究机构，最远通信距离为 90km，45km 点对点通信速率可达 60kbit/s。该网络包含诱骗态 BB84 QKD、连续变量 QKD、DPS QKD 等多种量子通信协议。

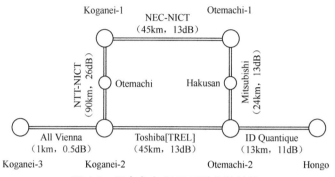

图 4-5　日本东京 QKD 网络拓扑结构

东京 QKD 网络设计架构如图 4-6 所示,其主要特点包括以下内容。

① 该网络采用分层设计架构,自底向上由量子层、密钥管理层、密钥提供层和应用层组成。

② 在密钥管理层,其基于可信中继方案实现网络的扩展性,可灵活支持多种拓扑结构;另外,其不同于 SECOQC 分布式的路由方案,其引入了中心化的密钥管理服务器(KMS)节点(用于收集网络全局的状态信息并提供全局的中继路由控制)。

③ 在密钥管理层与应用层之间,新引入了密钥提供层,可基于用户需求提供平台化的密钥调用接口,用于实现更灵活的业务。其在全网演示了视频通话业务,并支持将量子密钥应用于移动电话等扩展服务。

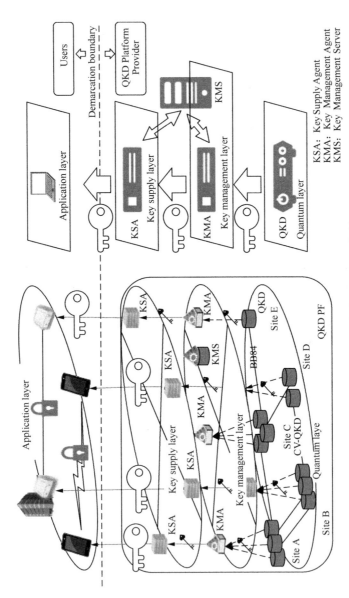

图 4-6　日本东京 QKD 网络架构

KSA: Key Supply Agent
KMA: Key Management Agent
KMS: Key Management Server

4.1.4 中国星地一体广域 QKD 网络

我国量子保密通信网络近年来取得了一系列重大的成绩。2017 年 9 月 29 日,量子保密通信干线——"京沪干线"正式开通,该线路开通后,实现了连接北京、上海,贯穿济南和合肥全长 2000km 的光纤量子通信骨干网络,将推动量子通信在金融、政务、国防、电子信息等领域的大规模应用。同日,"京沪干线"与"墨子号"量子科学实验卫星成功对接,在世界上首次实现了洲际量子保密通信。这也意味着全球首个星地一体化的广域量子保密通信网络已初具雏形。

量子通信"京沪干线"总长度超过 2000km,沿线一共设置了北京、济南、合肥、上海等 32 个可信中继站点。"京沪干线"全线路密钥率大于 20kbit/s,已演示交通银行、工商银行等京沪间远程保密通信应用。基于该网络,已实现北京、上海、济南、合肥、乌鲁木齐南山地面站和奥地利科学院 6 个节点间的洲际量子保密通信视频会议。

我国当前采用的一种典型的 QKD 网络架构如图 4-7 所示,具有如下特点。

① 以面向商用的广域量子保密通信网络为目标,该网络采用分层分域的广域组网结构,利用洲际量子卫星链路、超长距离的 QKD 光纤骨干网络和桌面级 QKD 终端设备组成的城域接入网,构建有望覆盖全球的广域 QKD 网络。

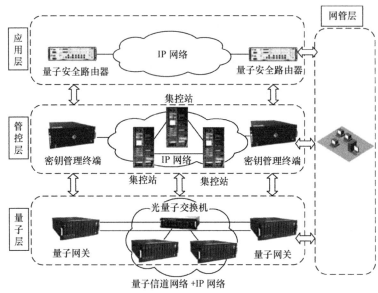

图 4-7 中国典型 QKD 网络架构

② 在可扩展性方面，骨干网层面采用可信中继方案，通过 QKD 多路信道复用实现网络的灵活扩容；在接入网层面采用可信中继和光开关方案，实现大量城域网设备的接入。

③ 在面向应用方面，其同样采用分层结构，通过密钥管理层提供的密钥调用接口，为路由器、VPN 等经典设备提供量子密钥，可支持基于一次一密的语音通信、基于 AES 对称加密的视频会议、基于 IPSec 的 VPN 业务等多种保密通信服务。

4.1.5 软件定义的 QKD 网络

软件定义网络技术是当前电信网络基础设施发展的重点

和热点。基于 SDN 技术实现控制平面和数据平面的分离，可有效提升网络效率，降低部署成本。SDN 技术为 QKD 网络结构的优化提供了很好的思路；同时，SDN 管控分离的架构也为其安全防护带来一系列新的挑战和更严格的要求，因此 QKD 也为基于 SDN 的通信网络提供了一种很好的安全解决方案。

为此，近年来不少研究机构和标准组织针对基于 SDN 的 QKD 网络开展了一系列研究。国际电气电子工程师学会（Institute of Electrical and Electronics Engineers，IEEE）于 2016 年成立了 P1913 软件定义量子通信（Software Defined Quantum Communication，SDQC）工作组，由美国 GE 公司牵头制定相应的标准。欧洲电信标准化协会（European Telecommunication Sdandards Institute，ETSI）也于 2017 年年底立项开展软件定义 QKD 网络（SD-QKDN）的标准研究。另外，英国布里斯托大学最早于 2016 年就进行了基于 SDN 的 QKD 网络演示试验。北京邮电大学（BUPT）也在 SDN 与 QKD 融合技术方面开展了一些研究工作。

如图 4-8、图 4-9、图 4-10 所示，分别给出了英国布里斯托大学、北京邮电大学和 ETSI 所定义的软件定义 QKD 网络架构。由此看出，软件定义的 QKD 网络通常将 QKD 网络的数据转发平面（主要负责密钥的产生、提供和中继）和控制平面（负责鉴权、路由、策略控制等密钥管理功能）分离。由统一的

SDN 控制器负责控制平面功能，各转发节点则专注于数据平面功能。另外，SD-QKDN 网络基于通用的 Yang Model 来定义各节点的属性和接口，可大大提升 QKD 网络的管理效率。

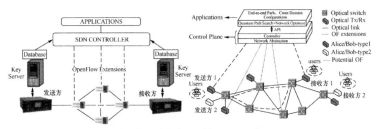

图 4-8 布里斯托大学的 Quantum-aware SDN 网络架构

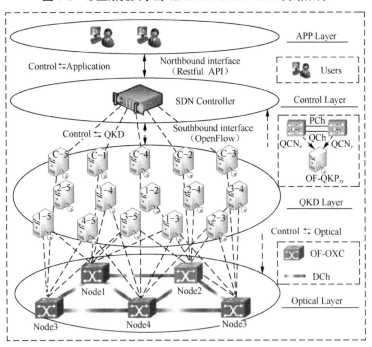

图 4-9 北邮基于 SDN 的 QKD 网络架构

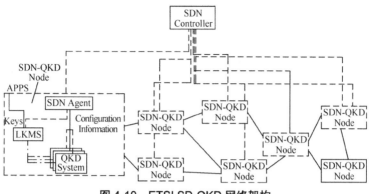

图 4-10　ETSI SD-QKD 网络架构

4.2　QKD 网络需求和架构设计

　　各国在 QKD 网络方面的探索和试验为 QKD 网络部署积累了大量经验，但目前尚无统一、标准化的 QKD 网络架构，现有技术方案大部分仍为试验性质或私有实现方案。本节将结合现有 QKD 网络的特点，面向大规模 QKD 网络建设及业务运营需求，分析总结 QKD 网络的设计要求，进而提出一种可扩展QKD网络架构方案，为 QKD 网络部署及其标准化制定提供参考。

4.2.1　网络设计需求

　　QKD 网络作为一种提供密钥分发服务的通信网络，其具备经典通信网络类似的特征，即同样由大量的信号调制、发射、接收、检测、后处理等通信功能模块组成。因此，其必须满足通信网络部署所需要的灵活扩展、成本经济、兼容互通等基本需求。另外，QKD网络所提供的服务与经典通信系统不同，是随机的密钥而非有序的信息。因此，QKD网络还需要满足密码学服务的各种需求，包括严格的安全性以及与安全应用的结合等。

综合考虑通信网络建设运营和保密通信服务两方面的要求，QKD网络架构应满足如下总体需求。

① 提供可扩展、高效、鲁棒、经济的网络部署能力，支持多厂商互操作性，可充分利用现有经典通信网络基础设施资源；

② 支持友好易用的服务接口，可灵活、广泛地与现有的信息通信技术结合应用；

③ 确保严格的QKD系统和产品安全性保障，提供标准的安全性要求和测评方法。

QKD网络需求可具体分解为可扩展性、高效性、生存性、应用灵活性、差异化策略控制、安全性和兼容性七个方面的需求（作为QKD网络架构标准化的需求写入CCSA ST7报告），具体如下。

（1）可扩展性

① 可实现通过QKD网络相连的任意两节点间的信息论安全密钥分发；

② 可灵活支持广域组网所需的骨干、城域、接入等多种网络拓扑结构；

③ 可根据业务需求变化灵活、经济地进行扩容升级和重

配置。

（2）高效性

可根据用户需求和网络负载的变化，灵活选择密钥的传输路径，调度网络物理资源，提供高效的密钥输出容量和性能，可满足各类用户业务要求的密钥带宽、时延等性能要求。

（3）生存/可用性

在某些链路或节点出现故障时，可实现快速故障定位和恢复，保证业务连续性，不影响用户体验。

（4）应用灵活性

可为上层 ICT 应用提供灵活开放的密钥服务集成方案和方便易用的可编程应用接口（API）。

（5）差异化策略控制

网络可根据不同用户的特定安全等级及业务需求，提供差异化的密钥服务质量管理方案，并提供多种灵活计费方式。

（6）安全性

① 采用安全可靠的 QKD 协议及收发机设计，具备严格的理论安全性证明，可防御各种已知的量子层安全威胁；

② 密码技术的使用应符合相关安全标准和认证；

③ 密钥中继节点可在无人值守的情况下可靠安全地运行；

④ 具备完整的入侵检测、安全防御等功能和措施。

（7）兼容性

① 支持来自不同设备生产商的 QKD 设备及组网设备，实

现异厂商设备互操作能力；

② 量子保密通信网络具有长期演进的特性，包括新密码学功能、新量子技术的引入等。在引入新特性时需考虑对现有量子保密通信网络的兼容性。

4.2.2 网络架构设计方案

参考已有的 QKD 网络设计方案，结合上述网络需求，一种 QKD 网络架构的参考设计方案可被给出，如图 4-11 所示。

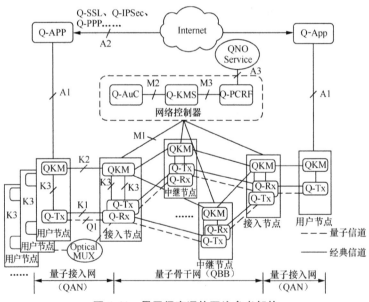

图 4-11 量子保密通信网络参考架构

为实现点对点 QKD 向多用户 QKD 网络的扩展，需在 QKD 信号发射机（Q-Tx）和 QKD 信号接收机发机（Q-Rx）的基础上，增加量子密钥管理（Quantum Key Manager，QKM）功能，以构成基本的 QKD 网络节点，实现量子密钥的输出或中继转发等功能。

基于目前的 QKD 技术水平，QKD 网络节点通过光纤连接组成 QKD 网络是其组网的主要方式，基于卫星等自由空间信道的 QKD 链路将作为特殊场景下的辅助组网手段。从 QKD 网络功能和节点配置角度出发，QKD 网络被分为量子骨干网和量子接入网两部分。QBB 由远距离、大容量的 QKD 骨干线路组成，负责连接多个城域网组成更大规模的广域网，通常采用环型或 Mesh 组网结构以保证鲁棒性。QAN 负责将大量的用户节点链路汇聚接入骨干网，网络末梢通常采用星型组网结构。

QKD 网络节点分为用户节点（Q-UN）、接入节点（Q-AN）、中继节点（Q-RN）三类。QKD 用户节点可直接与 QKD 接入节点相连接入 QKD 网络，也可通过光量子复用器（Optical Quantum Multiplexer，Q-Mux）接入网络，以实现多路 QKD 用户信号的复用，降低对接入节点侧 QKD 接收机的需求。然后，其通过多个 QKD 中继节点组成的 QBB 骨干链路，实现远距离的密钥中继。由 QKD 用户节点、接入节点、中继节点连接组成的多跳路径，构成了端到端的量子密钥传输通道。该通道通过逐跳生成的量子密钥进行一次性密码本方式的加密传输，即可实现网络中任意两个用户节点之间信息论安全密钥分发。

QKD 节点两两之间的通信涉及三类逻辑接口，包括 Q-Tx 与 Q-Rx 之间的量子接口（Q1）和密钥协商接口（K1）以及 QKM

之间的密钥中继接口（K2）。Q-Tx 与 Q-Rx 之间通过 Q1 接口实现收发信机之间的量子信号同步以及量子比特信息的发送和探测；通过 K1 接口实现 QKD 的基矢比对、窃听检测、密钥纠错、隐私放大等功能以生成安全的量子密钥；通过 K2 接口进行全局密钥（用户间的共享对称密钥）的中继传输。Q1 接口必须承载于基于光纤或卫星链路的量子信道上，K1 和 K2 接口则可承载于经典通信信道。注意，这里的量子信道可通过波分复用技术（WDM）与经典光通信网络共用现有的光纤资源，由于这种部署方式对于 QKD 网络是透明的，不涉及功能和协议影响，因此并未在该参考架构中体现。为高效实现 QKD 网络的管理和控制，考虑当前网络 SDN 化的演进趋势，我们在网络架构中引入 QKD 网络控制器（QKD Network Controller，Q-NC），负责网络节点的鉴权认证，密钥服务的资源管理、业务策略控制等操作。Q-NC 目前主要由 QKD 密钥服务管理中心（Q-KMS）、鉴权中心（Q-AuC）和策略控制中心（Q-PCRF）三部分功能模块组成。Q-NC 与网络中的各 QKD 中继节点和接入节点通过 M1 接口相连，以收集各节点的状态及请求消息，并下发相应的控制指令。具体情况是，其将通过 Q-AuC 连接实现用户节点的鉴权认证，通过 Q-KMS 完成密钥中继过程中的资源调度和路径选择，通过 Q-PCRF 根据量子网络运营商（Quantum Network Operator，QNO）定义的服务质量（Quality of Service，QoS）及计费策略，为每个用户密钥会话业务执行特定的 QoS 等级和计费规则。

　　量子安全的保密通信可基于 QKD 网络为用户生成的全局密钥（对称共享量子密钥）进行。这里进一步定义了量子安全应用（Q-App），其通过 A1 接口调用 QKD 用户节点生成的量子密钥，即可利用现有互联网基础设施实现基于 QKD 的端到端量子保密通信。

　　4.2.3 节将进一步介绍该 QKD 网络参考架构中所涉及的网元及接口功能。

4.2.3　主要网元及功能实体

　　在所述的 QKD 网络参考架构中，需定义如下网元及功能实体。

　　（1）QKD 用户节点（QKD User Node，Q-UN）

　　Q-UN 通常由相比接收机更低成本的 QKD 信号发射机（QKD Transmitter，Q-Tx）和量子密钥管理器（Quantum Key Manager，QKM）组成。Q-UN 部署在用户侧，负责根据业务请求从 QKD 网络获取对称的共享量子密钥对，并将相应的量子密钥对提供给具体应用以进行保密通信。

　　（2）QKD 中继节点（QKD Relay Node，Q-RN）

　　Q-RN 由多对 Q-Tx 和 QKD 接收机（QKD Receiver，Q-Rx），通过 QKM 连接组成。Q-RN 是基于可信中继方案的 QKD 网络中的主要网元，通过组成 Q-UN 之间的多跳量子密钥 OTP 通道，突破 QKD 量子信道传输距离的限制，实现信息论安全的密钥中继传输。

　　（3）QKD 接入节点（QKD Access Node，Q-AN）

　　Q-AN 由与 Q-UN 相连的 QKD 接收机（QKD Receiver，

Q-Rx)以及与 Q-RN 相连的 Q-Tx 或 Q-Rx,通过 QKM 连接组成。其功能类似于 QKD 用户的接入网关,负责将所属的 Q-UN 业务进行汇聚,并转发给下一跳的 QKD 节点。Q-AN 通常可与基于无源光器件的光量子信道复用单元(Q-Mux)合设,以方便单个 Q-Rx 接收来自多个 Q-UN 的量子信号。

(4)QKD 密钥管理器(Quantum Key Manager,QKM)

QKM 功能模块内置于 Q-UN、Q-AN 和 Q-RN 中,负责对 QKD 节点生成的量子密钥进行本地处理。Q-UN 中的 QKM 主要负责根据用户请求将量子密钥安全封装后提供给应用程序;Q-RN 中的 QKM 负责量子密钥的中继转发和本地保护;Q-AN 中的 QKM 负责所属 Q-UN 的管理以及与相应 Q-RN 的密钥的中继转发。

(5)QKD 网络控制器(QKD Network Controller,Q-NC)

Q-NC 作为 QKD 网络的控制面功能实体,负责收集各节点的状态和请求信息,并下发各类网络管控指令,目前主要由如下三部分功能组成。

① QKD 鉴权中心(QKD Authentication Center,Q-AuC):Q-AuC 负责 QKD 网络节点的身份认证和鉴权。

② QKD 密钥管理中心(QKD Key Management Center,Q-KMS):Q-KMS 负责量子密钥中继传输过程中各节点及接口资源调度、路径选择等操作。

③ QKD 策略控制中心(QKD Policy and Charging Reference

Function，Q-PCRF）：Q-PCRF 负责根据 QNO 的要求管理各量子密钥会话所采用的 QoS 策略（包括密钥时延、密钥更新速率等）和计费策略。

（6）QKD 安全应用（QKD-based Secure Application，Q-App）

Q-App 通过调用 Q-UN 提供的共享量子密钥对，实现信息的端到端加密与解密传输。Q-App 可内置于 Q-UN 中，抑可独立被设置（需部署于用户节点所属的安全域内）。

4.2.4　主要网络接口

Q1 接口：该接口是 Q-Tx 与 Q-Rx 之间的量子比特传输接口，负责将 Q-Tx 制备的量子比特（将 0、1 比特信息调制在单光子的偏振或相位等量子态之上）通过光纤或自由空间等媒介传递至 Q-Rx。

K1 接口：该接口是 Q-Tx 与 Q-Rx 之间的密钥协商接口，负责 QKD 协议中基矢比对、监听检测、隐私放大等流程的信息交互。

K2 接口：该接口是各 QKD 网络节点的 QKM 之间的通信接口，负责量子密钥的中继传输。

K3 接口：该接口是 QKM 与 Q-Tx 或 Q-Rx 之间的通信接口，负责将 Q-Tx 或 Q-Rx 生成的量子密钥安全地传递至 QKM。

M1 接口：该接口是 Q-NC 与各 Q-RN/AN 的 QKM 之间的通信接口，负责传递鉴权请求、节点状态、位置更新、路由控制、策略控制等控制信令和系统信息。

M2 接口：该接口是 Q-KMS 与 Q-AuC 之间的通信接口，负责鉴权认证等相关信息的传递。

M3 接口：该接口是 Q-KMS 与 Q-PCRF 之间的通信接口，负责 QoS 控制、计费策略等配置信息的传递。

A1 接口：该接口是 QKM 与 Q-App 之间的通信接口，负责传递 Q-App 的密钥调用请求和 QKM 提供的量子密钥及相关信令信息。

A2 接口：该接口是 Q-App 之间的通信接口，该接口基于嵌入量子密钥的 ICT 通信协议，例如 IPSec、SSL 等，实现应用之间的量子保密通信。

A3 接口：该接口是 QNO 与 Q-PCRF 之间的通信接口，负责传递量子网络运营商的计费、QoS 策略配置等信息。

4.2.5 网络主要功能

为满足设计需求，QKD 网络需具备如下基本的用户面和控制面功能。

（1）用户面功能

① 密钥中继功能：通过 QKD 网络中的 Q-AN/RN 进行量子密钥中继传输，实现 QKD 网络中任意两两 Q-UN 节点之间的信息论安全密钥分发。

② 密钥输出功能：由 Q-UN 将通过 QKD 网络生成的共享对称密钥对输出给通信两端的应用程序以用于加密传输。

（2）控制面功能

① 节点鉴权及位置更新：当新增的 QKD 网络节点接入 QKD 网络时对于进行身份认证；当节点位置关系发生变化时，重新进行鉴权并更新路由关系及位置信息。

② 路由选择及故障恢复：网络可根据 Q-App 的业务请求和网络负载情况，提供最优的密钥传输路径；可根据 Q-UN 的位置更新、节点或链路故障信息进行密钥传输路径的重新配置。

③ 计费及 QoS 策略管理：QNO 可定制差异化的量子密钥服务质量等级和计费策略，并可根据用户请求为每个特定的量子密钥会话提供端到端 QoS 保障和计费管理。

4.3　QKD 网络的应用服务接口

基于上述的 QKD 网络架构，网络中任意两点基于信息论安全的密钥分发服务即可实现。为了便于理解目前 QKD 网络提供的服务，本节将进一步阐述 QKD 网络面向应用提供的可编程应用接口。

4.3.1　QKD 应用接口简介

所谓 QKD 应用接口，是指各类安全应用与 QKD 网络密钥管理功能实体之间的接口（即上述网络架构中的 A1 接口）。QKD 网络通过该接口为 Q-App 提供其所需的密钥；通过该接口的标准化，有效实现 QKD 网络中不同厂商的 QKD 设备与 ICT 安全应用之间的互操作性，这对于推动 QKD 网络应用发展是十分重要的。

ETSI 于 2010 年 12 月发布的 GS QKD 004 是第一个关于 QKD 应用接口的标准，其采用基于对象的远程函数调用 API 格式，定义了 QKD 密钥管理层面向应用的 API，并支持对于密钥的 QoS 管理。然而，该接口标准的发展并未达到预期的效果，在国际上应用较少。2018 年，ETSI 基于更适于互联网业务开发、更加友好的 REST 风格 API 重新定义应用接口标准，以促进 QKD 安全应用的发展。下面我们将重点参考该接口标准对 QKD 的应用接口进行简要介绍，以说明 QKD 应用接口的基本功能。

该应用接口标准主要用于 Q-App 与 QKM 之间信息交互的"密钥获取接口（Key Delivery API）"。该 API 基于 REST 风格简单的"请求—响应"形式，Q-App 首先发起向 QKM 的密钥请求（Q-App 应处于 QKM 的安全域内），QKM 然后将相应的密钥提供给 Q-App。

图 4-12 所示为一个基本的 QKD 密钥获取 API 应用案例。QKM A 和 QKM B 可以直连，也可以通过 QKD 网络相连。Q-APP A 与 QKM A 相连，Q-APP B 与 QKM B 相连。QKM A 和 QKM B 通过 QKD 网络生成对称的共享密钥对，并采用统一的密钥标识存储在节点 A 和 B 中。

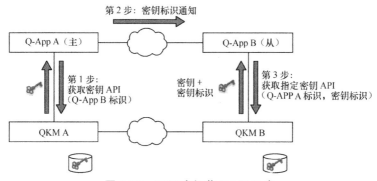

图 4-12 QKD 密钥获取 API 示意

发起"获取密钥（Get Key）"请求的 Q-App 被称作"主 Q-App"，后续请求"获取指定标识的密钥（Get Key with Key IDs）"的 Q-App 被称作"从 Q-App"，主从 Q-App 之间需要交互密钥标识（Key ID）。

Q-App A 可以通过如下的步骤与 Q-App B 发起保密通信。

第 1 步：Q-App A 调用 API "Get Key(Q-App B 标识)"，然后，QKM A 将 Q-App A 与 Q-App B 共享的密钥及其标识提供给 Q-App A。

第 2 步：Q-App A 通知 Q-App B 该密钥标识（该流程不属于应用接口标准的范围）。

第 3 步：Q-App B 调用 API "Get Key with Key IDs(Q-App A 标识，密钥标识)"，利用主 Q-App 的 ID 和密钥 ID 从 QKM B 获取对应的密钥信息。

图 4-13 所示为单个 QKM 服务于多个 Q-App 时，密钥获

取 API 的使用方法。

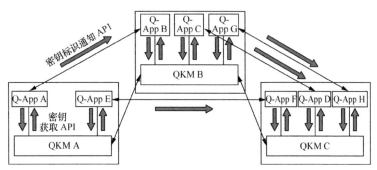

图 4-13　QKD 密钥获取 API 示意（多应用关联场景）

4.3.2　QKD 应用接口

QKD 应用接口主要涉及三项 API，具体见表 4-1。该规范定义的 KME(Key Management Entity)与前文中的 QKM 对应，SAE(Secure Application Entity) 与 Q-App 对应。

表 4-1　QKD 应用接口清单

编号	API 名称	URL	API 调用方法
1	Get Status	https://{KME_hostname}/api/v1/keys/{slave_SAE_ID}/status	GET
2	Get Key	https://{KME_hostname}/api/v1/keys/{slave_SAE_ID}/enc_keys	GET
3	Get Key with Key IDs	https://{KME_hostname}/api/v1/keys/{master_SAE_ID}/dec_keys	POST

1. Get Status API 规范

Get Status API 规范见表 4-2。

表 4-2 Get Status API 规范

名称			描述
概述			向 SAE 返回 QKM 的状态信息。该状态信息主要包括主 Q-App 与目标的从 Q-App 之间可用的密钥量
调用方法			GET
调用 URL			https://{KME_hostname}/api/v1/keys/{slave_SAE_ID}/status
参数	名称	数据	描述
slave_SAE_ID	String (in URL)		从 SAE 的标识 ID
请求数据模型（从 SAE 到 KME）			无
返回数据（从 KME 到 SAE）			Status（表 4-3）
前置条件			无

Status 数据格式见表 4-3。

表 4-3 Status 数据格式

数据元素	数据类型	描述
source_KME_ID	string	源 KME 的标识 ID
target_KME_ID	string	目的 KME 的标识 ID
master_SAE_ID	string	发起方主 SAE 的标识 ID
slave_SAE_ID	string	目标方从 SAE 的标识 ID
key_size	integer	KME 提供的密钥默认长度（bit）
stored_key_count	integer	KME 可提供的密钥数量
max_key_count	integer	KME 可存储的最大密钥数量
max_key_per_request	integer	单次请求的最大密钥数量
max_key_size	integer	KME 可向 SAE 提供的最大密钥量（bit）
min_key_size	integer	KME 可向 SAE 提供的最小密钥量（bit）
status_extention	object	（可选）预留参数

2. Get Key API 规范

Get Key API 规范见表 4-4。

表 4-4　Get Key API 规范

名称	描述
概述	从 KME 向应用发起方的主 SAE 返回密钥容器（Key Container）。密钥容器中可包括一条或多条密钥。由 slave_SAE_ID 标识的从 SAE 后续可通过 key_ID 标识向远端 KME 请求获取对应的密钥容器
调用方法	GET
调用 URL	https://{KME_hostname}/api/v1/keys/{slave_SAE_ID}/enc_keys? number={number}&size={size}

参数	名称	数据类型	描述
slave_SAE_ID	String (in URL)		从 SAE 的标识 ID
number	Integer		（可选）请求的密钥数量，默认值为 1
size	Integer		（可选）请求的每个密钥长度（bit）

请求数据模型（从 SAE 到 KME）	无
返回数据模型（从 KME 到 SAE）	Key Container（表 4-5）
前置条件	无
后置条件	将提供给 SAE 的密钥从 KME 的密钥池中清除

Key Container 数据格式见表 4-5。

表 4-5　Key Container 数据格式

数据元素	数据类型	描述
keys	array	密钥队列，其包含的密钥数量由 Get Key 参数中的 number 决定。若未指定，则密钥数量默认为 1

（续表）

数据元素	数据类型	描述
key_ID	string	密钥标识 ID：UUID 格式（示例："550e8400-e29b-41d4-a716-446655440000"）
key_ID_extension	object	（预留）可选
key	string	采用 Base64 编码的密钥数据。密钥长度由 Get key 的参数 "key_size" 决定。若未指定，密钥长度默认为 Status 数据模型中的默认值
key_extension	object	（预留）可选
key_container_extention	object	（预留）可选

3. Get Key with Key IDs API 规范

Get Key with Key IDs API 规范见表 4-6。

表 4-6　Get Key with Key IDs API 规范

名称		描述	
概述		KME 向发出请求的从 SAE 返回密钥容器。该密钥容器包含与前期远端主 SAE 通过 Get Key API 得到的密钥相匹配的密钥（根据远端主 SAE 提供的 Key ID 队列获得）	
调用方法		POST	
调用 URL		https://{KME_hostname}/api/v1/keys/{master_SAE_ID}/dec_keys	
参数	名称	数据类型	描述
master_SAE_ID	String (in URL)	主 SAE 的标识 ID	
请求数据模型（从 SAE 到 KME）		密钥标识 Key IDs（见表 4-7）	
返回数据模型（从 KME 到 SAE）		密钥容器 Key Container（表 4-5）	
前置条件		无	
后置条件		将根据密钥 ID 提供给 SAE 的相应密钥从 KME 的密钥池中清除	

Key IDs 数据格式见表 4-7。

表 4-7 Key IDs 数据格式

数据元素	数据类型	描述
key_IDs	array	Key ID 队列
key_ID	string	密钥 ID：UUID 格式（示例："550e8400-e29b-41d4-a716-446655440000"）
key_ID_extension	object	（预留）可选
key_IDs_extention	object	（预留）可选

参考文献

[1] Elliott C, Yeh H, Ma. B T C. DARPA Quantum Network Testbed[M]. Defense Technical Information Center, 2007.

[2] Elliott C: The DARPA quantum network, Quantum Communications and cryptography: CRC Press, 2005: 91-110.

[3] Kollmitzer C, Pivk M. Applied quantum cryptography[M]. 797. Springer, 2010.

[4] Peev M, Pacher C, Alléaume R, et al. The SECOQC quantum key distribution network in Vienna[J]. New Journal of Physics, 2009, 11(7): 075001.

[5] Dianati M, Alléaume R, Gagnaire M, et al. Architecture and

protocols of the future European quantum key distribution network[J]. Security and Communication Networks, 2008, 1(1): 57-74.

[6] Sasaki M, Fujiwara M, Ishizuka H, et al. Field test of quantum key distribution in the Tokyo QKD Network[J]. Optics express, 2011, 19(11): 10387-10409.

[7] Aguado A, Hugues-Salas E, Haigh P A, et al. First Experimental demonstration of secure NFV orchestration over an SDN-controlled optical network with time-shared quantum key distribution[C]. ECOC 2016; 42nd European Conference on Optical Communication; Proceedings of, 2016: 1-3.

[8] Aguado A, Hugues-Salas E, Haigh P A, et al. Secure NFV orchestration over an SDN-controlled optical network with time-shared quantum key distribution resources[J]. Journal of Lightwave Technology, 2017, 35(8): 1357-1362.

[9] Cao Y, Zhao Y, Colman-Meixner C, et al. Key on demand (KoD) for software-defined optical networks secured by quantum key distribution (QKD)[J]. Optics express, 2017, 25(22): 26453-26467.

第5章 量子保密通信应用

5.1 量子保密通信应用场景

5.2 量子保密通信应用案例

5.3 量子保密通信应用的移动化扩展

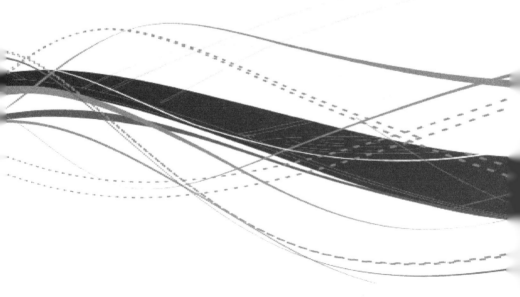

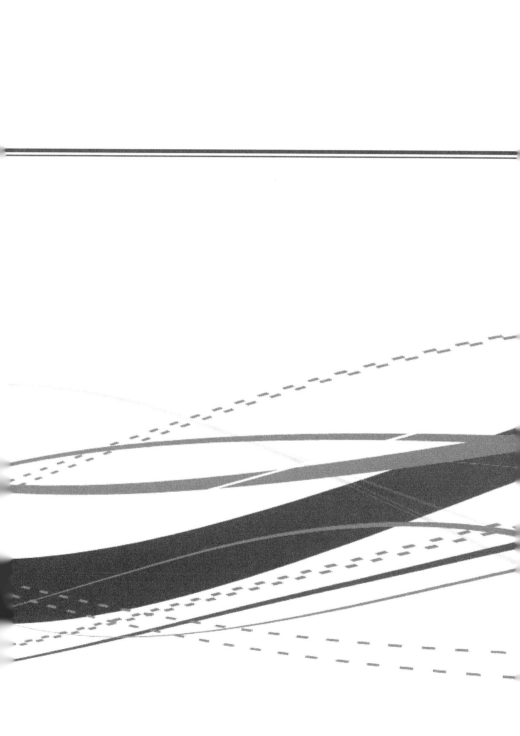

　　量子保密通信具有长期安全性，即密码学中所谓的"完美前向安全性"。这意味着对于入侵者而言，无论何时成功获取了泄露的密钥信息，也无法对其所监听记录的收发双方之间的历史流量信息进行破译。这使得 QKD 有望成为面向量子时代的 ICT 系统和应用安全所需要的重要密码学组件。作为一种基础的密码学服务，QKD 能够与现有信息通信技术（Information and Communication Technology，ICT）灵活地结合，产生面向不同行业需求的量子安全应用。

　　第 5 章首先介绍 QKD 与现有 ICT 相结合形成的应用方案和 QKD 在各类典型行业中的应用场景，并针对目前在国内外不同领域已经开展的 QKD 应用案例进行总结。另外，第 5 章还将针对现有 QKD 应用场景的局限性进行探讨，给出 QKD 与经典的密钥分发中心（Key Distribution Center，KDC）技术和后量子密码技术结合的解决方案，通过利用经典密码和量子密码的优势，以实现更广泛场景下的量子安全应用。最后，进一步介绍 QKD 在移动化应用方面的典型案例和前景。

5.1　量子保密通信应用场景

ETSI 于 2010 年即发布了 QKD 用例规范，定义了多种 QKD 应用场景。同时，QKD 技术在世界范围内已陆续得到应用，特别是在中国，基于先进的星地一体广域 QKD 网络，金融、政务等领域已经涌现了包括数据中心备份、加密视频会议、VPN 等一系列的实际应用。5.1 节主要参考现有的 QKD 应用相关标准及案例，分别从 QKD 与 ICT 各层协议的集成和 QKD 在典型行业的应用两个维度介绍 QKD 技术的应用场景。

5.1.1　QKD 与 ICT 结合的应用场景

目前来看，将 QKD 功能集成到现有的 ICT 系统中，并不需要限定于某个参考点或某层协议。QKD 的密钥分发功能与经典密码学的密钥分发功能类似，它可以在 OSI(Open System Interconnection) 模型的不同层面协议与通信系统进行多种方式的集成，如图 5-1 所示。5.1 节将介绍 QKD 与 ICT 系统在不同层面的协议中进行集成的典型应用场景，包括数据链路层、网络层、传输层和应用层等。

1. 数据链路层集成应用

目前的 QKD 系统通常由点对点链路上的一对通过量子信道连接的设备组成。因此，将 QKD 与传统的链路加密机进行集成，构成基于 QKD 的量子链路加密机成为一种直观、合理的结合方案，该方案对网络来说是透明的。这种用于点对点链路加密的 QKD 应用，也可被称作基于 QKD 的 VPN 隧道技术。 链路加密机可通过 QKD 产生对称的会话密钥，作为对称分组加密算法（例如 AES）的密钥，也可用于流加密算法（例如可实现最高安全性的 OTP），对光纤信道上承载的数据流量进行加密。注意，QKD 链路加密机即可用于网络上相邻部署的两个节点之间的保密通信，也可以作为链路层的 VPN 隧道为跨网络的节点提供端到端的通信保护。

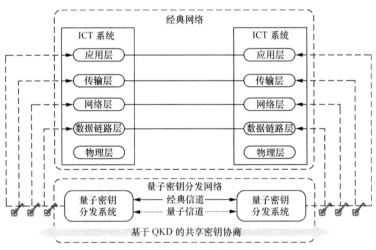

图 5-1　QKD 在 ICT 系统中的应用

考虑具体的数据链路层协议，QKD 可与如下两类协议进行集成。

① QKD 可以与 PPP（Point to Point Protocol）进行集成应用。PPP 工作在 OSI 模型中的第二层，广泛用于网络中两组节点之间的连接。PPP 中的加密功能是通过加密控制协议（Encryption Control Protocol，ECP）来实现的，用于在 PPP 的数据帧中实现加密算法。QKD 可作为 PPP 的一种新型密钥交换协议来进行结合。目前欧盟 SECOQC 项目即采用该方案，将 QKD 融入 PPP 中，其被称作 Q3P。

② QKD 还可用于另一种协议，即 IEEE 802.1 所定义的 MACsec 协议。MACsec 协议用于提供一种无连接的服务，支持为单个局域网或互联的局域网中的授权系统提供具有数据机密性、完整性和真实性的服务。QKD 也可作为一种密钥交换技术在 MACsec 协议中集成应用。

2. 网络层集成应用

互联网安全（Internet Protocol Security，IPSec）协议是一种用于保障 IP（Internet Protocol）通信安全的协议套件。IPSec 工作在 OSI 模型的第三层，可实现对数据流中的 IP 数据包的鉴权和加密。IPSec 协议簇中的互联网密钥交换协议（Internet Key Exchange Protocol，IKE）负责建立安全的网络连接。IKE 协议使用非对称方法（Diffie-Hellman，DH）公钥协商的方式来建立共享的会话密钥，用于数据加密。对于通信双方的认证鉴权，既可以采用公钥方式，也可以采用预置密钥的方式。

作为新型密钥交换技术，QKD 可与 IKE 协议进行很好地融合。通过 IKE 协议的改进，QKD 生成的共享密钥可被调用为 IPSec 协议的载荷提供加、解密功能。基于 QKD 所提供的共享密钥，可根据安全等级需求，使用传统的分组加密算法或一次性密码本算法进行加密。目前已有不少集成 QKD 的 IPSec 应用案例，通常用于构建采用 IPSec 协议的 VPN 及路由器解决方案。

3. 传输层集成应用

传输层安全（Transport Layer Security，TLS）及其前身安全套接层（Secure Sockets Layer，SSL）是工作在 OSI 模型第四层的安全协议，用于在传输层为网络通信提供端到端的安全服务。它通常使用公钥密码交换技术来建立会话密钥，用来保护敏感信息的传输，例如电子商务交易中的信用卡信息。在 QKD 与 TLS 结合使用的场景中，QKD 产生的密钥可以用于替换 TLS 中的会话密钥，也可以直接用于进行一次性密码本算法的最高等级加密传输。另外，QKD 生成的密钥还可以用于实现消息认证，替换 TLS 协议中哈希消息认证码（Hash-based Message Authentication Codes， HMAC）或 SSL 协议中伪随机函数的相应功能。

4. 应用层集成应用

在 OSI 模型传输层之上的应用层中，QKD 也可以与各类应用程序进行灵活的集成，例如加密语音 / 视频通话或会议、即时通信等业务。这些利用 QKD 为通信收发机两端提供的对称共享密钥，即可以用于进行用户的身份认证或鉴权，也可以用于实现载荷的加密传输。

5.1.2 QKD 在典型行业的应用场景

1. 数据中心备份及业务连续性

在异地数据中心的备份及数据传输过程中，量子通信可以很好地发挥其为数据传输安全保驾护航的作用。随着大数据和云计算的发展，数据的灾备显得越来越重要，特别是对于一些数据安全性和可靠性要求高的行业，如金融、电力、航空、互联网等，其对于数据中心及灾备中心的可靠性和安全性要求极高。

在上述场景中，不管是企业的自有网络，还是租用运营商的光纤网络，企业通常采取的做法都是将主要的数据处理集中在"主站点"数据中心，同时为确保业务连续性，还将额外部署"备份站点"，用于定期对主站点数据进行远程备份，在发生灾难或故障时，当主站点数据出现丢失时，备份站点可辅助主站点进行数据恢复，保证业务的连续性。

主站点与备份站点之间的通信要求严格的数据保密性，数据加密是强制性的要求。如图 5-2 所示，企业可以使用基于 QKD 的链路加密机，在主站点和备份站点之间建立加密通信链路，QKD 链路加密机可使用分组或流加密算法来加密光纤通道上承载的数据信息。此外，根据企业的安全需求的不同，QKD 链路加密机中使用的密钥可以依据 QKD 系统的密钥生成速率频繁地更换。

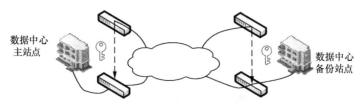

图 5-2 QKD 链接加密机应用于数据中心灾备场景

2．企业专网保护

量子保密通信还可用于确保企业专网基础设施及其服务的安全性。所谓企业专用网络，即企业或政府机构将自有网络或从运营商租用的光纤网络与其总部及所属一个或多个分支机构、数据中心连接组成的专有网络。通过企业专网，企业可为各分支机构提供各种应用服务，例如电子邮件、电话、视频、数据存储和计算等信息服务。在专网中，各分支机构之间通常不需要直接联系，而是通过各数据中心提供的路由进行通信。

企业或政府机构对通信服务的机密性、完整性和真实性要求较高，需要强制性地采用专用的安全系统。当前企业通常采用基于 IPSec 或 TLS 的安全 VPN 技术来对数据中心与分支机构之间的流量进行鉴权和加密，而 QKD 链路加密机正好可以与这些技术结合来满足企业网各站点之间的信息加密要求，如图 5-3 所示。

3．关键基础设施控制和数据采集保护

当今社会经济的正常运行往往依赖于一些关键基础设施的持续、完整的可用性。关键基础设施通常包括通信服务、供水

服务、电力生产和分配服务、能源服务、金融服务、卫生服务、运输系统、粮食生产和分配系统以及国家安全服务，其重要性不言而喻。这些系统的安全性和可靠性必须依赖于其通信基础设施子系统。除可用性之外，这些通信子系统大多需要具有良好的机密性、真实性和完整性，其中真实性和完整性往往更为重要，例如在铁路的信令控制系统、供水控制系统中，铁路或水阀门的控制指令必须具有真实性（保证信息来自合法的控制中心）和完整性保护（保证信息在到达接收器之前未经篡改）。

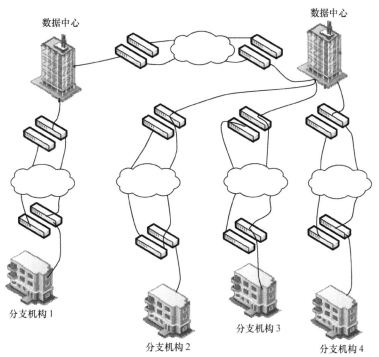

图 5-3　QKD 链路加密机应用于企业专网场景

以铁路网为例，铁路网的路由时间表和列车控制通常在铁路控制中心完成，一方面，控制中心需要读取并处理轨道沿线各区段边界、交叉口、站点等处的传感器输入的信息；另一方面，控制中心需要向信号开关、交叉关口、显示器等下发控制指令。这些通信过程需通过铁路网沿线的线路及其他通信线路和电力线进行。为防止特定的恶意攻击，某些信息还需被加密，并被提供完整性保护，这些功能均可通过QKD分发的密钥来实现。如图5-4所示，该场景通常需要构建专用的QKD广域网络来支持，实现由QKD网络提供的集成化的多节点密钥分发管理及中继转发等功能。

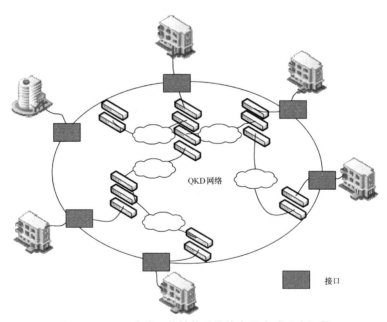

图5-4 QKD应用于关键基础设施专用广域网络场景

4. 电信骨干网保护

QKD 还可以为电信网络的骨干网节点之间通信提供安全服务。运营商的骨干网络均采用波分复用（WDM）技术作为基础的承载方式，复用波道数一般以 80 波为主，当前可承载的容量可达 80 × 100Gbit/s，很快会升级到单波长 400Gbit/s。电信骨干网承载的容量大、信息广，如果能在骨干网层面进行信息的加密防护，这对于电信网络自身安全及其承载的互联网信息安全都具有相当重要的意义和价值。但以往在骨干网这种大管道场景中的加密手段相对匮乏，传统的公钥密码技术效率难以满足需求，而对称密码技术则面临密钥分发的难题。

由于骨干网波道数较多，除已经使用的业务波道以及预留的保护波道和备用波道外，一般还会有剩余的波道可以使用。只要能够克服光纤的交叉相位调制、四波混频、拉曼散射等影响，就可以利用这些多余的波长来搭建 QKD 链路。这样，一方面可以极大地降低网络投资；另一方面，通过 QKD 链路产生的量子密钥，可对 WDM 业务通道及骨干线路进行链路级的加密。这种加密方式可以按需进行，一方面依据客户需求，选择需要加密的波长通道进行加密；另一方面，可依据 QKD 密钥产生的速率，确定所使用密钥的更新频率。目前，中国电信北京研究院联合科大国盾量子、中兴通讯、皖通邮电等合作单位，已研发成功 QKD 与经典光通信 OTN 设备融合的产品原型。其原理如图 5-5 所示，可将量子密钥应用于设备间经典业务数据的加密，并将量子信道和协商信道集成到承载经典业务数据信道的光纤中，实现共纤传输。

图 5-5　QKD 应用于电信骨干网保护场景

5. 电信接入网保护

QKD 还有望融入电信接入网的无源光网络（PON）中，保证 PON 中的通信安全。电信接入网使用的 PON 结构通常由一个光线路终端（OLT）与多个光网络单元（ONU）连接组成。OLT 通常安装在电信网接入机房中，而 ONU 安装在终端用户附近。目前一个 OLT 可服务于 32 ～ 128 个 ONU，下行业务信息从 OLT 向下游广播到所有 ONU，而上行业务则采用时分或波分复用方案实现。

PON 仅使用无源光器件组成，每个 ONU 都可接收到 OLT 的所有下行链路信号。因此，必须使用加密措施来防止 ONU 对不适合接收的内容进行窃听。当前的解决方案是使用共享对称密钥进行加密 / 解密，密钥可以使用智能卡进行分发，或者采用非对称方法（Diffie-Hellman）与公钥证书方案进行分发。不难看出，在密钥分发阶段，QKD 可很好地为电信接入网提供新的解决方案。通过 QKD 系统，可在 OLT 和 ONU 终端用户之间进行安全的密钥分发，以实现 ONU 用户数据的加密传输，这对于目前已在中国普遍部署的光纤到户场景具有很大的潜在价值。另外，还可利用 OLT 到 ONU 之间的光纤信道，用于进行基于单光子或弱光脉冲的量子信号传输，有望实现 QKD 系统与 PON 在接入网层面的融合。与点对点 QKD 系统不同，PON 中的 QKD 系统需要实现一对多 QKD。QKD 与传统信息不同之处在于，传统信息中的每个比特都有数千个光子组成的光脉冲编码，这样每个 ONU 可接收到来自 OLT 所发出的原始脉冲的一部分信号。而量子信息是由单个光子承载，一次只能到达一个 ONU，光子将以一定的概率到达某个 ONU。通过在 ONU 处测量对应的光子，并通过严格的时钟同步系统，部署在 ONU 和 OLT 处的 QKD 系统即可识别出相应链路的测量结果，用于提取相应的量子密钥。

如图 5-6 所示，本应用场景下的 QKD 系统由不对称的树状网络结构组成。原则上可以采取两种方式进行部署，即在 OLT 处部署单一的量子信源，在每个 ONU 处进行量子检测；或者在每个 ONU 处部署量子信源，在 OLT 处部署一套量子探测器。由于目前量子探测器比量子光源成本高太多，通常采用第二种解决方案。

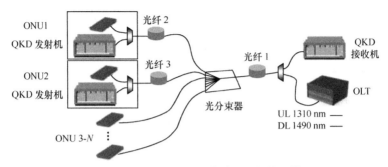

图 5-6　QKD 应用于电信接入网保护场景

6. 远距离无线通信保护

目前来看，QKD 与基于卫星、飞机等飞行器的无线通信系统相结合是一种更为理想的应用场景。首先，该场景可实现远距离站点之间高度安全的密钥分发，而无须部署大量的地面光纤；同时，由可信中继带来的安全隐患也大大减少，因为由卫星等飞行器来扮演 QKD 可信中继角色将是十分安全的。

具体地，这里以卫星通信场景为例进行说明。这里地面站 A 和 B 是长距离地理分隔网络中的两个节点，如由海底通信光缆相连的海洋两岸。当卫星每天经过地面站 A 和 B 时，即可与它们之间分发对称的共享密钥。该密钥可用在对称加密方案中，以确保长途通信路径的数据传输安全性。

该用例还可扩展到多颗卫星的场景，它们之间通过自由空间链路相互连接，可构成覆盖全球的卫星 QKD 网络。与地面大气相比，空间的衰减显著降低，因此卫星之间可以以非常高的密钥分发速率进行长距离的密钥交换。该场景目前主要考虑低轨道卫星，对于地球同步卫星或对地静止卫星而言，短期内并非可行的选择，因为在高达 36000 ～ 42000km 的轨道高度，地面站将需要约 10m 孔径的光学望远镜，这在目前看来并不可行。

　　如图 5-7 所示，这里进一步介绍 QKD 通过卫星交换密钥的基本流程。假设在两个地面站 A 和 B 部署自由空间 QKD 系统，其具有可移动的定向望远镜，能够指向并跟踪天空中的移动目标 C。首先，C 通过地面站 A 建立 QKD 链路，与 A 交换对称密钥 a。注意这里 C 中的 QKD 系统被认为是值得信赖和安全的，因为它位于高空飞行器中。然后，当 C 通过地面站 B 时，与 B 交换另一个对称密钥 b。随后，将它用一次性密码本方式加密先前与 A 交换的密钥 a，并通过传统通信方式将加密后的密钥传递给 B，地面站 B 通过密钥 b 解密即可得到与 A 共享的密钥 a。这样 B 即获得了可用于加密业务数据的共享密钥，且该密钥分发过程是信息理论安全的。

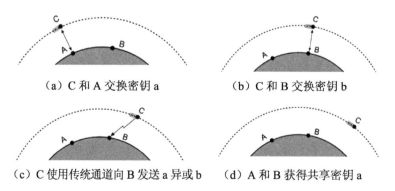

（a）C 和 A 交换密钥 a　　　　　（b）C 和 B 交换密钥 b

（c）C 使用传统通道向 B 发送 a 异或 b　　（d）A 和 B 获得共享密钥 a

图 5-7　QKD 应用于卫星通信保护场景

5.2 量子保密通信应用案例

本节将对 QKD 在金融、政务、数据中心、医疗卫生、关键基础设施等领域已经开展的国内外应用案例进行总结。

5.2.1 量子通信在金融领域的应用

金融领域对安全性、稳定性及可靠性有着极高的要求。因此，具有高安全特性的量子保密通信成为金融领域青睐和关注的信息安全保障关键技术手段。2004 年，奥地利银行利用量子通信技术传输支票信息，成为全球首个采用量子通信的银行。我国后来居上，在中国人民银行和中国银监会的大力支持下，在金融量子保密通信应用方面形成了形式多样的业务模式 / 类型，为金融领域链路及系统安全提供立体量子安全防护；在银行、证券、期货、基金等方面成功开展了应用示范，包括同城数据备份和加密传输、异地灾备、监管信息采集报送、人民币跨境收付系统应用、网上银行加密等。特别是银行方面，已经形成了一批包括工商银行、中国银行、建设银行、交通银行等国有大型商业银行，民生银行、浦发银行等全国性股份制商业银行及北京农商行等其他商业银行在内的典型示范用户。

5.2.2　量子通信在政务领域的应用

电子政务涉及国计民生，更关乎国家信息安全，电子政务的安全保密系统是国家信息安全基础设施的重要组成部分。量子保密通信可为分支机构多、安全性要求高的政府部门、机构及重要企事业单位提供日常办公、数据传输、视频会议等多种安全通信服务，成为保障电子政务安全运行的关键技术手段之一。

2007 年，瑞士全国大选的选票结果传送采用了量子保密通信技术；2011 年，堪培拉推行面向政府内部通信的政府量子网络，构建量子保密通信保障的政务应用。在我国，在众多重大场合已经将量子通信作为保障安全的有效手段。2012 年，量子加密电话、量子机密数据传输等系统为党的十八大会议提供了安全通信技术保障；2017 年 8 月，济南建成目前世界上规模最大、功能最全的量子通信城域网，为政府机关、高校等提供基于量子保密通信的电子政务、日常办公等应用服务。

5.2.3　量子通信在数据中心 / 云领域的应用

云计算凭借在敏捷性、可扩展性、成本等方面的优势，已经成为企业 IT 转型的必然选择，云数据中心又是云计算的重要基础设施，因此，如何保障数据中心之间海量敏感数据的安全传输，已成为业界关注并亟须解决的问题。量子保密通信为数据中心的数据安全同步提供了技术思路和手段。

2015 年，西门子在其海牙（Hague）和祖特尔梅尔（Zoetermeer）数据中心之间建立了一条 QKD 链路；2015 年 9 月，云环境灾难恢复及数据保护解决方案提供商 Acronics 和 ID Quantique 签署战略合作协议，将向 Acronics 的客户提供云计算量子加密服务；2016 年 5 月 17 日，荷兰电信公司 KPN 在其数据中心之间建立了量子链路。2015 年 12 月，在我国，中国银行启动了上海同城和京沪异地量子保密通信应用项目，将北京主生产数据中心—上海灾备中心的核心数据进行加密传输；2017 年 3 月 29 日，网商银行采用量子技术，在阿里云上率先实现了信贷业务数据的云上量子加密通信远距离传输，成为首个云上量子加密通信服务的应用。

5.2.4　量子通信在医疗卫生领域的应用

个人医疗信息因涉及公民隐私等问题，需要提供极高的信息安全保障，因此，医疗卫生领域是量子通信极具前景的应用领域。据报道，2015 年日本东芝将量子加密的基因组数据从仙台的研究机构发送至 7km 以外的东北大学，并计划 5 年内在医疗机构领域实现大规模商业化应用。

5.2.5　量子通信在国家基础设施领域的应用

电力、能源、农业等国家基础设施关系着民生民计，具有极其重要的战略地位，高等级的安全防护是这些重要领域的必然要求。基于量子保密通信技术，建设专用的 QKD 网络，是为关键基础设施提供较高等级安全防护的重要手段。

目前，我国已在合肥、济南、杭州、上海、北京等地建设城域电力量子保密通信网示范工程。在大量技术验证的基础上，在全球率先形成了多种保密通信应用，如 G20 峰会保电指挥系统数据传输应用、国网电力数据远程灾备系统业务应用、调度和配电自动化电量采集业务应用、同城银电交易系统数据保密传输应用等。

5.3　量子保密通信应用的移动化扩展

虽然基于现有的 QKD 网络技术已经可以开展一系列实际业务应用，但是由于量子信道的特殊要求，量子保密通信中的密钥分发仍然离不开高成本的光纤或卫星网络。这在一定程度上限制了量子通信应用的发展，尤其在业务移动化特征突出的移动互联网时代，使得量子通信难以与新兴的 ICT 技术融合应用。如何突破量子信道的限制，使 QKD 适用于移动通信系统，是QKD 学术界的重要研究方向。目前，已有文献显示在室内场景下在 THz 频段可实现移动 QKD 技术。但是，真正实现可广泛应用的移动 QKD 技术，必须突破高精度的跟踪瞄准技术、高效率的信号收集系统、高度集成化的光路芯片，这一系列技术瓶颈使得实现无线移动的量子密钥分发变得非常困难。"墨子号"量子卫星成功实现星地量子密钥分发已堪称壮举，如果将发射和接收系统做的像目前的 3G/4G 移动通信终端那样小巧，仍然需要长时间的努力。

本节将重点探讨如何结合 QKD 与经典密码的优势，将 QKD 的应用场景拓展至更广泛的移动业务中。

5.3.1　QKD 与经典密码学的问题分析

这里我们将基于 QKD 网络的保密通信方案抽象为如图 5-8 所示的模型，便于进一步分析其优缺点，其执行过程可分解为表 5-1 所示的 4 个步骤。

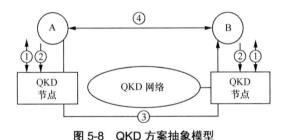

图 5-8　QKD 方案抽象模型

表 5-1　QKD 方案的优劣势分析

	KDC	优点	缺点
① 密钥预置	为每用户预置对称根密钥		管理复杂
② 身份认证	使用用户根密钥进行鉴权	抗量子计算攻击	

（续表）

	KDC	优点	缺点
③ 会话密钥协商	对称根密钥＋随机数生成会话密钥	信息论安全，抗量子计算攻击，前向安全，高速	应用场景受限
④ 加密传输	采用对称会话密钥进行信息加解密传输		

首先是密钥预置过程，QKD 网络需要为每个用户，提供用户特定的根密钥，分别预置到 QKD 网络的鉴权中心和每个 QKD 用户节点中，以进行用户的初始身份认证和鉴权。当鉴权通过后，用户可通过 QKD 网络进行会话密钥的协商，通过 QKD 网络特有的 OTP 方式将密钥安全地分发到收发两端用户。然后用户使用这些对称的会话密钥进行基于 AES 加密的安全通信。

可以看到，基于 QKD 的会话密钥分发是 QKD 方案最重要的优势，因为它同时具备信息论安全（ITS）、抗量子计算攻击、前向安全性、可提供高速密钥交换等优势。但是，它仅适用于用户能够通过光纤或卫星接入 QKD 网络的场景。

进一步考虑目前通用的应用场景下的保密通信方案，以与 QKD 进行对比分析。经典的保密通信方案可以分为对称密码学和非对称密码学两种基本类型。

对称密码学通常采用基于密钥分发中心（Key Distribution Center，KDC）方案，常用于移动通信系统（包括 2G/3G/4G/5G）、基于 Kerberos 的企业网及部分银行系统。例如在 3G/4G

通信系统中，运营商会为每位移动用户提供特殊的 128 位根密钥（Ki），分别预置在手机的 SIM 卡和 3G/4G 网络的用户签约管理中心（HSS），以进行鉴权认证和会话密钥的生成。

非对称密码学又被称为公钥技术，在实际应用中通常采用基于公钥基础设施（Public Key Infrastructure，PKI）的方案以防止中间人攻击。目前，大多数互联网应用均基于此方案，包括基于 SSL/TLS 的 HTTPS、软件版本更新的验证、虚拟专用网（VPN）、安全电子邮件以及新兴的区块链等技术。PKI 方案虽然不需要为用户预置每个用户不同的根密钥，但需要将重要的 CA 证书及其公钥分别预置在终端操作系统（例如浏览器）和服务器系统中。

对于这两类传统的保密通信方案，同样可以抽象为图 5-8 所示四步模型进行分析。如图 5-9 所示，对于基于对称密钥的 KDC 方案，终端和 KDC 分别预置用户特殊（User-Specific）的对称密钥作为根密钥，终端入网时首先通过根密钥进行鉴权认证；然后通过 KDC 的协商，与通信对端使用对称密钥加随机数的方式产生新鲜的会话密钥，用于后续的数据加解密传输。这类方案的优点是基于对称密钥的鉴权、会话密钥协商过程，均不涉及基于算法的非对称公钥密码技术，因此具有抗量子计算攻击能力。其缺点是大量终端根密钥的管理十分复杂，且根密钥长期不变，无法保证前向安全性，一旦根密钥泄露，历史数据会将全部被黑客破解，造成巨大危害。

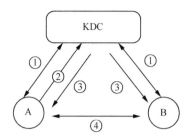

	KDC	优点	缺点
①密钥预置	为每用户预置对称根密钥		管理复杂
②身份认证	使用用户根秘钥进行鉴权	抗量子计算攻击	
③会话密钥协商	对称根密钥+随机数生成会话密钥	抗量子计算攻击	无法保证前向安全性
④加密传输	采用对称会话密钥进行信息加解密传输		

图 5-9　KDC 方案的优劣势分析

如图 5-10 所示，对于基于非对称密钥的 PKI 方案，作为通信双方的终端和服务器首先需分别预置根 CA 证书（含公钥等信息）。然后，终端在本地计算生成其公私钥对，并向 CA 申请签署下发代表用户身份的证书。在终端与服务器之间的通信过程发起时，终端首先向服务器出示证书，服务器通过 CA 验证其证书有效后，完成终端的身份认证。然后，服务器使用终端公钥加密随机生成的会话密钥并发送给终端，终端通过本地私钥解密后获取对称的会话密钥后，双方进行基于对称会话密钥的数据加密通信。该方案的优点是无须预置根密钥，其管理相对简单，适用于大规模的互联网业务。其缺点是身份认证和会话密钥协商过程均涉及非对称公钥算法，无法抵抗量子计算攻击。

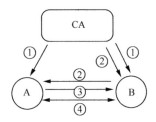

	PKI	优点	缺点
① 密钥预置	预置根 CA 证书	易于管理	
② 身份认证	CA 为 B 颁发含公钥的证书，A 通过 CA 验证 B 证书的有效性		无法抗量子计算攻击
③ 会话密钥协商	使用对方公钥协商对称会话密钥		无法抗量子计算攻击；时延较长
④ 加密传输	采用对称会话密钥进行信息加解密传输		

图 5-10　PKI 方案的优劣势分析

5.3.2　QKD 与经典密码学结合的移动化应用方案

通过上述分析可以看到，QKD 和经典的对称、非对称密码方案均具有一定的优势和劣势。本节将进一步探讨如何结合 QKD 和经典密码学方案各自的优势，进一步延伸 QKD 的应用场景。

这里提出一种全新的解决方案，利用 QKD 自身的独特优势，同时结合经典的 KDC 和 PKI 方案特点，将基于量子密钥分发的安全服务扩展到移动终端侧。

如图 5-11 所示，在 QKD 网络的基础上，构建面向量子安全服务的 KDC（QSS-KDC）用于管理 QKD 网络产生的量子密钥。同时还提供量子密钥更新终端设备，可以将 QKD 网络产生的量子密钥缓存在终端的安全存储介质（例如 SD 卡、SIM 卡、U 盾、安全芯片等）中，用于其通信过程中的鉴权和会话加密。该方案在移动办公、移动作业、移动支付、物联网等场景均可以进行应用。

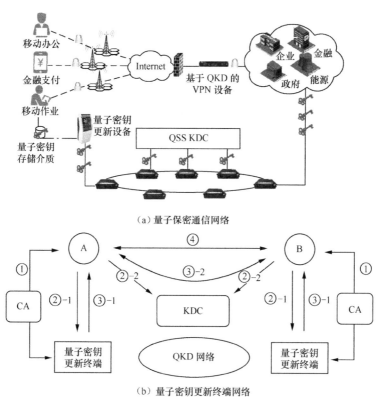

（a）量子保密通信网络

（b）量子密钥更新终端网络

图 5-11　QKD 向移动终端延伸的增强方案

新的量子密钥增强方案抽象为四步模型，与经典的对称和非对称密钥方案进行对比以分析其优劣，具体见表 5-2。

表 5-2　QKD 与 KDC、PQC 结合的增强方案分析

	融合 PQC 和 KDC 的 QKD 移动化解决方案	vs. 对称密钥	vs. 非对称密钥
① 密钥预置	向 QKD 节点及终端中预置根 CA 证书（兼容 PQC 算法）	易于管理	
② 身份认证	使用基于 PQC 的证书验证终端及量子网络节点身份 使用对称的量子密钥用于后续会话的鉴权		可抗量子计算攻击
③ 会话密钥协商	使用 QKD 网络生成量子密钥池，存储在终端及 KDC 的安全密钥存储区 使用 KDC 协商产生 A-B 对称会话密钥	可保证前向安全性	可抗量子计算攻击
④ 加密传输	采用对称会话密钥进行信息加解密传输		

在根密钥预置阶段，这里考虑在 QKD 设备和应用终端中预置基于后量子密码学算法（PQC）的 CA 证书。在用户的首次身份认证时，通过基于 PQC 的证书完成，以实现简化的用户初始认证管理。然后，终端和 KDC 可以从 QKD 网络末梢的量子密钥更新设备中充注足够的量子密钥，用于后续的身份认证和会话加密。在终端间进行通信时，首先通过终端与 KDC 预置的对称量子密钥，进行鉴权认证，然后利用 KDC 协商产生终端间的对称会话密钥。这里所使用的量子密钥，均采取一次性使用、随用随弃的策略，保证鉴权和会话密钥的新鲜性，以体现信息论安全、抗量子计算攻击等优势。该方案相比 KDC 方案，可保

证会话密钥的前向安全性； 相比 PKI 方案，可保证身份认证和会话密钥协商过程的量子安全性；相比传统的 QKD 方案，则可有效延伸其使用范围。

5.3.3　QKD 移动化应用的展望

在 5.3.2 节中介绍的基于 KDC 和量子密钥充注的 QKD 移动化应用解决方案，有望成为现阶段 QKD 在移动业务中应用的有效方案。早在 2010 年，日本三菱公司在 UQCC2010 会议上展示了一个点对点的 QKD 移动化原型系统，将量子密钥分别注入两台手机中，随后两台手机就可以使用量子密钥完成加密通信，并描绘了基于移动 QKD 在未来的无人驾驶、智能工厂、无人机等领域应用的愿景。2011 年，科大国盾量子旗下的山东量子公司在 3G 网络上实现了充注量子密钥的多用户点对点 VoIP 手机应用原型系统。2017 年，我国企业推出了商用的面向 QKD 移动化应用的 "Q-NET" 系列产品及解决方案，包括终端侧用于离线存储量子密钥的量子安全 U 盾和 TF 卡。网络侧用于充注量子密钥的量子密钥充注机以及用于管理移动化量子密钥协商的量子安全服务移动引擎，该方案有望解决从量子密钥分发固定网络到移动终端的 "最后一公里" 问题。

基于 QKD 网络与 KDC 相结合的 QKD 移动化应用方案，配合可装载量子密钥的安全介质（如量子安全盾、TF 卡等），即可为移动用户终端到云端服务器提供端到端的量子安全加密服务。这种移动化量子安全服务不仅适用于各种企事业单位的移动办公场景，还可支持面向个人服务的移动支付、加密通话、移动安防等场景。此外，将量子安全使能平台与移动基站、物联网数据网关等设备结合，同时将存储量子密钥的安全介质与行业终端、安防摄像头等结合，可为具有高安全等级需求的军队、公安等保密单位在外出执勤、应急指挥、野外布防等场景提供具有量子安全服务能力的音视频通话、周边移动视频采集等应用。

面向未来的 5G、物联网、车联网、工业互联网、区块链等新兴 ICT 技术，同样构筑在云、管、端的体系架构之上，面临着日益严峻的网络信息安全挑战。尤其在工业控制、无人驾驶等领域，对于云端基础设施安全、网络管道安全、末梢终端安全等方面提出了全新的高等级安全需求。可以预见，随着移动化 QKD 技术的发展，量子安全服务有望在这些新兴 ICT 领域体现其重要的价值。

参考文献

[1] IETF RFC 1661, The Point-to-Point Protocol (PPP) [S]. IETF, 1994.

[2] IETF RFC 1968, The PPP Encryption Control Protocol (ECP) [S].

IETF, 1996

[3] Maurhart O. Q3P a proposal[J]. SECOQC deliverable, 2006.

[4] 高德荃, 陈智雨, 王栋, 等. 面向电网应用的量子保密通信系统 VPN 实测分析 [J]. 电力信息与通信技术, 2017, 15(10): 38-42.

[5] Fröhlich B, Dynes J F, Lucamarini M, et al. A quantum access network[J]. Nature, 2013, 501(7465): 69.

[6] Hughes R J, Nordholt J E, Mccabe K P, et al. Network-centric quantum communications with application to critical infrastructure protection[J]. arXiv preprint arXiv:1305.0305, 2013.

[7] Elmabrok O, Razavi M. Feasibility of wireless quantum key distribution in indoor environments[C]. Globecom Workshops (GC Wkshps), 2015 IEEE, 2015: 1-2.

[8] Sasaki M, Fujiwara M, Ishizuka H, et al. Field test of quantum key distribution in the Tokyo QKD Network[J]. Optics express, 2011, 19(11): 10387-10409.

第6章 量子保密通信产业发展

6.1 量子保密通信国内外发展概况

6.2 量子保密通信的标准化进展

6.3 量子保密通信的商用化进展

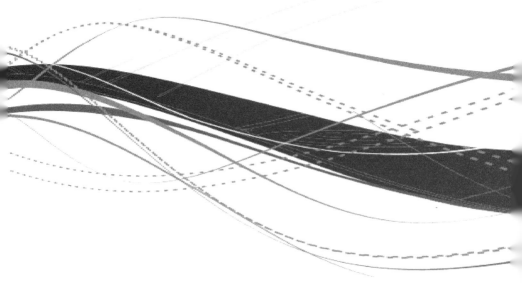

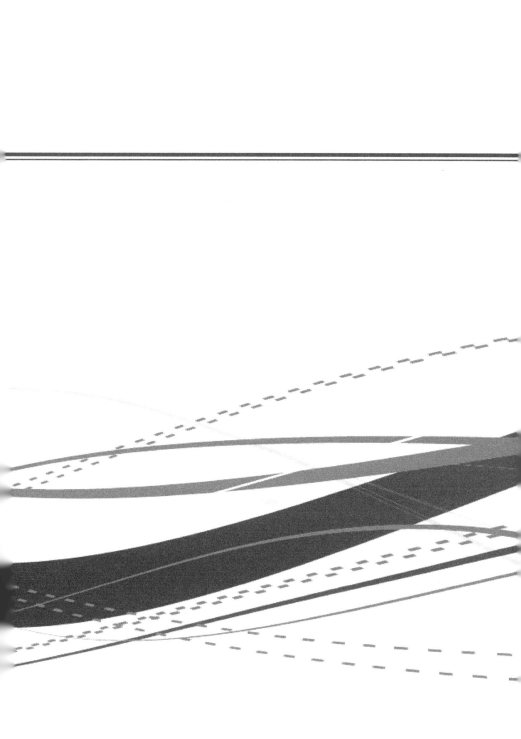

量子密钥分发，作为量子信息领域率先实用化的先行者，驱动着量子信息处理技术的不断演进。由量子力学原理保证的独特长期安全性，还使其有望成为未来量子安全网络基础设施的关键。因此，量子保密通信产业的发展从技术研发到工程应用均有着巨大的意义。

从全球来看，美、英、日等国早在 20 世纪 90 年代便开始提前布局，近年来欧盟量子旗舰计划、英国量子技术国家战略、美国国家量子计划法案中，均将量子保密通信列为重要方向。我国同样十分重视该领域发展，在 QKD 的核心技术及关键器件、网络部署及应用等方面已跻身世界前列。

标准化作为产业发展的奠基石，欧洲电信标准化协会（ETSI）早在 2008 年即联合欧、美、日、韩等国专家学者启动了 QKD 标准化工作。我国近年来也在中国通信标准化协会（CCSA）成立量子通信与信息技术特设任务组，大力推进 QKD 网络的标准化，并率先在国际标准化组织（ISO）启动首个 QKD 国际标准项目。

在商业领域，不断涌现出致力于 QKD 产品研发创新的初创企业，同时也吸引了不少传统电信领域的设备商、运营商以及安全服务提供商的兴趣。可以看到，在国家政策的支持下，商业利益的驱动下，特别是量子计算安全威胁日益显现的背景下，量子保密通信的产业雏形正在开始逐渐形成，未来有望逐步克服 QKD 商用面临的诸多挑战，为市场提供低成本、集成化、高可靠的 QKD 商用产品及服务。

本章将首先介绍我国及世界其他主要国家在量子保密通信领域的发展计划及进展。进一步将对全球主流标准化组织在量子保密通信方面的标准化工作进展进行总结。最后，本章还将介绍 QKD 的商业进展情况，包括主流设备制造商及其产品特性、网络集成商、运营商及上游行业应用商的基本情况，希望从宏观上给出当前量子保密通信产业链的发展概况。

6.1　量子保密通信国内外发展概况

作为事关国家信息安全的战略新兴领域，世界各国高度重视量子保密通信技术研发和产业化。类似于互联网（Internet），量子保密通信网络亦从小规模的科学试验网开始，例如美国国防部高级研究计划局于 2003 年资助建立世界首个 QKD 网络、美国国家标准技术局在 2006 年演示 3 用户的量子网络、欧盟在 2008 年建成 SECOQC 量子通信网络、西班牙在 2009 年建成了马德里量子通信网络实验床、日本于 2010 年建成了 4 节点东京量子通信网络等。

中国则于 2008—2009 年，由中国科学技术大学先后实现了 3 节点与 5 节点的量子网络安全通信。2013 年 7 月，由国家发展和改革委员会立项支持，中国科学院组织和领导，中国科学技术大学作为建设单位承建了长达 2000km 的"量子保密通信'京沪干线'"，连接北京、上海、济南、合肥等地城域网，并于 2016 年与"墨子号"量子科学试验卫星对接，形成全球最大规模的 QKD 网络。我国在该领域取得的领先成果，引起了世界范围的广泛关注与跟进。特别是在 2013 年之后，由英国国家量子技术计划支持的英国国家量子通信测试网络，由欧盟量子技术旗舰计划支持计划于 2035 年左右建成的泛欧量子安全互联网，由韩国科学、信息通讯和未来规划部（MSIP）资助、SK 电信牵头建设的韩国国家量子保密通信网络，由意大利国家计量研究院（INRIM）承建的连接弗雷瑞斯（Frejus）和马泰拉（Matera）的量子通信骨干网，加拿大、德国、奥地利、意大利、西班牙、日本等国的一系列量子通信卫星研发等众多项目纷纷被提出并付诸实施，如图 6-1 所示。

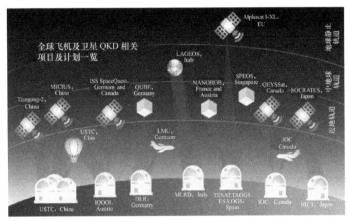

图 6-1　世界卫星 QKD 项目一览

下面分别阐述美、欧、英、日、韩等国在 QKD 领域的发展历程及计划，随后将重点介绍我国在该领域的主要进展。

6.1.1　世界量子通信领域主要国家发展情况

1. 美国

美国对量子通信的理论和实验研究开始得较早，20 世纪末美国政府就将量子信息列为"保持国家竞争力"计划的重点支持课题，隶属于政府的美国国家标准与技术研究院将量子信息作为 3 个重点研究方向之一。在政府的支持下，美国量子通信产业化的发展也较为迅速。1989 年，IBM 公司在实验室中以 10bit/s 的传输速率成功实现了世界上第一个量子信息传输实验，虽然传输距离只有短短的 32m，但却拉开了量子通信实验的序幕。2003 年，美国国防部高级研究计划署在 BBN 实验室、哈佛大学和波士顿大学之间建立了 DAPRA 量子通信网络，这是世界上首个量子密码通信网络。该网络最初由 6 个 QKD 节点组成，后扩充至 10 个，最远通信距离达到 29km。2006 年，Los Alamos 国家实验室基于诱骗态方案实现了安全传输距离达 107km 的光纤量子通信实验。

2009 年，美国政府发布的信息科学白皮书中明确要求，各科研机构协作开展量子信息技术研究。同年，美国国防部高级研究署和 Los Alamos 国家实验室分别建成了多节点的城域量子通信网络。2014 年，美国国家航空航天局（NASA）正式提出了在其总部与喷气推进实验室（JPL）之间建立一个直线距离 600km、光纤总长 1000km 左右的包含 10 个骨干节点的远距离光纤量子通信干线的计划，并计划拓展到星地量子通信。同一年，全球最大的独立科技研发机构美国 Battelle 公司也提出了商业化的广域量子通信网络计划，计划建造环美国的万公里级量子通信骨干网络，为谷歌、IBM、微软、亚马逊等公司的数据中心之间提供量子通信服务。目前，美国 Los Alamos 国家实验室正在研发新一代的量子互联网。

2016 年 4 月，美国国家科学基金会（NSF）将"量子跃迁——下一代量子革命"列为六大科研前沿之一。2016 年 8 月，NSF 对 6 个跨学科研究团队给予了 1200 万美元资助，用于进一步推动量子安全通信技术的发展。2016 年 9 月，NSF 发布 2017 年研究与创新新兴前沿项目（EFRI）的招标文件，着重解决基础工程挑战，开发芯片级的设备和系统，为实用化的量子存储和中继器的研制做准备，目标是实现可扩展的广域量子通信和应用。

2016 年 7 月 22 日，美国国家科学技术委员会（NSTC）发布了《推进量子信息科学：国家的挑战与机遇》报告，其中提到美国国防部陆军研究实验室（ARL）启动了为期 5 年的多站点、多节点的量子通信网络建设工作，服务国防部战略需求。2016 年 7 月 26 日，美国白宫发布官方博文，建议大力推进量子信息科学发展，要求学术界、工业界和政府尽快就"量子信息科学议题"进行交流，以保证量子信息研发的关键需求得到满足。2017 年 6 月，美国国家光子学倡议组织（NPI）——由工业界、学术界和政府组成的合作联盟，联合发起关于"国家量子计划的呼吁"，2018 年 4 月 NPI 进一步发布了"国家量子行动计划倡议"，该行动计划包含用于海量数据分析的量子计算、用于新材料和分子设计的量子模拟、量子保密通信、量子传感和测量四大领域。2018 年 6 月，美国众议院科学、空间和科技委员会提出了"国家量子计划法案"并于同年 9 月正式能通过。

2. 欧盟

早在 20 世纪 90 年代，欧洲就意识到量子信息处理和通信技术的巨大潜力，充分肯定其长期应用前景，从欧盟第五研发框架计划（FP5）开始，就持续对泛欧洲乃至全球的量子通信研究给予重点支持。1997 年，瑞士日内瓦大学 Nicolas Gisin 小组实现了即插即用系统的量子密钥分发方案。2002 年，欧洲研究小组在自由空间中实现了距离 23km 的量子密钥分发实验。2007 年，来自德国、奥地利、荷兰、新加坡和英国的联合团队在大西洋中两个海岛间实现了距离 144km 的基于诱骗态自由空间量子密钥分发以及基于量子纠缠的量子密钥分发实验。这个实验的成功为最终实现星地间量子通信奠定了重要的技术基础。2008 年，欧盟发布了《量子信息处理与通信战略报告》，提出了欧洲在未来五年和十年的量子通信发展目标，该目标包括了实现地面量子通信网络、星地量子通信、空地一体的千公里级量子通信网络等。同年 9 月，欧盟发布了关于量子密码的商业白皮书，启动量子通信技术标准化研究，并联合了来自 12

个欧盟国家的 41 个伙伴小组成立了"基于量子密码的安全通信"（SECOQC）工程。这是继欧洲核子中心和国际空间站后又一个大规模的国际科技合作。该工程耗资 1140 万欧元（1 欧 ≈ 7.97 人民币）在维也纳建立了 SECOQC 量子通信网络（详见 4.1.2 节），并与 ETSI 合作推进量子保密通信的标准化。2012 年，维也纳大学和奥地利科学院的物理学家实现了 143km 的量子隐形传态。

2016 年，欧盟委员会发布《量子宣言》，计划于 2018 年启动历时 10 年、投资 10 亿欧元的量子旗舰计划，以保持欧盟在量子时代的领先地位。2017 年 9 月 27 日，欧盟发布了量子旗舰计划的最终报告，该计划涵盖量子通信、量子计算、量子模拟、量子测量与传感四大领域。该报告将量子通信界定成基于量子随机数发生器（QRNG）和量子密钥分发（QKD）等技术，实现了保密通信、长期安全存储、云计算等密码学的相关应用以及未来用于分发纠缠的量子态的"量子网"。报告定义了 10 年技术里程碑，具体内容见表 6-1。

表 6-1　欧盟量子旗舰计划量子通信里程碑

时间	目标
3 年内	开发并认证 QRNG 和 QKD 设备与系统，研发满足网络运营所需的高速、高成熟度（Technology Readiness Level，TRL）、低成本部署的新型协议及应用；同时，开发用于量子中继器、量子存储器和远距离量子通信的系统与协议
6 年内	开发成本经济的、可扩展的 QKD 设备与系统，部署 QKD 城际和城域网络，演示面向终端用户的端到端的业务应用；同时，研发可连接各类量子传感器、量子计算处理器等量子设备和系统的可扩展量子网络
10 年内	开发基于量子纠缠的长距离（>1000km）的自治型量子城域网，即所谓的"量子互联网"，同时开发基于量子通信新特性的相应协议

　　另外，该计划还为每个里程碑节点提出了十分具体的指标要求，具有很好的参考价值。这里将这些指标列举如下。

　　（1）3 年目标

　　① 解决城域 QKD 网络低部署成本、高密钥速率（>10Mbit/s）和多路复用问题（中 TRL），形成成熟的 QKD 设备及系统的标准和认证方法，这些标准和认证方法要符合安全组织、产业界、欧洲安全学院（ESA）和政府的相关要求（高 TRL）。

　　② 开发可作为基础组件集成到廉价终端设备中的 QRNG，面向大规模市场提供（高成熟度）或面向高速随机数系统应用 QRNG，这包括随机熵源和应用接口的开发（中 TRL）。

　　③ QRNG、QKD 设备及系统应满足高实用性、高集成度、高速率以及有效应对安全漏洞或认证挑战等需求。

　　④ 采用基于高空飞行平台（HAP）或卫星的可信中继节点或量子中继器方案实现超越直接通信距离极限（> 500km）的 QKD（低 TRL）。

　　⑤ 研发量子中继器和基于多方纠缠的网络组件（低 TRL），展示（可量化地）核心技术的性能提升，这包括高效和可扩展的量子存储器及其接口、变频、隐形传态、纠缠纯化、纠错、单光子和纠缠源、检测器等量子网络组件（中 TRL）。

　　⑥ 开发基于量子网路的实用有效的协议和算法，例如数字签名、基于位置的验证、秘密分享、数据搜索等（中 TRL）。

　　⑦ 探索可同时使用经典方法和量子方法的解决方案（中

TRL）。

（2）6年目标

① 搭建远距离的 QKD 试验网络，采用可信中继节点、高空飞行平台或卫星、多节点或可切换的城域网，并与其他基础设施项目相结合（高 TRL）。

② 寻求低成本量产的自主 QKD 系统方案（高 TRL）以及城域网中更高速率（＞100Mbit/s）的 QKD 系统解决方案（中 TRL）。

③ 演示量子中继器、基于纠缠的量子网络等可突破点对点量子通信距离极限的新技术（低 TRL）。

④ 开发基于纠缠的量子网络所需的软硬件，实现包括多方与设备无关的量子通信协议，并能够展示其明显的安全性，例如超过10km 的 QKD（中 TRL）。

（3）10 年目标

最终目标包括可广泛应用的自主 QKD 系统和网络（高 TRL）；与设备无关的 QRNG 和 QKD（城域网范围）（中 TRL）；可超过1000km 距离的量子密码技术（中 TRL）；展示量子互联网的典型应用，例如量子云计算、远程分布式量子器件的互联等（低 TRL）。

从这些富有挑战性的目标，我们可以看到欧盟在量子通信领域保持核心技术领先的决心。

3. 英国

英国也是量子信息技术的先行者。早在 1993 年，英国国防部就在光纤中实现了基于 BB84 协议的相位编码量子密钥分发实验，该实验的传输距离达到了 10km，并于 1995 年将该传输距离提升到 30km。2013 年秋季，英国宣布设立为期 5 年、投资 2.7 亿英镑的国家量子技术计划（全球最早的国家量子计划），同时成立量子技术战略顾问委员会，旨在促进量子技术研究向应用领域转化，并积极推进量子通信、量子计算等新兴产业的形成。在该计划下，2014 年 12 月，英国又宣布投资 1.2 亿英镑，成立以量子通信等为核心的 4 个量子技术中心，推动具有商业可行性的新量子技术。

由量子通信中心（Quantum Communications Hub）牵头建设的英国国家量子保密通信测试网络，目前已建成 Bristol、Cambridge 两地的量子城域网，并通过 Reading、UCL 等节点实现互联的量子保密通信测试网络。该中心还计划扩大覆盖范围，接入 Southampton、NPL 等城市和单位。

2015 年以来，英国先后发布了《量子技术国家战略》《量子技术：时代机会》和《量子技术简报》，将量子技术发展提升至影响国家创新力和国际竞争力的重要战略地位，提出了开发和实现量子技术商业化的系列举措。英国计划 5 至 10 年建成实用的量子保密通信国家网络，10 至 20 年建成国际量子保密通信网络。

4. 日本

日本对量子通信技术的研究晚于美国和欧盟，但发展速度更为迅速。在国家科技政策和战略计划的支持和引导下，日本科研机构投入了大量的研发资本积极参与和承担量子通信技术的研究工作，推动了量子通信技术的研发和产业化。2000 年，日本邮政省将量子通信技术作为一项国家级高新技术，并将其列入开发计划，预备 10 年内投资 400 多亿日元，致力于研究光量子密码及光量子信息传输技术，并为此专门定制了跨度为 10 年的中长期定向研究目标。日本计划到 2020 年使保密通信网络和量子通信网络技术达到实用化水平，最终建成全国性的高速量子通信网。

2004 年，日本研究人员成功用量子密码技术实现加密通信，该通信的传输距离达到了 87km。同年，NEC 公司改进了单光子探测器信噪比，使量子密码传输距离达到了 150km。

2010 年，由日本情报通信研究机构（NICT）牵头、多家日本公司与 Toshiba 欧洲研究中心、瑞士 ID Quantique 公司、奥地利 All Vienna 研究组合作建成了 6 节点东京城域量子保密通信网络，如图 6-2 所示。该量子通信网络集中了当时欧洲和日本在量子通信技领域的最新技术，并在全网演示了基于量子加密安全的视频通话和网络监控功能，实现了商用基因数据的长期安全性保密传输。

日本总务省量子信息和通信研究促进会提出了以新一代量子信息通信技术为对象的长期研究战略，计划在 2020 年至 2030 年建成利用量子加密技术的绝对安全和高速的量子信息通信网。邮政省把量子通信作为 21 世纪的战略项目，并以 10 年的中长期目标进行研究。东芝于 2015 年宣布"力争在 5 年内将量子保密通信系统在公共机构和医疗机构等领域进行商业化应用"。

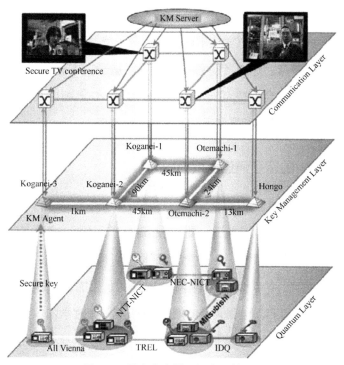

图 6-2　日本东京量子保密通信网络

5. 韩国

韩国政府从国家层面对量子保密通信网络做出了全局部署，计划至 2020 年，分三个阶段建成服务于公共行政事务、警察、邮政等方面的国家量子通信保密网络。2015 年 7 月，连接盆塘、水原和首尔的第一阶段的 QKD 网络启动，2016 年 3 月完成建设。第一阶段的 QKD 网络全长 256km，由韩国科学、信息通信和未来规划部（MSIP）资助，韩国最大的移动通信运营商 SK 电信牵头，Wooriro 有限公司、HFR 公司、国家安全研究所、电子通信研究学院、首尔大学、韩国科学技术院、光州大学、高丽大学科学技术研究院、量子信息通信研究协会等多家单位参与。2016 年，韩国召开"以量子技术起飞的韩国"的政策会议，会议决定推动政府网络在 2020 年前以及所有的商业网络在 2025 年前采用量子保密通信服务。

6.1.2　中国量子通信发展情况

我国量子通信发展起步较晚，但在中国科学院、国家发展和改革委员会、科学技术部、国家自然科学基金等相关部委的支持下，近年来我国在量子通信领域已经形成了很强的理论和实验技术储备，培育了一批以中国科学技术大学为代表的优秀研究团队，产生了一批具有重要国际影响的研究成果。经过学术界和产业界十余年的努力，中国量子通信领域的核心技术及关键器件的生产、网络部署及应用、知识产权积累等方面已跻身世界前列，取得了一系列举世瞩目的成就，这些成就包括全球首颗量子通信试验卫星"墨子号"，全球最长的超过 2000km 的量子通信"京沪干线"，以及基于量子城域网的大量政企应用示范等。

以下分别从国家政策支持、网络部署试验、行业应用示范等方面阐述我国在量子保密通信领域的进展。

1. 国家政策及研发计划支持

我国政府高度重视包括量子通信在内的量子技术的发展。2006 发布的《国家中长期科学和技术发展规划纲要（2006—

2020 年)》首次将量子调控技术列入国家研究计划。国家"十二五"科技发展规划纲要中指出,在信息技术领域要突破"光子信息处理、量子通信、量子计算等核心关键技术"。中国科学研究院、中国科学技术部、自然科学基金委等科研主管部门也启动了多个相关的科研项目,包括中科院知识创新重大方向性项目"远距离量子通信实验研究"、科技部"量子调控"重大科学研究计划项目——"量子通信与量子计算的物理实现"、科技部 863 计划 "新一代高可信网络"重大项目的"城际量子密钥分配网络的组网技术"课题等。这些早期科研项目的实施,使我国迅速完成了量子通信技术的前期技术积累。

在国家政策层面,我国对量子通信技术持续予以支持。2015 年 11 月发布的 "十三五"规划建议,明确指出"要在量子通信等领域部署体现国家战略意图的重大科技项目"。2016 年 3 月 17 日国家发布的"十三五"规划纲要在"培育发展战略性产业"中明确要求,在信息网络等领域加强前瞻布局,着力构建量子通信和泛在安全物联网,打造未来发展的新优势。2016 年 5 月 19 日中共中央、国务院印发的《国家创新驱动发展战略纲要》,在"战略任务"中明确要求"发展引领产业变革的颠覆性技术,不断催生新产业、创造新就业",量子信息技术是重要内容之一。2016 年 7 月 28 日,国务院印发的《"十三五"国家科技创新规划》,将量子通信列为体现国家战略意图的一批重大科技项目之一,并在"科技创新 2030—重大项目"专栏中明确要求研发城域、城际、自由空间量子通信技术。

在区域与地方政府层面，2016 年 5 月 25 日国家批复的"长江三角洲城市群发展规划"，在"健全互联互通的基础设施网络"中明确指出"积极建设'京沪干线'量子通信工程，推动量子通信技术在上海、合肥、芜湖等城市的使用，促进量子通信技术在政府部门、军队和金融机构等的应用"。并在"信息基础设施重点工程"中明确要求"根据'京沪干线'等量子通信干线工程的建设，加快城市群中主要城市城域量子通信网的构建，建成长三角城市群广域量子通信网络。此外，北京市、上海市、安徽省、山东省、广东省、四川省等多个省市也将量子通信写入了指导各自省市发展的"十三五"规划中。

在行业发展方面，电力行业将量子通信作为行业信息系统通信安全保障的装备，并将其写入国家电力行业的信息系统建设"十二五"规划中；在金融行业，中国银监会将量子通信写入银行业"十三五"发展规划中；在能源行业，国家发展改革委员会、国家能源局将量子通信纳入国家能源技术创新行动计划（2016—2030 年）。

2. QKD 网络部署与示范应用

在量子通信领域的一系列科研计划的支持下，围绕构建全球量子通信网络的愿景目标，我国学术界、产业界按照三步走的策略：基于现有光纤的城域网；基于可信中继的城际网；到基于卫星中转的洲际网，逐步开展了一系列量子保密通信网络部署试验及行业应用示范。

（1）QKD 城域网部署及应用

自 2004 年开始，我国 QKD 研发团队陆续部署了一系列 QKD 城域试验网，推动了 QKD 网络技术在多用户组网、与实际应用结合、与现有光网络融合等方面的不断发展。下面列举我国 QKD 城域网发展历程中的重要节点。

2004 年，中国科学技术大学郭光灿团队在北京地区建成了 4 节点量子网络，网络中最远的光纤距离超过了 100km。

2008 年，中国科学技术大学潘建伟小组在合肥演示的"量子电话网"在世界上首次实现了实时网络通话和 3 方对讲功能。2009 年 8 月，该研究组利用自主研发的光量子程控开关，在合肥成功实现了 5 节点的星型量子通信网络。这是国际上首个全通型的量子通信网络。

2009 年 5 月，中国科技大学郭光灿小组在安徽芜湖演示了"量子政务网"，该网络具有多层级结构，连接了城市中的七个节点，最远距离为 10km，误码率稳定在 1.8% ～ 2.4%。

2010 年 3 月，合肥量子通信试验示范网建设完成，网内节点用户为 40 个，实现了密钥层与用户应用层的独立运行，该网络支持实时语音通话、文字实时交互及文件传输等功能，被称为当时规模最大的量子通信试验网络。

2012 年 2 月，在中国科学院量子技术与应用研究中心的主导下，由山东量子科学技术研究院有限公司与其他单位合作建设的"金融信息量子通信验证网"在新华社金融信息交易所正式开通。这是世界上首次利用量子通信网络实现金融信息的传输，是量子通信网络技术保障金融信息传输安全的第一次技术验证和典型的应用示范。

2012年11月，在党的"十八大"期间，山东量子科学技术研究院有限公司与合作单位根据会务组的安排，在部分核心部位部署量子通信系统，为会议提供基于量子技术的安全通信保障，成功部署了与会代表信息数据库实时高速同步、音视频密话指挥网络系统。在会议期间，该系统成功实现了 7 × 24 小时零故障运行，为大会的安保工作做出了贡献，并在现场被长期部署使用。

2013年11月，由山东信息通信技术研究院、济南量子技术研究院建设，山东量子科学技术研究院有限公司承建的"济南量子通信试验网"投入使用。这是我国第一个以承载实际应用为目标的大型量子通信网，覆盖济南市主城区，包括三个集控站在内共56个节点，如图6-3所示。该网络涵盖政务、金融、政府、科研、教育五大领域，是目前世界上量子节点、用户数量、业务种类和"密钥"发放最多、规模最大的量子试验网，可以提供语音电话、传真、文本通信和文件传输等量子通信业务。

（2）"京沪干线"广域 QKD 网络及应用

基于城际骨干网构建的远距离、大尺度的 QKD 网络，对于验证广域 QKD 网络的大规模组网能力，激活行业用户的应用需求，具有重要的意义。为此，2013年7月，国家发展和改革委员会批复立项"京沪干线"项目，该项目由中科院统一领导，中国科技大学作为项目建设主体承担。项目拟构建基于可信中继的高可信、可扩展、军民融合的千公里级广域量子通信网络，该网络也是大尺度量子通信技术验证、应用研究和示范平台。

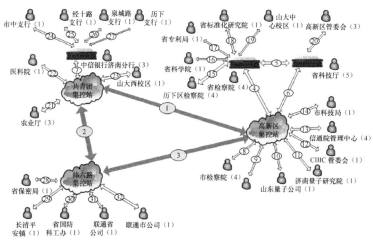

图6-3 济南量子通信试验网拓扑

整个项目建设周期42个月，2014年年底，已建设完成了"京沪干线"项目中的北京城域量子通信网络，成功实现了量子通信技术在国内银行业的首次成功应用。2016年年底，"京沪干线"全线开通，干线总长超过2000km，覆盖四省三市共32个节点，连接我国政治、经济中心，并服务长三角、黄渤淮经济区。同时，京沪干线北京接入点实现与"墨子号"量子科学实验卫星兴隆地面站的连接。经过半年多的应用测试和长时间的稳定性测试，该项目于2017年8月底在合肥通过评审专家组的技术验收，通信系统的各项技术性能指标均达到了设计要求，全线路密钥率大于20kbit/s。

"京沪干线"首次实现了基于可信中继方案的远距离量子安全密钥分发。据项目组称，该工程验证了基于异或中继方案的多节点量子密钥安全中继技术、远距离量子保密通信产品的可靠性、大规模量子保密通信网络的管理能力。"京沪干线"项目的顺利实施取得了多方面的效果。首先，在广域QKD网络核心技术上，包括精密高速的诱骗态量子光源、低噪声的光量子信道交换设备、高效率低噪声的光子探测以及终端和信道中的光量子态抗干扰等方面，进行了大量研究积累；量子保密通信核心器件，包括国产单光子雪崩二极管、上转换波导等元器件的制造工艺达到了国际水平且性能先进。其次，"京沪干线"的建设推动了国内QKD产品体系的完善，其部署的量子密钥中继设备、光量子交换机、波分复用设备等一系列的广域QKD组网相关的产品，已与国际同类厂商相比具有一定的优势。另外，我国在未来QKD网络运营管理方面也进行了有益实践，"京沪干线"实现的QKD网络管理系统可以集中管理及监控全网QKD设备，及时发现设备及线路告警、快速定位问题点并对其进行处理和修复，保障网络稳定运行。

据项目组介绍，依托于"京沪干线"及沿线的城域网已经具备了为多行业、多领域提供量子保密应用服务的能力。在金融领域，该项目组通过与中国人民银行和中国银监会合作，在工商银行、交通银行等10多家银行以及证券、期货、基金等一批其他金融机构率先开展了数据中心异地灾备、企业网银实时转账等应用，具有代表性的应用是中国人民银行以"人民币跨境收付信息管理系统（RCPMIS）"为核心的量子保密通信的应用；在云服务领域，该项目组与阿里云合作，融合了量子和云技术，在云上实现了网商银行商业数据的加密传输；在电力领域，该项目组与国家电网合作，利用量子保密通信技术实现了电力领域重要业务数据信息在京沪两地灾备中心之间的加密传输，并复用"京沪干线"沿线量子城域网开展基于量子保密通信技术的内部办公和对外业务的安全防护；在行业应用领域，最高人民法院与安徽省高院之间正在开展量子视频试点业务，并希望在条件成熟时，向全系统推广。此外，武警、检察院以及医疗大数据领域的应用示范正在逐步推进。

（3）"墨子号"卫星连通洲际 QKD 网络

装载量子信号处理装置的卫星和地面站，有望实现空间大尺度的量子保密通信，组成覆盖全球的洲际 QKD 网络，具有巨大的实用价值，一直是世界各国科学家追逐的方向。我国科学家在该领域长期耕耘，2005 年，科大研究组在国际上首次在相距 13km 的两个地面目标之间实现了自由空间中的纠缠分发和量子通信实验，实验表明了光量子信号可以穿透等效厚度约 10km 的大气层，实现了地面站和卫星之间自由空间保密量子通信。

2011 年年底，中国科学院"量子科学实验卫星"战略性先导科技专项正式启动。2012 年，项目组在国际上首次成功实现了自由空间的百公里量子隐形传态和量子纠缠分发，证明了卫星与地面站间进行量子通信的可行性。2016 年 8 月 16 日，世界首颗量子科学实验卫星"墨子号"在我国酒泉卫星发射中心成功发射。它升空之后，配合多个地面站（已开通有北京兴隆、乌鲁木齐南山、青海德令哈、奥地利格拉兹 4 个地面站），在国际上率先实现了星地高速量子密钥分发、星地双向量子纠缠分发及空间尺度量子非定域性检验、地星量子隐形传态。2017 年 2 月，"墨子号"卫星与"京沪干线"成功对接，并率先开展了洲际广域 QKD 网络的应用演示。2017 年 9 月 29 日，在"京沪干线"开通仪式上，中国科学院白春礼院长和奥地利科学院院长安东·塞林格（Anton Zeilinger）通过奥地利地面站—"墨子号"量子卫星—兴隆地面站—"京沪干线"建立的洲际量子保密通信链路互致问候，并进行了 75 分钟的量子加密视频会议，此次通信展示了国际量子保密通信的应用。

"墨子号"的相关成果在国内外获得了广泛的关注和高度评价。2016 年 12 月，《华尔街日报》发表了"沉寂了一千年，中国誓回发明创新之巅"的专题文章，将"墨子号"量子卫星作为中国创新能力提升的重要标志。《科学美国人》杂志评选的 2016 年度"改变世界的十大创新技术"中，"墨子号"量子卫星作为唯一诞生于美国本土之外的创新技术入选。2017 年 6 月，《科学美国人》以封面论文的形式刊登了量子科学实验卫星实现千公里级星地双向量子纠缠分发的相关工作，同年 8 月，《自然》发表了"墨子号"另外两项重要成果——星地量子密钥分发和星地量子隐形传态。

6.2　量子保密通信的标准化进展

QKD 从实用化走向产业化规模应用之路仍然面临不少挑战，标准化则是十分重要的一环，为未来产业的健康发展发挥奠基石的作用。目前已有不少国内外标准化组织开展了与 QKD 相关的标准工作，包括国内的中国通信标准化协会（China Communications Standards Association，CCSA）、中国密码行业标准化委员会、中国信息安全标准化委员会；国际上有欧洲电信标准化协会（European Telecommunications Standards Institute，ETSI）、电气电子工程师学会（Institute of Electrical and Electronics Engineers，IEEE）、云安全联盟（Cloud Security Alliance，CSA）等。另外，我国专家已在国际标准化组织中启动了 QKD 领域的首个国际标准立项。

量子保密通信作为跨学科、跨领域的系统工程，其标准化从无到有，具有相当大的难度和挑战，目前距离形成支撑大规模 QKD 组网、运营、应用、认证的系统性标准仍有很长的路要走，这需要多领域、不同标准组织之间共同合作推进。本节将分别介绍 ETSI、CCSA、ISO、IEEE、CSA 等 QKD 领域重要标准组织的工作进展。

6.2.1　ETSI 标准化进展

ETSI 于 2008 年 9 月牵头成立了量子密钥分发标准化工作组（QKD Industry Specification Group，QKD ISG），是全球最早开展 QKD 标准化工作的组织。目前已发展到 31 家会员单位和 4 家参与单位，包括华为、东芝、NEC、瑞士 ID Quantique 等 QKD 设备提供商；英国电信、西班牙电信、德国电信、日本 NTT、韩国 SK 电信等运营商；奥地利理工学院（AIT）、加拿大滑铁卢大学、英国利兹大学、日本国家信息通信技术研究所（NICT）、韩国量子联盟等大学或研究机构，欧盟委员会联合研究中心（European Commission/DG JRC）担任顾问角色。

ETSI ISG-QKD 汇集了来自量子物理学、密码学和信息理论等多学科领域的专家，致力于推动 QKD 技术转化为商业产品，其工作包括针对 QKD 进行全面的安全评估、给出详细的量子安全证明、使 QKD 与现有的基础设施更好的兼容并满足特定的用户需求。目前 ETSI ISG-QKD 已发布 6 项 QKD 技术标准，具体如下所示。

（1）ETSI GS QKD 002

量子密钥分发（QKD）应用案例：该项标准的主要研究内容是在应用场景中规定数据链路层（PPP）、网络层（IPSec）、传输层（TLS）和应用层中 QKD 的使用模式，其提供了 6 个实际案例，包括异地备份 / 业务连续性、企业城域网、关键基础设施控制及数据采集、骨干网保护、高安全性接入网络、长途服务。

（2）ETSI GS QKD 003

量子密钥分发（QKD）组件和内部接口：该项标准定义了QKD 系统的组件和内部接口的属性。

（3）ETSI GS QKD 004

量子密钥分发（QKD）应用程序接口：该项标准规定了QKD 密钥管理层的 QKD 应用程序接口规范说明和 QKD 应用程序接口 API 规范。

（4）ETSI GS QKD 005

量子密钥分发（QKD）安全性依据：该项标准给出了安全性定义、安全性证明框架和经典协议。

（5）ETSI GS QKD 008

量子密钥分发（QKD）QKD 模块安全规范：该项标准规定了安全要求、QKD 模块规范、QKD 物理端口和逻辑接口、角色、身份认证和服务、软件安全、操作环境、物理安全、敏感安全参数管理、自测、生命周期保证、缓解其他攻击等。

（6）ETSI GS QKD 011

量子密钥分发（QKD）QKD 组件特性：QKD 系统光学部件特性：该项标准给出了 QKD 系统使用的光学部件特性的规范和程序，给出了特定测试和执行这些测试的程序。

另外，ETSI ISG-QKD 正在编制中的标准项目共计 7 项，包括《QKD 007 QKD 术语定义》《QKD 010 QKD 实现安全性：单

向 QKD 系统木马攻击防护》《QKD 012 QKD 部署参数》《QKD
013 QKD 发送模块光输出特性》《QKD 004 QKD 应用接口（第
二版）》《QKD 014 QKD 密钥提供 API 协议及数据格式》《QKD
015 SDN 中的 QKD 控制接口》。总体而言，ETSI ISG-QKD 的标
准化工作目前集中在点对点 QKD 链路的量子层模块及应用接口
规范，面向多用户 QKD 组网技术的标准化工作尚未启动。

6.2.2　CCSA 标准化进展

为推动量子通信关键技术的研发、应用推广和产业化，在
中国科学院的倡导下，CCSA 于 2017 年 6 月成立了量子通信与
信息技术特设任务组（The 7th Special Task group，ST7），目
标是建立我国自主知识产权的量子保密通信标准体系，支撑量
子保密通信网络的建设及应用，推动 QKD 相关国际标准化进展。
ST7 下设量子通信工作组（WG1）和量子信息处理工作组（WG2）
两个子工作组，该组织已汇聚了国内量子通信产业链的主要企
业及科研院所，包括国科量子网络、科大国盾量子、中国信通院、
三大电信运营商、华为、中兴、烽火、阿里巴巴等 44 家会员单位。

ST7 的工作目标具体如下。

① 通过应用服务接口的标准化，灵活集成量子保密通信
与现有的 ICT 应用，推动量子保密通信在各行各业的广泛应用。

② 通过网络技术的标准化，构建可灵活部署和扩展的量
子保密通信网络；使不同厂商的量子保密通信设备可以兼容互

通；实现量子密钥分发与传统光网络的融合部署；促进量子通信关键器件供应链的成熟发展。

③ 通过严格的安全性证明、标准化的安全性要求及评估方法，保证量子保密通信系统、产品及核心器件的安全性。

目前，ST7 已制定了完整的量子保密通信标准体系，包括名词术语标准以及业务和系统类、网络技术类、量子通用器件类、量子安全类、量子信息处理类五大类标准，如图 6-4 所示。

围绕该体系框架，目前 ST7 已从术语定义、应用场景和需求、网络架构、设备技术要求、QKD 安全性、测试评估方法等方面立项开展 14 项标准编制工作，包括《量子通信术语和定义》《量子保密通信应用场景和需求》两项国家标准项目，《量子密钥分发（QKD）系统技术要求　第 1 部分：　基于 BB84 协议的 QKD 系统》《量子密钥分发（QKD）系统测试方法》《量子密钥分发（QKD）系统应用接口》三项行业标准项目，《量子保密通信网络架构研究》《量子密钥分发安全性研究》《量子保密通信系统测试评估研究》《量子密钥分发与经典光通信系统共纤传输研究》《量子保密通信网络管理技术要求》《量子随机数制备和检测技术研究》《量子保密通信网络可信中继节点技术要求研究》《连续变量量子密钥分发技术研究》《软件定义的量子密钥分发网络研究》9 项研究课题项目。其中，网络架构研究和测试评估研究两项课题已经结项，明确了 QKD 网络架构参考模型、量子保密通信系统测试内容框架及基本测试方法。

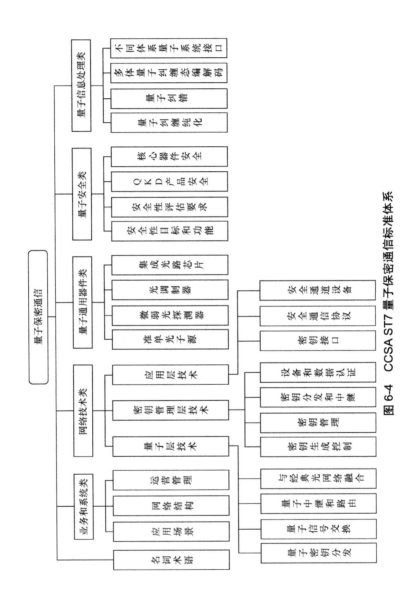

图 6-4　CCSA ST7 量子保密通信标准体系

6.2.3 ISO/IEC 标准化进展

QKD 作为一项提供安全服务的技术，其标准化的关键内容之一在于根据国际通用的计算机安全评估准则（例如 ISO/IEC 15408 Common Criteria），制定 QKD 技术的安全性评估认证标准，以保证 QKD 作为安全产品可进入国际市场。ISO/IEC JTCl SC27（信息安全分技术委员会）是国际标准化组织（ISO）和国际电工委员会（IEC）第一联合技术委员会（JTC 1）下属专门负责信息安全领域标准化研究与制订工作的分技术委员会，其第 3 工作组负责信息安全技术的安全性评估。

在 2017 年 11 月德国柏林召开的 ISO/IEC JTCl SC27 WG3 第 55 次会议上，我国专家提出的《量子密钥分发的安全要求、测试和评估方法》研究项目立项通过。这是 QKD 领域首次在 ISO/IEC 获得立项的国际标准项目，项目获得了来自俄罗斯、卢森堡等国家的支持。项目报告人为中国信息安全测评中心石竑松、科大国盾量子信息技术股份有限公司马家骏、卢森堡代表加尔唐·普德尔（Gaetan Pradel）。

该项目已完成 QKD 相关的学术成果、工程项目、技术成熟度、市场分析调研，并分析了 QKD 系统发送端、接收端和数据后处理过程中面临的安全风险和安全性需求，目前仍处于研究阶段。

6.2.4 IEEE 标准化进展

2016 年 3 月，通用电子（GE）公司的斯蒂芬·布什（Stephen Bush）在 IEEE 发起成立 P1913 软件定义量子通信（Software-Defined Quantum Communication，SDQC）工作组，其主要目标是定义量子通信设备的经典网络可编程接口，使得量子通信设备可以实现灵活的重配置，以支持各种类型的通信协议及测量手段。该标准所定义的 SDQC 协议明确了量子协议的调用、配置接口，通过该接口协议，量子协议或应用可以被动态地创建、修改或删除。从技术层面讲，该协议主要关注 TCP/IP 通信应用层对等的层面。该协议的设计为未来基于 SDN/NFV 的量子保密通信设备及网络提供了参考。

6.2.5 CSA 工作进展

CSA 于 2014 年成立了量子安全工作组（Quantum Security Working Group），旨在提供量子安全的密钥生成和传输解决方案，并帮助业界了解如何通过量子安全的方式来保护网络及数据安全。该工作组将同时考虑两种技术路线，包括基于量子物理学的量子密钥分发技术和基于数学算法的后量子密码技术。瑞士 IDQ 公司的布鲁诺·赫特纳（Bruno Huttner）和美国 QuintessenceLabs 公司的简·梅里亚（Jane Melia）担任工作组主席。目前该工作组针对量子安全技术语定义、QKD 和 QRNG 技术及其在云安全领域的应用等内容已发布多项研究报告。

6.3　量子保密通信的商用化进展

　　量子保密通信技术发展带来的商业前景和市场潜力，吸引了不少资本关注并进入该领域，自 2003 年美国成立第一家商用 QKD 设备提供商 MagiQ 公司起，历经全球多家 QKD 创业公司的兴衰，到 2018 年 SK 电信收购瑞士 ID Quantique 公司、西班牙电信联合华为开展基于 SDN 的 QKD 组网试验……可以看到，从物理学试验到商业化应用的进程绝非一帆风顺。作为一项以全新物理学手段挑战经典密码学的量子安全技术，其在安全领域施展拳脚必须满足传统商业客户所要求的苛刻成本、性能、适用性等多方面要求，这也促使 QKD 技术不断地迭代升级。

　　从国内来看，我国量子通信产业发展同样处于初期阶段，但在日益严峻的通信安全需求、大规模实际网络部署、政府政策大力支持多重驱动下，目前产业链的发展已初具规模，形成了基础理论创新、从基础器件到核心设备和应用设备研制研究、网络运营和行业应用等多种角色并存、多家企业共同参与、向多元化领域延伸的产业体系，如图 6-5 所示。未来，随着 QKD 设备及组网技术的进一步演进增强，量子保密通信应用将向政府、军事、金融以及数据中心、云计算、公众网等领域进一步渗透，量子通信产业链将逐步成熟。

　　本节将分别就量子保密通信产业链中 QKD 核心器件与设备

制造、QKD 网络建设与运营、QKD 安全服务与行业应用这三个重要方面的国内外商业化发展情况进行阐述。

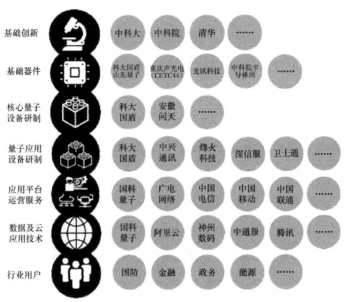

基础创新	中科大	中科院	清华	......		
基础器件	科大国盾 山东量子	重庆声光电 (CETC 44)	光讯科技	中科院半 导体所	......	
核心量子 设备研制	科大 国盾	安徽 问天	......			
量子应用 设备研制	科大 国盾	中兴 通讯	烽火 科技	深信服	卫士通	......
应用平台 运营服务	国科 量子	广电 网络	中国 电信	中国 移动	中国 联通	......
数据及云 应用技术	国科 量子	阿里云	神州 数码	中通服	腾讯	......
行业用户	国防	金融	政务	能源	......	

图 6-5　中国量子保密通信产业生态概况

6.3.1　QKD 核心器件与设备制造

QKD 核心器件与设备是实现量子通信网络的关键部分，其中核心器件主要包括弱光脉冲激光器、单光子探测器以及量子随机数发生器等；核心设备主要包括量子密钥分发终端、用于组网的可信中继设备等。

在 QKD 核心器件及设备生产制造方面，国际上已经催生、孵化了一批拥有核心技术的初创公司，如瑞士 ID Quantique，美国 MagiQ Technologies、Qubitekk 公司，法国 Smart Quantum，澳大利亚 QuintessenceLabs 等。目前，国内可提供自主知识产权核心器件和设备的企业主要是科大国盾、安徽问天等量子公司。同时，一些世界知名企业也纷纷在量子通信方面积极投入研发力量，这些企业包括 AT&T、Bell 实验室、IBM、惠普、西门子、日立、东芝、华为、SK 电信等，推出了相应的 QKD 原型产品并开展试验部署。

其中，欧美在 QKD 商用产品开发上起步较早。早在 2003 年，美国的 MagiQ 公司就发布了第一代 QKD 产品 Q-Box；2007 年发布结合 VPN 通信技术的升级量子保密通信产品 QPN-8505。该公司的主要客户及投资方 DARPA 在 2005 年建成了世界首个多节点 QKD 网络。2004 年，市场化进程活跃的瑞士公司 ID Quantique 发布了第一代 QKD 产品，之后逐步发布了 Centauris、Cerberis、Arcis 三个系列的量子保密通信及升级网络加密产品线，欧洲绝大部分量子保密通信应用服务和方案都使用其产品，美国 Battelle 公司也同样采购了其产品。2009 年，澳大利亚 QuintessenceLabs 公司发布了一种新型的量子密码产品，该产品使用连续变量进行编码实现的量子密码有效提高了密码分配速率并降低了成本。

2010 年，日本电信电话株式会社（NTT）、NEC 和三菱电机公司分别独立研发了基于 BB84 协议和 DPS 协议的 QKD 终端设备演示产品，并在东京 QKD 试验网络中进行部署。该系统目前仍在网运行，可通过东京 QKD 网络线上监控系统实时查看其运行状况。

2015 年，韩国 SK 电信公司在世界移动通信展（MWC）展出了其商用 QKD 设备 SK-QCS，并于 2016 年将量子加密技术应用于首尔商用 LTE 网络的回传链路加密上。

2017 年 6 月 19 日，韩国时报报道 SK 电信成功开发了量子可信中继器，实现了 112km 距离的 QKD，计划通过安装 5 台转发器，将量子密钥从首尔传输到釜山，距离长约 460km。2017 年 7 月 24 日，SK 电信表示已开发出世界最小型（5×5mm）的量子随机数生成芯片，这种芯片可以被嵌入到大量物联网产品当中，包括自动驾驶车辆、无人机和智能设备等。

中国的科大国盾量子技术有限公司和安徽问天量子科技股份有限公司均成立于 2009 年，两家公司的核心技术均来自中国科学技术大学的科研团队。在以"京沪干线"为代表的一系列网络部署及应用示范中，两家公司自研的 QKD 产品获得了大量的实际经验，其量子设备制造工艺的稳定性和可靠性、核心元器件的国产化能力和性能均得到了有效提升。这使得国内公司在大规模 QKD 组网方面处于国际领先地位，形成了体系化的 QKD 网络产品，通常包括如下类型。

量子层设备包括多种主频、多种探测器、多种协议的 QKD 终端设备；用于城域多用户组网的光量子交换机设备；用于骨干网多路量子信号耦合的多通道波分复用终端；用于经典信号与量子信号共纤传输经典——量子波分复用设备。

网络管控层设备包括用于可信中继节点的密钥管理设备；

用于区域网络管理的密钥管理服务器设备；QKD 网管设备及软件等。

　　根据公开资料，目前市面上主流商用 QKD 产品包括国盾量子的吉赫兹 QKD 终端、问天量子的吉赫兹 QKD 终端和 IDQ 的 Cerberis、韩国 SK 电信公司的 SK-QCS。各产品特征汇总见表 6-2。可以看到，目前国产商用 QKD 设备的各项性能指标处于国际领先地位。

表 6-2　高速 QKD 产品指标对比

机构	IDQ	Qasky 问天量子	Quantum Ctek 国盾量子	SK Telecom
设备名称	Cerberis	GHz terminal	QKD-POL1250	SK-QCS
成码率 @10dB	1.42kbit/s	40kbit/s	50kbit/s	10kbit/s
成码率 @20dB	0.14kbit/s	未公布	1kbit/s	达不到
协议	COW	诱骗态 BB84	诱骗态 BB84	诱骗态 BB84
编码方式	时间位置	相位	偏振	相位
时钟频率	625MHz	1GHz	1.25GHz	—

注：光纤插损约 0.2dB/km。

6.3.2　QKD 网络建设与运营

　　QKD 网络类似于传统电信网络，需要由网络的建设和运营方部署光纤、机房等基础网络资源，利用设备商提供的商用 QKD 设备，通过施工、集成建成，为产业链上游的行业用户提供量子保密通信服务。QKD 网络的运营商和集成商需要承担基础设施提供、QKD 网络规划、建设、运营、系统集成和施工运维等多方面的工作。

QKD 网络又不同于传统电信网，从网络的部署方案、组网技术以及提供的服务来看，它是一种全新的网络形式，其建设和运营势必面临各种挑战。中国作为率先部署大规模 QKD 网络的国家，为了推动 QKD 网络的进一步发展和产业链成熟，必须尝试建立完整的网络运营模式，由专业的 QKD 网络运营商，基于多家设备商提供的 QKD 设备构建统一的网络，为各行业的客户提供稳定、可靠、标准化的量子安全服务。

为此，中国科学院控股有限公司联合中国科学技术大学在 2016 年底成立了国科量子通信网络有限公司，希望利用其量子领域的技术优势，探索及明确 QKD 网络建设和运营模式。国科量子承接了国家发展和改革委员会正式启动的国家广域量子保密通信骨干网络一期工程，计划以量子保密通信"京沪干线"和"墨子号"量子卫星为基础，进一步建设完善星地一体化广域 QKD 网络能力，同时构建 QKD 网络运营服务体系，进一步推进其在多领域的行业应用。

在 QKD 网络建设和运营领域，采用类似模式的还有美国 2018 年初成立的量子网络运营公司 Quantum Xchange。该公司由原 Battelle 公司 QKD 项目的骨干成员成立，旨在利用当前成熟的 QKD 技术及其特有的可信中继节点技术，在美国开展量子网络建设，并为政府机构和企业提供量子安全加密服务。

另外，在基础设施提供、网络建设和运营方面，传统电信运营商无疑具有得天独厚的优势，利用他们现有的光纤资源，可快速构建 QKD 网络，为其客户或自身网络提供更安全的通信增值服务。

　　为此，随着 QKD 技术的不断进步，传统电信运营商在该领域的兴趣也在不断增加。韩国 SK 电信是该领域的先锋，其已投入研发力量开发了多款量子安全设备，率先将 QKD 技术应用于其 LTE 网络。SK 电信的 CTO——Alex Jinsung Choi 博士，在其担任主席的 5G 创新开源项目 TIP(由 Facebook 发起，已有 300 多家成员单位)2016 年峰会上表示，SK 电信将在未来电信网络架构中引入量子密钥分发、量子随机数发生器技术来打造 "Super Secure Network"。SK 电信还于 2018 年收购了世界知名的 QKD 设备商——瑞士 ID Quantique 公司。

　　另外，英国电信宣称将推动量子保密通信技术应用于金融及医疗等领域敏感数据的加密传输；德国电信和韩国 SK 电信于 2017 年 2 月联合发起成立 "量子联盟" 组织，推进量子信息技术的产业化发展；2017 年 5 月，AT&T 和加州理工学院共同成立量子技术联盟，重点关注未来量子网络技术在通信方面的性能和安全；2018 年 6 月，西班牙电信、华为和马德里理工大学在西班牙马德里开创性地开展了基于 SDN 技术的 QKD 城域网络演示试验。

6.3.3　QKD 安全服务与行业应用

　　基于 QKD 的安全服务与行业应用是 QKD 网络发展的直接需求。人们随着对量子安全问题严峻性的认识的不断深入，在政务、金融、军事、关键基础设施等安全敏感领域，其对于基于 QKD 网络的量子保密通信产生的兴趣愈加浓厚。

QKD 网络提供了密码学中的信息论安全密钥分发能力，其需要与各类安全应用软硬件设备相结合，才能产生面向最终客户的服务。为此，基于 QKD 的安全应用设备或软件产品，对于 QKD 网络的应用推广起到至关重要的作用。

下面介绍国际上的 QKD 安全应用服务商的情况。欧美在民用通信加密方面起步非常早，企业乃至民众对信息安全相当重视，许多优秀企业不惜投入大量人力、财力升级信息保护系统，采用最新的安全管理服务，将信息保护能力作为企业公信力的重要内容。领先的数据安全系统制造商 Bloombase、网络加密方案和设备供应商 Certes Network、安全系统管理平台供应商 NetGuardians、领先的硬件加密机生产商 Senetas 等都已与 QKD 设备商合作，引入 QKD 技术来改进其产品或开发下一代信息安全系统。

欧洲多家银行，包括瑞士 Notenstein Private Bank Ltd. 和 Hyposwiss Private Bank、网络运营商 Colt、网络设备供应商 Cygate 等已购买量子保密通信设备或服务；总部位于美国的世界最大独立研发机构 Battelle 也已购买商用量子保密通信设备来保护核心通信线路安全。但从欧美的 QKD 应用服务商用发展情况来看，由于其欠缺大规模的 QKD 网络覆盖，仅能通过 QKD 设备形成城域网内部的链路加密应用，使用场景较为受限。

我国 QKD 网络建设也已经吸引一些业务应用开发企业，将 QKD 产生的密钥与 ICT 系统有效结合起来。目前，传统通信设备制造商中兴通讯、传统安全服务提供商卫士通等已经联合 QKD 设备商开发了基于 QKD 的安全路由器、IPSec VPN、量子加密视频会议系统等一系列应用产品。这些量子安全应用设备，可在金融、政务、电力、医疗等行业提供音视频、传真、文件传输、数据备份等多种类型的保密通信服务。

参考文献

[1] Khan I, Heim B, Neuzner A, et al. Satellite-Based QKD[J]. Optics and Photonics News, 2018, 29(2): 26-33.

[2] Jennewein T, Higgins B. The quantum space race[J]. Physics World, 2013, 26(03): 52.

[3] Yin J, Cao Y, Li Y-H, et al. Satellite-based entanglement distribution over 1200 kilometers[J]. Science, 2017, 356(6343): 1140-1144.

[4] Ren J-G, Xu P, Yong H-L, et al. Ground-to-satellite quantum teleportation[J]. Nature, 2017, 549(7670): 70.

[5] Liao S-K, Cai W-Q, Liu W-Y, et al. Satellite-to-ground quantum key distribution[J]. Nature, 2017, 549(7670): 43.

第 7 章 量子保密通信网络的总结与展望

7.1 QKD 网络的挑战及发展方向

7.2 量子通信网络及应用的未来展望

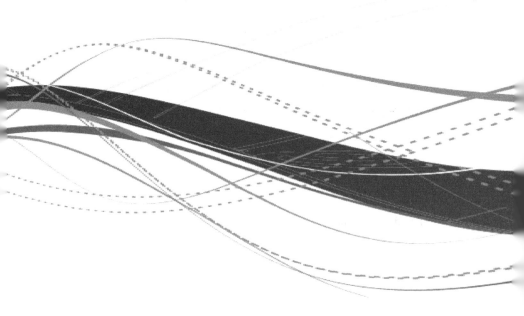

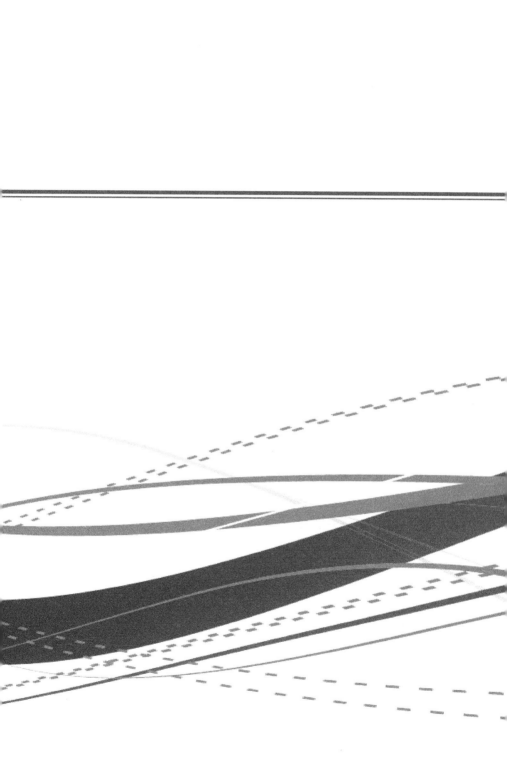

量子密钥分发作为第二次量子革命中率先实用化的量子信息技术之一，已发展成为量子通信技术的首个成熟应用，人们对其寄予厚望。从本书可以了解，量子保密通信从关键技术研发、试验网络部署到行业应用示范都已取得长足的进步，呈现出蓬勃发展的势头。本章将进一步分析量子保密通信未来发展面临的挑战，并介绍 QKD 网络技术演进发展的方向。

另外，从量子信息技术的整体发展来看，该领域正处于不断进步、快速发展的进程中。量子通信网络的各种基础组件，包括量子纠缠态的制备、检测、分发、存储等一系列新技术和新工艺仍在不断的创新演进。随着人类对于量子信息科技的不断探索和工程化应用的深入发展，新一代量子调控技术将有可能带来基于"量子互联网"的全新量子时代，其应用前景将远超人们当前的想象。量子通信网络在所谓的"量子互联网"中将扮演十分重要的角色，因此本章还将针对量子通信网络及应用的未来进行展望，希望和广大读者一起来揭开"量子时代"量子通信的神秘面纱。

7.1　QKD 网络的挑战及发展方向

　　量子保密通信从实用化到产业化再到大规模的商用部署及应用，仍然面临来自量子层面、组网层面、与经典通信、密码学、ICT 应用融合等多方面的实际挑战。作为一项跨学科、跨领域的系统工程，它需要量子物理学与经典通信、经典密码学、网络工程、信息安全等多学科的广泛合作与融合创新。随着产业界的大力投入和更多角色的参与，量子保密通信产业链将不断走向成熟，加速其商业发展和技术革新。

　　具体来看，面向未来大规模部署及商业运营，现有 QKD 网络需要自底向上不断完善，包括 QKD 物理层协议的演进增强、QKD 网络层技术的成熟完善到 QKD 应用层的融合发展等方面。

7.1.1　QKD 物理层协议的增强

　　对于 QKD 网络的量子物理层而言，商用化产品迫切需要更高速率、更远距离、更高可靠性和安全性的 QKD 协议。目前，商用 QKD 设备最大传输距离约 100km，该距离下密钥成码率仅为 kbit/s 量级。这对于希望容纳海量用户的高容量量子骨干网线路而言，显然是不够的。另外，在骨干长距离传输中如果要复用现有电信运营商光网络的站址资源，百公里级别的传输距离也是不够的，通常需要改造原有的传输中继站，带来高昂的站址建设或租赁成本。更高性能、更远距离始终是 QKD 研究者追求的方向，相关的研究成果不断涌现，例如基于现有技术可使 QKD 传输距离提升一倍的 Twin-field QKD 协议，将 QKD 成码率提升至 10Mbit/s（10km 距离）的增强技术等。

另外，QKD 协议的实际安全性也是商用产品十分关心的方面。如第 3 章所描述，理论上无条件安全的 QKD 协议在实际系统中仍然会面临多种安全威胁，例如针对 QKD 设备的侧信道攻击、相位非随机化攻击等，基于现有商用产品的 QKD 协议还无法很好地应对。为此，学术界提出了设备无关的 QKD 协议（DI-QKD）概念，证明了不受收发设备影响的更安全的 QKD 协议存在的可能性。目前，我国研发的测量设备无关 QKD（MDI-QKD）协议在演示试验中已可达到 404km 的传输距离，具有很好的产业化前景。

7.1.2　QKD 网络层技术的增强

QKD 网络的成熟完善同样面临多方面的挑战，这包括：如何低成本、高效率地部署量子通信网络；如何高效地利用网络资源，适应复杂的网络拓扑、业务环境；如何实现服务的差异化提供，满足各类用户的安全需求；如何保证网络的兼容性和安全性要求等。这里考虑未来 QKD 网络演进发展的重要方向包括如下方面。

（1）与经典光网络的融合部署

为实现经济高效建网，充分利用现有资源，量子保密通信网络与现有光网络的融合部署将成为发展趋势。通过波分复用技术，实现量子通道与经典光通道的复用光纤传输是目前主要的技术手段。如何在量子信道与经典信道复用情况下保持远距离、高速率的密钥分发，目前仍是亟待攻克的难题。

（2）高效灵活的网络架构及资源管理技术

由大量 QKD 设备、可信中继节点组成的复杂 QKD 网络，需要精心设计灵活、高效、安全、可靠的管理机制，以最大化网络性能和容量，充分满足客户需求。QKD 网络作为一种引入量子信道、提供密钥服务的新型通信网络，其可信中继算法、路径选择、资源调度、业务保护、QoS 控制等一系列新型网络技术亟待深入研究。目前学术界正在考虑引入 SDN/NFV 新一代网络架构思想，将量子保密通信网络的控制及管理功能模块化、软件化，利用统一的应用接口，实现控制实体与业务实体间的灵活适配和动态资源管理，这不失为一种很好的 QKD 网络解决方案。

（3）QKD 网络的标准化及设备安全认证

作为一种提供安全服务的通信网络，QKD 的标准化和安全认证成为其产业化发展的必经之路。首先，QKD 网络的构建涉及大量的网元、接口，包括来自多厂商制造的设备及量子器件。网络技术的标准化，有望实现量子设备之间、量子与经典设备之间的兼容互通，从而有效降低网络构建复杂度，降低部署成本，促进产业链的健康发展。另外，作为一种安全技术，QKD 就必须从安全性的角度，依据公认的安全性评估准则（例如 ISO 制定的 Common Criteria 标准）进行全面的安全等级评测，形成 QKD 认证的权威标准，才可有效推动其进入安全领域，成为可商用的安全技术。综上所述，QKD 的标准化和安全认证涉及跨领域、多专业的合作，虽然 CCSA、ETSI、ISO 等多家标准组织已在开展 QKD 网络的标准化工作，但要推出成熟的 QKD 网络及认证标准还需要有大量的工作要做，目前预估仍需要 3～5 年的时间才可能完成。

7.1.3 QKD 应用层的融合发展

QKD 作为一种新型密码学功能组件，其在现实网络中的应用就必然涉及如何与现有 ICT 技术有效融合的问题，这包括与现有通信或安全设备的融合、与现有 ICT 通信协议的融合、与现有密码技术的融合等多个层面。

从应用设备层面，QKD 目前仅能与十分有限的几款路由器、VPN 设备实现融合，大大限制了 QKD 的应用场景。未来随着 QKD 技术及工艺的发展，QKD 有望实现与更多类型的经典应用设备融合使用，不断拓展其应用领域。

从通信协议层面，虽然 QKD 已经能够与 PPP、IPSec、SSL 及部分应用层协议进行融合使用，但目前的实现方式均是私有技术，未来有待通过进一步的标准化，推广其应用范围，同时保证其兼容性和性能。

从密码学层面，QKD 已经实现了与 AES 等对称加密算法、OTP 加密方式的融合应用，未来仍有望与经典密码学进一步融合，以开发出更多有价值的量子安全增强能力，例如数字签名、身份认证、加密存储等。

通过 QKD 与现有 ICT 技术在终端设备、安全功能、应用协议等多层面的融合，未来有望打造基于 QKD 网络的平台化服务模式，将 QKD 网络能力通过通用平台转化为各类量子安全服务能力，以 API 或 SDK 的方式向开发者提供，便于实现与各行各业 ICT 安全应用的集成。通过这种平台化服务 + 垂直行业应用的方式，有望实现更广泛的应用服务。

7.2　量子通信网络及应用的未来展望

随着量子信息技术的发展，量子通信网络及应用将不断演进。这里给出英国政府科学办公室于 2016 年发布《量子时代的机会》研究报告中所描绘的量子通信应用发展趋势，如图 7-1 所示。他认为现阶段量子通信应用主要在量子随机数、QKD 链路加密机等技术在政务、国防、数据中心领域的安全应用；未来随着 QKD 组网的成熟，设备趋于小型化、移动化，量子通信应用还将扩展到电信网、企业网、消费者、云存储等更广阔的应用领域；长远来看，随着量子卫星、量子中继、量子计算、量子传感等技术取得突破，还将产生量子云计算、分布式量子传感等一系列全新的应用。

基于此蓝图和目前量子技术的发展趋势，我们可将量子通信网络及应用的发展大致分为三个阶段。

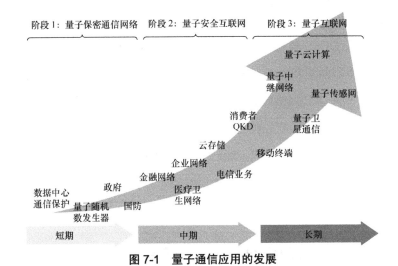

图 7-1　量子通信应用的发展

① 第一阶段即当前以点对点链路 QKD 技术与可信中继、对称密码等经典通信和密码学技术相结合为基础的量子密钥分发网络，主要为金融、政务、国防等特殊行业高安全需求场景提供高等级的保密通信服务。

② 第二阶段则是以芯片化、移动化 QKD 技术的突破为基础，实现 QKD 与现有互联网终端及服务深度融合的量子安全互联网，可为电信、企业、消费者、云服务等领域提供广泛的量子安全服务。

③ 第三阶段是以量子中继、存储、计算技术的突破为基础，通过可远距离传输量子比特的量子通信网络将分布在各地的量子计算处理器、量子传感器互联，组成承载量子信息的量子互联网，可提供量子云计算、分布式量子传感、量子安全通信、量子时钟同步、量子望远镜、量子引力波探测等新业务。

　　量子通信网络的发展愿景十分美好，吸引着国际学术界、产业界的专家学者不断为之努力。虽然不少目标在目前来看仍然是遥不可及的，但在杰出的科学家们的不懈努力下，相关技术均在加速发展，不时会出现令人惊喜、为之振奋的进展和成果。例如，在国际上列为长远目标的量子卫星技术，在我国科学家的努力下，随着 2016 年"墨子号"量子科学实验卫星的升空，已成为现实，如图 7-2 所示。英国布里斯托大学已成功演示了集成在信用卡上的 QKD 芯片发射器，与 ATM 机架中的 QKD 接收机完成自由空间的量子密钥分发，如图 7-3 所示。美国伊利诺伊大学则在试验将小型 QKD 系统安装在无人机上，实现飞行中的无人机之间的 QKD 保密通信，如图 7-4 所示。

图 7-2　《科学》封面论文刊登"墨子号"量子科学实验卫星成果

图 7-3 集成 QKD 芯片的信用卡应用原型

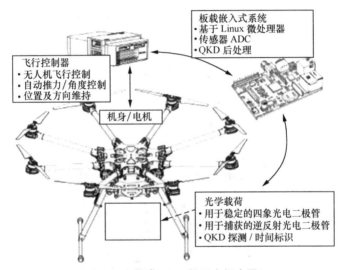

图 7-4 集成 QKD 的无人机应用

　　量子领域的科技工作者正在持续努力，随着量子计算、量子中继、量子测量等新技术的不断进步和日趋成熟，结合量子通信应用的不断繁荣和发展，量子通信网络将不仅服务于金融、医疗、政务等领域，还将服务于人类生产生活的方方面面。正如科学家们所描绘的，随着量子通信、量子计算、量子传感等量子信息技术的发展，全球范围任意两点间量子信息的采集、传递、处理将有望得到实现，如图 7-5 所示，人类正向着以"量子互联网"为基础的新时代前进！

本章从产业发展、技术趋势等多个维度对未来量子通信的发展进行了展望，一方面期望能够吸引更多的产业参与者及企业投身到量子通信产业发展中；另一方面，期望通过对量子通信本身技术演进及量子通信与其他信息通信技术融合创新方面的展望，探索量子通信更具发展潜力的方向或发展领域。

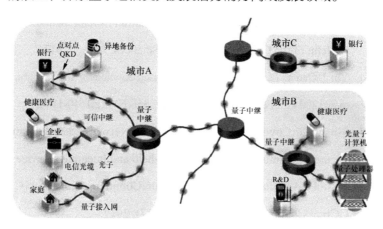

图 7-5　量子互联网的展望

参考文献

[1]　Kimble H J. The quantum internet[J]. Nature, 2008, 453(7198): 1023.

[2] Lucamarini M, Yuan Z, Dynes J, et al. Overcoming the rate–distance limit of quantum key distribution without quantum repeaters[J]. Nature, 2018: 1.

[3] Yin H-L, Chen T-Y, Yu Z-W, et al. Measurement-device-independent quantum key distribution over a 404 km optical fiber[J]. Physical review letters, 2016, 117(19): 190501.

[4] Van Meter R, Choi B-S. Applications of an entangled quantum Internet[J]. Network, 2008, 15: 3.

[5] Jianlan S. Micius Heralds an Era of Quantum Communications[J]. Bulletin of the Chinese Academy of Sciences, 2016, 3: 012.

[6] Yin J, Cao Y, Li Y-H, et al. Satellite-based entanglement distribution over 1200 kilometers[J]. Science, 2017, 356(6343): 1140-1144.

[7] Sibson P, Lowndes D, Frick S, et al. Networked Quantum-Secured Communications with Hand-held and Integrated Devices: Bristol's Activities in the UK Quantum Communications Hub[C]. QCrypt Conference (London, Sep. 2017), 2017.

[8] Hill A D, Chapman J, Herndon K, et al. Drone-based Quantum Key Distribution[J]. Urbana, 2017, 51: 61801-3003.

[9] Pirandola S, Braunstein S L. Unite to build a quantum internet[J]. Nature, 2016: 169-171.